인문학으로 읽는 **과학사 이야기**

인문학으로 읽는 **과학사 이야기**

초판 발행 2020년 7월 05일

지은이 | 월터 리비
옮긴이 | 권혁
발행인 | 권오현

펴낸곳 | 돋을새김
주소 | 경기도 고양시 일산동구 하늘마을로 57-9 301호(중산동, k시티 빌딩)
전화 | 031-977-1854 팩스 | 031-976-1856
홈페이지 | http://blog.naver.com/doduls 전자우편 doduls@naver.com
등록 | 1997.12.15. 제300-1997-140호
인쇄 | 금강인쇄(031-943-0082)

ISBN 978-89-6167-275-7(03400)

값 15,000원

인문학으로 읽는 과학사 이야기

돌을새김

서문

과학의 역사는 평범한 사람들에게 꽤 가치 있는 정보를 제공한다. 정식으로 과학 교육을 받지 않은 사람들에게 과학적 사실과 원리들에 대한 지식을 전해주는 수단이며, 동시에 학교 교육에 도움이 되는 간명한 방법도 제공한다.

재정에 관한 글을 쓰는 어떤 작가가 말했듯이, 어떤 사업이나 제도를 가장 잘 이해하는 사람은 그것을 만들었거나 함께 성장해온 사람이다. 그 다음으로는 그것이 어떻게 성장해왔는지를 알고 난 후에 그 사업을 유심히 지켜보거나 실제 업무에 참여하는 사람들이 잘 이해한다. 일반적으로 말하자면, 어떤 사업과 제도의 기원을 알고 있으면 그것을 가장 잘 이해할 수 있게 된다.

과학의 역사는 과학 연구의 보조수단이다. 학생들이 과학 사상의 흐름을 파악할 수 있도록 해주며, 정확하게 이해해야만 하는 이론들의 목적과 필요성에 대한 실마리를 제공한다. 과학의 역사는 과학을 아주 오래 전에 밝혀진 공식화된 진실이기보다 끊임없이 추구되어야 할 진실로서 제시한다. 즉, 고정된 것이 아니라 진행 중인 것이며, 정지되어 있는 것이 아닌 역동적인 것이므로 각자가 그 발전에 공헌할 수 있다는 것을 보여준다. 과거의 기록이 아무런 오류도 없다고 주장하면서 청년들의 자주적인 활동을 무력화시키지도 않는다.

학교에서는 역사적인 발전이라는 관점에서 과학을 가르쳐야 현대 교육의 두 가지 원칙들을 충족시킬 수 있다. 즉, 과학이 교육과정의 가장 주요한 위치를 차지해야만 하며, 개인들은 과학의 진화 속에서 문명의 역사를 되풀이해 연습해야만 한다는 것이다.

과학의 역사는 현재의 일반적인 역사보다 더 중요한 위치를 차지해야 한다. 베이컨이 말했듯이, 학습의 역사가 없는 세계의 역사는 눈이 없는 폴리페모스*(그리스 신화에 나오는 외눈박이 거인)의 조각상과 같기 때문이다. 과학의 역사는 미래를 위해 과거를 학습하는 것으로, 연속적인 과정의 이야기이며, 전기적인 자료이기도 하다. 상호관계 속에서 과학을 보여주며 학생들을 편협함과 미숙한 전문성으로부터 보호한다. 과학의 역사는 철학 연구에 독특한 접근법을 제공하며, 외국 언어의 습득에 새로운 동기를 부여한다. 지식의 적용에 흥미를 갖도록 하며, 현재의 복잡한 문명을 이해하는 실마리를 제공해 우리들의 정신이 새로운 발견과 발명을 받아들일 수 있도록 이끈다.

과학의 역사는 특권계급이 있다는 생각에 반대한다. 과학의 역사는 과학이 일상생활에서 필요한 물품과 활동에서 시작되어, 철학에 의해 명확하게 다듬어지고, 철학을 풍부하게 만들며, 새로운 산업이 일어나도록 한 후, 그것이 다시 과학에 영향을 끼친다는 것을 보여준다. 과학의 역사는 모든 계층의 지식인들과 모든 사회 계급들이 인류의 진보라는 대의 속에서 협력한다는 것을 보여준다.

과학은 국제적이어서 모든 국가의 보편적인 관심사를 발전시키는데 공헌한다. 그로 인해, 과학의 역사를 두루 살펴보는 것은 서로를 더욱 존중하게 만들며 박애주의적인 정서를 고양시킨다. 과학의 역사는 종교와 인종이 다른 모든 사람들이 배울 수 있으므로 모든 젊은이들의 가슴에 인류의 진보에 대한 믿음과 인류 전체에 대한 선의를 향상시키는데 실패할 수 없다.

이 책은 쉬운 입문서로서 젊은이들(그리고 그들과 비슷한 지식을 갖춘 사람들)의 호기심을 활용하여 그들의 관심을 과학의 발달에 관한 이야기로 돌리려는 목적으로 집필되었다. 모든 면에서 완벽하다거나 모든 것을 담고 있다고 주장하지는 않는다. 그러므로 이 책은 과학 지식이 풍부하거나 과학의 역사에 상당한 관심을 갖고 있는 독자들을 전제로 한 논리적인 입문서가 아니다. 독자들의 일정한 수준의 정신적 능력을 줄곧 염두에 둔 심리적인 입문서이다.

이 책을 준비하는데 도움을 준 사람들에게 고마움을 표시하지 않고 서문을 마칠 수는 없다. 윌리엄 오슬러 교수는 원고의 초안을 읽고 조언으로 도움을 주었다. 찰스 싱어 박사는 전체 원고를 읽고 사례들과 그 밖의 많은 소중한 제안들에 대한 조언에 은혜를 입었다.

월터 리비

차례

일러두기

1. 이 책은 Walter Libby, 《An Introduction to The History of Science》, The Riverside Press판을 원전으로 했다.
2. 이 책의 이해를 돕기 위해 필요한 부분은 역자 주(*)를 첨가 했다.

Chapter 01

과학과 실용적인 필요

이집트와 바빌로니아

;

고대 과학은 실용성에서 시작되었다

만약 어떤 과학 분야이든 — 예를 들어, 천문학, 지질학, 기하학, 생리학, 논리학 또는 정치학 등 — 그 초기 역사와 관련된 지식을 백과사전이나 특별한 문헌에서 찾아보게 되면, 체계화된 지식의 발달에서 그리스인들의 역할이 특별히 강조되어 있다는 것을 알게 된다.

다음 장에서 확인하겠지만, 실제로 과학의 발달에서 대단히 이성적이며 사변적인 그들의 공헌은 매우 중요했다. 또한 그리스 이전의 문명들이 서구과학에 끼친 영향은 적어도 상당 부분이 그리스의 학문이라는 경로를 통해 우리에게 전해졌음을 인정해야만 한다.

그럼에도 불구하고, 만약 과학의 진정한 기원을 찾아보고 싶다면, 필연적으로 나일강 기슭과 티그리스와 유프라테스의 계곡을 찾아가야 한다. 이집트와 아시리아 그리고 바빌로니아에는 오래 전부터 지적이거나 이론적이기보다 실용적이며 종교적인 국가들이 자리 잡고 있었다. 그러므로 그들의 정신적 태도는 고도로 진화된 그리스인의 문화보다 현재 우리의 문화와 보다 더 유사했다. 비록 시간적으로는 더 멀리 떨어져 있지만 테베와 멤피스, 니느베와 바빌론의 실용적인 지식은 아테네 철학의 까다로운 성찰보다 더 쉽게 이해할 수 있다.

우리가 초기문명들에서 물려받은 많은 것들은 너무나도 익숙하고 편안해서 빛이나 공기나 물과 같이 특별한 분석 없이도 받아들일 수 있다. 그 기원과 관련된 연구가 없어도 그리고 얼마나 긴요한 것인가에 대한 완벽한 인식이 없어도 쉽게 받아들일 수 있다.

일주일은 왜 8일이 아닌 7일일까? 1시간은 왜 60분이며, 하루는 왜 60시간이 아닐까? 이런 인위적인 시간의 분할은 너무나도 당연하게 인정되므로 그 이유를 물어보는 것조차 거의 바보스럽게 보일 정도다. (마치 낮과 밤처럼 자연스러운 시간 구분이라도 되는 듯이) 일주일은 7일이며 1시간은 60분이라는 사실은 바빌로니아인들의 전통에서 비롯된 것이다.

(인간 문화의 연속성을 보존하고 있는 가장 중요한 요소들 중의 한 가지이며, 권위 있게 바빌로니아 역사를 이야기하는 유일한 고대의 책인) 구약성서를 통해 우리는 헤브라이인(유대인)들의 조상인 아브라함이 그리스도가 태어나기 약 2300년 전에 바빌로니아 남부에서 서부로 이주해왔다는 사실*(구약에 의하면, 아브라함은 메소포타미아 지역의 우르에서 하느님께서 주시기로 한 약속의 땅 가나안, 지금의 시리아, 팔레스타인 지역으로 이주했다)을 알게 된다.

하지만 그처럼 까마득히 먼 시대에도 바빌로니아 사람들은 현재 우리들에게 익숙한 시간의 분할을 확립해두고 있었다. 일주일의 7일은 천체에 대한 인간들의 생각과 긴밀하게 연관되어 있다.

아주 오래 전부터 인격화되고 숭배되었던 천체는 현대 언어에서 태양, 달, 화성, 수성, 목성, 금성 그리고 토성을 따라 명명되었다. 그러므로 우리가 7일을 하나의 시간 단위로 만들어 사용하는 것은 아주 오래된 문명의 종교적 믿음과 천문학에 근거한다는 것을 알 수 있다. 대중은 완벽하게 정립되어 있는 그 사용법을 당연하게 받아들였던 것이다.

또 다른 평범한 지식들 중의 한 가지인 나침반의 기본방위(동서남북) 역시 특별한 연구나 그 중요성에 대한 인식 없이 받아들일 수 있다. 적절한 물자도 없이 아무도 살지 않는 지역이나 바다 한가운데에 버려져 있는 경우가 아니라면, 동서남북에 대한 지식이 살아가는데 얼마나 필수적인 것인지는 전혀 알아차리지 못할 것이다. 이 문제에서 다시 한번 고대문명의 기록은 과학이 삶의 본질적인 문제를 명확히 밝히려 노력했다는 것을 보여준다.

최근에 출토된 아시리아와 바빌로니아의 유적에서 사원과 왕궁의 측면과 모퉁이들이 나침반의 기본적인 네 개의 지점들을 향하고 있다는 것을 보여준다. 이집트에서는 BC 3000년경에 건축된 피라미드들의 방위가 그처럼 엄격한 고려에 의해 설계되었다는 것을 보여준다. 즉, 변하는 모래땅에서 동서남북을 정확히 가리키는 것이 그들의 주요한 목적이었다는 것을 추론할 수 있게 된다.

이런 추론이 엉뚱한 것으로 보일 수는 있다. 하지만 페니키아인들이 항해의 실용적인 가치 때문에 천문학을 연구했으며, 훗날 나침반의 개량이 대륙의 발견에 영향을 끼쳤다는 사실은 피라미드에서 추정된 목적의 중요성을 인정하게 만든다.

별을 관찰하고, 땅을 측량하다

천문학의 원리를 깨우치기 전에는 기준으로 삼을 고정된 지점들도, 판단을 의존할 도구들도 없었던 인간은 모두 우왕좌왕했을 것이다. 지식이 향상되면서 인간은 별들, 특히 북쪽 하늘의 북극성과 언제나 나타나는 별무리를 주의 깊게 관찰했다. 심지어 이집트인들은 별들을 참조하여 시간을 알려주는 해시계와 유사한 별시계를 개발했다.

또한 이집트인들은 새벽에 일정한 별들과 별자리들이 보이는 계절에 주목했다. 태양과 함께 떠오르는 시리우스의 경우가 특히 중요했다. 시리우스가 태양과 함께 떠오르는 그 시기는 (그 지역 거주민들의 삶에는 대단히 중요했던) 나일강의 홍수가 다가오고 있다는 것과 새해의 시작을 알린다는 특징이 있었다.

시리우스가 숭배의 대상이 되었던 것은 전혀 이상한 일이 아니었다. 어떤 사원은 강이 범람하는 중요한 시기에 이 별이 떠오르는 동쪽 수평선을 향하도록 건축되었다. 또 다른 사원은 오직 하지의 해질녘에만 태양광이 건축물을 관통하며 비추도록 했다.

사원들이 천문대의 역할을 했던 바빌로니아처럼 이집트의 천문학도 종교와 밀접한 관련이 있었다. 이러한 사실들은 천문학이 사람들의 실용적인 필요와 관계가 있기 때문에 발달하게 되었다는 견해를 확인시켜준다. 성직자들은 자연의 힘과 맞서온 인간의 오랜 투쟁의 과정에서 축적된 지혜의 보존자였다.

기하학이 나일강 유역에서 시작되었다는 사실은 널리 알려져 있다. 기하학은 현실적으로 필요한 일들을 해결하기 위해 시작되었다. 무엇보다 그 명칭(geometry; 지형geo과 측량metry)이 암시하듯 땅의 측량은 연례적인 강의 범람으로 지워지던 경계의 복원에 활용되었다.

이집트의 기하학은 이론에는 전혀 관심이 없었다. 각 변의 길이로부터 사각형이나 삼각형인 땅의 면적을 구하는 현실적인 문제들에 집중했다. 지름의 길이로 둥근 토지나 노면 또는 용기의 면적을 구하는 문제는 BC 2000년의 과학을 넘어서는 일이었지만 비록 그 해답이 완벽하지는 않더라

수를 나타내는 고대 이집트의 신성문자. 1~9까지는 눈금으로 나타냈다. 하단의 상형 문자는 1,000 10,000 100,000 100만 또는 큰수를 나타낼 때 사용했다. 100만을 나타내는 숫자는 경이로움에 압도된 인간의 모습이다.

도 반드시 해결해야만 하는 현실적인 문제였다. 그 계산법은 원의 지름에서 9분의 1을 뺀 수를 제곱하는 것이었다.

기록이 남아 있는 이집트의 수학에서는 모두 이와 비슷한 실용적인 성향을 찾아볼 수 있다. 사원이나 피라미드의 건축은 단순히 나침반의 방향과 관련된 것만이 필요했던 것이 아니라 건축물의 올바른 각도도 고려해야만 했다. 여기에는 3등분, 4등분, 5등분의 세 부분으로 분할된 밧줄을 사용하여 삼각형을 만드는 '밧줄 고정'에 숙달된 전문가가 필요했다.

바빌로니아 사람들은 올바른 각도로 고정하는 데 이와 거의 동일한 방법을 따랐다. 게다가 그들은 각도를 이등분과 삼등분하는 방법을 익혔다. 여기에서 우리는 그들이 남긴 무늬와 장식품에서 원을 12등분으로 나눈 것을 보게 된다. 이것은 바빌로니아의 영향이 유입되기 전까지는 이집트의 장식품에서 나타나지 않던 분할이었다.

하지만 이러한 예들을 더 많이 들 필요는 없을 것이다. 앞에서 설명했듯이, 이집트 수학은 모두 현실적인 문제들을 — 토지의 측량, 헛간과 곡물창고의 용적 용량, 빵의 분배, 주어진 수와 기간 동안 인간과 동물에게 필요한 식량의 합계, 피라미드 높이의 비율과 각도(약 52°) 등 — 실용적으로 해결하려는 경향이 있었다.

더 나아가 그들은 하나의 미지수를 포함하는 단순한 방정식을 활용했으며, 백만을 표현하는 상형문자(경이로움에 압도된 인간의 그림)와 1억을 표현하는 또 다른 상형문자도 있었다.

대영제국 박물관에 있는 린드 파피루스*(Rhind Papyrus; 고대 이집트의 수학 기록)는 초기 이집트의 산술, 기하학 그리고 삼각법과 대수학이라 부를 수 있는, 현재 우리들이 갖고 있는 지식의 주요한 원전이다.

여기에는 '모든 사물과 모호한 것들 그리고 모든 불가사의에 대한 지식에 이르기 위한 지침'이라고 설명되어 있다. 이것은 어떤 성직자*(고대 이집트에는 신전의 사제들 중에서 글을 쓰는 특정한 계급이 있었다. 서기관이라고 부르기도 한다)가 이집트 문화의 고전 시기인 BC 1600년경에 700년 이상 된 문서로부터 필사한 것이었다.

고대 이집트의 의학과 실용적인 학문

사람들의 절박한 필요성에 의해 일찍이 인간의 역사에서 발달했던 의학을 여러 과학 분야의 유모라고 부르는 것은 당연하다. 이집트의 의학 시술에 관한 기록에서 화학, 해부학, 생리학 그리고 식물학의 기원을 추적해볼 수 있다. 이집트 의학과 관련된 가장 명확한 정보는 앞에서 언급한 수학 문서와 동일한 기간에 속하는 것이었다.

보다 더 먼 시대에 대한 정보도 있다. 역사가 이름을 전해주고 있는 최초의 의사인 임호텝*(Imhotep; '평화로 다가온 사람'이라는 뜻. 이집트 왕실의 고위 관료 또는 성직자였을 것으로 추측되며, 파피루스에 남긴 그의 기록으로 사후에는 의학의 신으로 칭송받았다)은 BC 4500년경의 사람이었다.

최근의 연구에서는 멤피스 인근의 그림들을 통해 BC 2500년보다 늦지 않은 시기에 외과수술이 있었다는 것이 확인되었다. 파라오 왕을 모시던 고위관료의 무덤 입구의 문기둥에 조각되어 있는 그림이 발견되었다.

함께 발견된 그림에서 알 수 있듯이, 환자들은 고통을 겪고 있었으며, 비문(碑文)에 따르면, 한 사람은 '당장 치료해줘.'라고 외치고 다른 사람은 '나를 너무 아프게 하지 마!'라고 외친다.

하지만, 이집트 의학에 관한 가장 만족스러운 자료는 에베르스 파피루스에 있었다. 이 문서는 신체의 여러 부분에서 일어나는 맥박 그리고 심장과 다른 기관들 사이의 관계와 호흡이 폐와 심장으로 가는 통로에 대한 약간의 지식을 보여준다.

여기에는 질병목록도 포함되어 있다. 주된 내용은 눈과 귀, 위, 종창을 없애고, 변을 잘 통하게 하는 법 등에 관한 처방을 모아놓은 것이다. 동종요법의 풍조에 대한 증거는 없지만 정신치료에는 수많은 주문과 마법이 활용되었던 것으로 보인다. 오늘날의 의학치료가 그렇듯이, 각각의 처방은 몇 가지의 일반적인 성분을 포함하고 있었다.

고대 이집트에서 의술의 신으로 칭송받았던 임호텝(루브르 박물관에 있는 동상).

700가지의 인정된 치료약들 중에는 중탄산나트륨, 안티몬 그리고 납과 구리의 약용염과 더불어 양귀비, 피마자유, 용담 뿌리, 콜키쿰, 해총 그리고 그 밖의 많은 익숙한 약용식물들이 기록되어 있다. 사자의 지방, 하마, 악어, 거위, 독사 그리고 야생염소는 모두 대머리의 처방약으로 사용되었다.

자신의 의술을 위해 의료시술자는 유기물과 무기물 성질의 재료들을 샅샅이 찾아냈다. 에베르스 파피루스는 이집트인들이 딱정벌레는 알에서, 금파리는 애벌레에서, 개구리는 올챙이에서 진화한다는 사실을 알고 있었다는 것을 보여준다. 더 나아가 약제의 정확한 사용을 위해 아주 작은 단위의 무게들이 활용되었다.

이집트의 미라 제작자들은 소금, 포도주, 향료, 몰약, 계피 등의 방부제 역할을 하는 공통적인 특성에 의존했다. 그들은 고무질을 바른 아마포를 사용하여 부패시키는 모든 매개체들을 차단했다. 그들은 방부기술을 실행하면서 극단적인 건조의 효과를 이해하고 있었다. 해부술의 일정한 지식은 내장의 제거에 활용되었으며, 뇌를 제거하는 데 수행되었던 특별한 방법에는 훨씬 더 많이 활용되었다.

그들의 다양한 제조업에서 이집트인들은 금, 은, 청동(분석에 의해 구리, 주석 그리고 약간의 납으로 구성되었다는 것이 밝혀졌다), 유리철(遊離鐵)과 구리 그리고 산화철, 망간, 코발트, 알루미늄, 적색 황화수은, 인디고, 빨간 인조물감, 황동, 백납, 흑색안료를 활용했다.

그들이 BC 3400년경에 이미 철광석을 제련하고 가죽 풀무를 활용하여 지속적으로 바람을 일으켰다는 명확한 증거도 있다. 또한 금속을 담금질하여 투구, 칼, 창, 쟁기, 공구를 비롯한 철제도구를 만들어냈다. 야금술 외에도 그들은 직물, 염색, 증류의 기술을 활용했다.

그들은 비누(소다와 기름으로부터), 투명하고 착색된 유리, 유약 그리고 도자기를 만들었다. 가죽을 다루는 데 능숙했으며, 미술과 그 밖의 예술에 재능을 보여주었다. 유능한 건축가였으며, 수백 톤이 되는 오벨리스크*(고대 이집트의 태양신을 상징하는 4각 기둥)를 건립하는 공학기술도 갖추고 있었다. 수많은 채소와 곡식, 과일 그리고 꽃들을 재배했으며 가축을 많이 길렀다.

현실적으로 필요한 일들을 해결하기 위한 탐구의 과정에서 그들은 기하학, 식물학, 화학*(Chemistry, 이집트에서 의료용 향료의 신을 가리키는 켐 Khem에서 비롯된 것이라고 생각하는 사람들도 있다)을 비롯한 다양한 과학의 기초를 확립했다.

하지만 그들의 실용적인 성취는 이론적인 형식화를 훨씬 뛰어넘는 것이었다. 그들은 오랫동안 사자(死者)를 소중히 다루며 선하고 아름답고 위대한 것들이 모두 소멸되는 것을 용납하지 않는 예술적이며 고귀하고 종교적인 사람들로 알려지게 될 것이다.

특히 1843년*(프랑스인들에 의해 아시리아 유적이 발굴된 해) 그레고리역 이후로, 아시리아와 바빌로니아의 출토품들은 우리의 지식을 서력 기원(AD)이 시작되기 약 4000~5000년 전으로 확장시킬 수 있도록 했다.

이집트의 기록과 마찬가지로 아시리아와 바빌로니아의 기록들은 단편적이어서 여전히 해석이 필요하다. 그러나 여기에서 다시, 이론적이며, 명상적이며 순수하게 지적이기보다 기초적이며 반드시 필요한 실용적인 형태의 지식으로 남아 있다는 것은 확인할 수 있다.

고대 바빌로니아 천문학과 의학

바빌로니아의 사제들은 이미 BC 3800년에 천체를 전문적인 관측의 대상으로 삼았다. 일 년과 한 달의 길이, 계절의 도래, 천체 속에서 태양의 행로, 행성들의 움직임, 일식과 월식 그리고 별똥별의 순환을 특별히 관심 깊게 연구했다.

시간 측정의 필요성이 한 가지 동기였다. 연중행사표와 달력에 대한 공통적인 관심사의 근저에 있는 것과 똑같은 동기였다. 일 년은 365일 이상을 포함하고 있으며, 한 달은(삭망월) 29일 12시간 44분 이상이라는 것이 밝혀졌다. 태양의 시지름(겉보기지름)은 황도(黃道) 즉, 천체를 관통하는 태양 궤도에서 720배에 이른다.

이집트인들처럼 바빌로니아인들도 일 년의 서로 다른 시기의 새벽에 보이는 별과 별무리에 대한 특별한 기록을 남겼다. 황도의 양쪽에서 천체를 둘러싼 가상의 띠에 위치하는 이 별자리들은 우리가 12궁의 표시로 채택한 것과 — 천칭자리, 양자리, 황소자리, 쌍둥이자리, 전갈자리, 사수자리 등 — 일치하는 명칭들을 갖고 있다. 또한 바빌로니아 천문학자들은 연속적인 봄 또는 가을의 분점*(分點; 태양이 지나는 길인 황도가 천구의 적도와 만나는 점)들이 한 해에 몇 초씩 떨어진 간격으로 서로를 따른다는 것을 관찰했다.

바빌로니아 사제들에게 천체의 움직임을 연구하도록 영향을 끼친 두 번째 동기는 앞으로 일어날 일들을 예언하고 싶다는 것이었다. 그들은 다른 천체들과 관련되어 위치를 이동하는 것으로 관찰된 행성들을 전령 또는 천사라고 불렀다. 화성의 겉모습은 아마 그 붉으스름한 색깔 때문에 전쟁과 관련된 상상으로 이어졌을 것이다. 혜성과 유성 그리고 일식과 월식은 유행병과 국가적 재난 또는 왕들의 운명에 대한 징조라고 생각했다.

각 개인들의 운명은 태어난 시간에 나타나는 천체의 모습을 파악하는 것으로 예측했다. 점성학 또는 별들을 활용한 예언에 대한 관심은 분명 사제들로 하여금 천문학적인 현상들에 대한 기록을 조심스럽게 살펴보고 종교적으로 보존하도록 이끌었다.

심지어 일식과 월식의 주기는 대략 18년 11개월을 약간 넘는 기간*(사로스saros; 일식과 월식의 주기)에 반복된다는 것을 확립시키기도 했다. 더 나아가, 우리는 바빌로니아인들로부터 가장 숭고한 종교적이며 과학적인 개념들을 얻어냈다. 그들은 겉으로 보기에는 불규칙한 천체의 움직임이 엄격한 법칙에 지배된다고 믿었다.

그들의 창조신화에서 '마르두크 왕*(Marduk; 고대 바빌로니아의 신)은 태양과 달과 더불어 별들을 순서대로 정렬했으며 절대로 넘어설 수 없는 법칙을 부여했다.'고 선언했다.

바빌로니아인들의 수학 지식은 한편으로는 천문학과 관련이 있으며, 다른 한편으로는 상업적 추구와 관련이 있다. 결국 우리가 알게 되듯이, 과학적 사고에 필수적인 고도로 발달된 측량, 계량 그리고 계수 체계를 보유하게 되었다.

BC 2300년경 1에서 1350까지 실행되는 곱셈표를 천문학적인 계산과 관련하여 사용했다. 이집트 사람들과 달리 1백만에 해당하는 기호는 없었지만, 성경의 '1만 곱하기 1만'(다니엘서 7:10)은 심지어 더 큰 수의 개념이 그들 모두에게 낯설지 않았다는 것을 나타내는 것일 수도 있다.

그들은 10진수뿐만이 아니라 60진수로도 계산했으며, 시간과 분을 각각 60으로 분할했다. 그들은 원을 여섯 개의 부분과 6 곱하기 60개의 구획으로 나누었다. 바빌로니아 남부에서 발견된 사각형과 입방체의 조각판에 1 더하기 4가 8의 제곱이라는 설명은, 첫 번째 단위가 60임을 의미하는 60진법의 기준으로만 올바르게 해석되었다. 이미 살펴보았듯이 기하학에 대한 상당한 지식이 바빌로니아의 디자인과 건축에 명확히 드러나 있다.

BC 5세기의 그리스 역사학자*(헤로도토스)에 따르면 바빌로니아에는 의사가 전혀 없었다고 했던 반면에 그 후의 그리스 역사학자는(BC 1세기) 명망 높은 바빌로니아 대학에 대해 언급하면서 지금의 의학학교였을 것으로 믿고 있다고 했다.

현대의 한 연구에서는 BC 7세기에 아시리아의 왕에게 보낸 어떤 의사

함무라비 법전. 바빌론을 통치한 함무라비 왕에 의해 반포된 법전. 바빌로니아의 의사에 대한 기록이 있다.

의 편지들을 밝혀냈다. 그 편지에서는 왕의 주치의에게 왕자의 친구가 겪고 있던 코의 출혈을 치료할 처방을 전달하면서 눈병에 걸린 불쌍한 동료의 회복 가능성을 전하고 있다.

같은 시기의 다른 편지들에서는 궁전의 의사에 대해 언급하고 있다. 우리는 BC 2700년경에 남부 바빌로니아에 살았던 의사의 이름(일루-바니)도 찾아냈다. 하지만 바빌로니아의 의사와 관련된 가장 흥미로운 정보는 족장 아브라함과 동시대인 함무라비 시대에 시작됐다.

군주의 치하에서 작성된 이 법전*(함무라비 법전; 바빌로니아의 제6대 왕, 함무라비에 의해 제정된 최초의 성문법. 돌에 새겨 놓았다)에는 바빌로니아 의사들이 백내장의 증상을 수술하는 것으로 등장하며, 성공적인 수술에 대해 은화 20세겔(요셉이 노예로 팔렸던 돈의 반이며 7~8달러에 해당한다)을 받을 자격이 있다고 했다. 수술에 실패하여 환자가 생명을 잃거나 시력을 상실하게 되면 의사는 두 손을 잘라내는 벌을 받았다.

바빌로니아의 의학 기록은 천문학 기록처럼 미신적인 믿음이 널리 퍼져 있었다는 것을 보여준다. 악마의 정령이 질병을 일으키며, 신들이 우리를 괴롭히는 질병들을 치료한다는 것이다. 바빌로니아의 의학서적들은 처방과 마법이 기묘하게 뒤섞인 내용을 담고 있다. 사제들은 신의 생각을 점쳐보기 위해 희생제에 올린 동물들의 간장을 연구했으며, 그로 인해 해부학 연구가 활발했다. 국가적인 동물원을 유지했던 것은 분명 동물의 자연사에 대한 연구에 비슷한 영향을 끼쳤다.

바빌로니아는 농업과 상업 전문가들의 국가였다. 아시아에 최초의 셈족 제국을 건설했던(BC 3800) 아카드의 사르곤은 수로를 만드는 사람의 손에 자랐으며 그 자신은 정원사였다. 바빌로니아 마지막 왕의 아들인 벨샤자르(재위 BC 550~539; 신바빌로니아 왕국의 마지막 왕 나보두니스의 아들. 아버지 대신 섭정을 했다. 바빌로니아는 BC 538년 페르시아의 키루스 2세에게 정복당했다)는 굉장히 큰 규모의 양털 장사를 했다.

티그리스와 유프라테스 강의 물속에 잠긴 지역에서 발굴된 출토물은 이 위대한 역사적인 민족의 문화에 공헌했던 전당포업자, 수입업자, 염색공, 마전장이, 무두장이, 마구 제조자, 대장장이, 목수, 제화업자, 석수, 상아절단공, 벽돌제조공, 자기 제조자, 옹기장이, 양조인, 뱃사람, 도살업

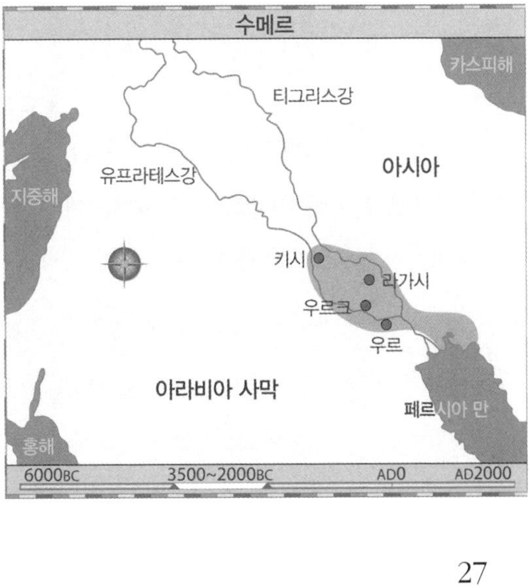

메소포타미아 문명의 발상지 티크리스와 유프라테스강 유역. BC 2000년경 수메르인에 의해 최초의 고대 문명이 형성되었으며, 고대 도시 바빌론을 중심으로 고대 바빌로니아 왕국이 세워졌다.

자, 토목 기사, 건축가, 화가, 조각가, 음악가, 양탄자와 의복과 직물 상인 등등의 이야기를 전해준다.

과학이 어느 문명의 모체(母體)를 이처럼 풍부하게 찾아낸다는 것은 놀라운 일이 아니다. 지레와 도르래, 선반, 곡괭이, 톱, 망치, 수술용 청동 랜싯, 해시계, 물시계, 해시계 바늘(태양의 높이를 측정하기 위한 수직 막대)이 사용되었다.

BC 3800년 이전에는 보석세공이 상당히 발달해 있었다. 바빌로니아인들은 안티모니로 단단하게 만든 구리와 주석, 납, 조각한 조개껍질, 유리, 설화석고, 청금석, 은 그리고 금을 활용했다. 이집트 문명과 조우하던 시기 이전에 철은 사용되지 않았다.

그들의 건물은 모두 현대적인 것과 같은 배수체계를 갖추고 있었다. 현재의 박물관에는 그들의 수제품 견본들이 풍부하게 전시되어 있다. BC 2700년경의 현무암으로 만든 조상, BC 3950년경에 만든 아름다운 은항아리, 그리고 BC 4000년경에 구리로 만든 염소 머리 등이 있다.

발굴 작업은 페르시아 만과 그리 멀리 떨어져 있지 않은 티그리스와 유프라테스 강의 기슭에 있는 이 고대인들의 기록을 완전히 밝혀내지도 해석해내지도 못했다. 그렇지만 그들의 종교적 영감은 가장 뛰어났으며 이집트에 끼친 실천적인 성취 역시 뒤지지 않았다.

하지만 이 고대의 위대한 두 나라는 모두 과학을 그들의 기술과 높은 수준의 보편화와 연계해 부흥시키는데 실패했다. 그 역할은 고대의 또 다른 민족에게 남겨졌다. 그들이 바로 그리스인들이다.

Chapter 02

추상적인 생각의 영향

그리스와 아리스토텔레스

기하학과 천문학에서 출발한 그리스 철학

그리스인들이 이집트와 바빌로니아에서 시작된 과학에 관심을 갖게 되자 그들의 비범한 특성이 그대로 드러났다. 최초의 그리스 철학자라고 불리는 탈레스(Thales; BC 5세기경에 활동)는 그리스 기하학과 천문학의 창시자였다.

고대 그리스의 '7대 현인' 중의 한 명인 그는 고대의 벤자민 프랭클린*(Benjamin Franklin; 미국의 '건국의 아버지'라 불리는 정치가이며, 과학자)이라 불릴 만하다. 무역에 관심이 많았으며, 정치적으로도 유능했으며 보편적인 진리에 대한 공평한 사랑으로 존경을 받았기 때문이었다.

소아시아 연안의 그리스 도시인 밀레투스에서 태어난 그는 바빌로니아의 천문학 지식을 배웠으며, 무역을 하기 위해 이집트로 갔을 때는 지리학 지식을 습득했다. 그뿐만이 아니라 배운 것들을 정리하여 명확하게 계통을 세워 발전시킬 수 있었다.

이집트인들에게 지리학은 지표면과 치수, 면적과 용적에 관계된 일이었지만, 그리스인들에게는 추상 능력과 더불어 선과 각도와 관계된 연구였다. 예를 들어, 탈레스는 이등변 삼각형의 밑변의 각은 동일하며, 두 개의 직선이 서로 교차할 때 마주보는 각의 크기는 같다고 말했다.

하지만 일반적인 원칙들을 정립한 후에는 그것을 활용해 특정한 문제의 해법으로 활용할 수 있다는 것을 증명했다. 탈레스는 자신이 유일하게 가르침을 받았던 계급인 이집트 사제들이 지켜보는 가운데, 그림자를 이용하여 피라미드의 높이를 측정하는 방법을 시연해 보였다. 더 나아가 삼각형의 측면과 각도와의 관계에 대한 지식을 근거로 해변에서 바다 위에 떠 있는 배까지의 거리를 확인하는 실용적인 법칙을 개발했다.

탈레스의 철학적인 기질은 분명하게 천문학의 본질적인 요소들을 견지하고 있었다. 일반적으로 그의 독창성을 입증하기 위해 언급되는 세부적인 사항들은 그가 바빌로니아인들의 영향을 받았다는 것을 보여준다. 한 해의 일수, 삭망월(朔望月, 29일 12시간 44분)의 길이, 황도와 태양의 명확한 직경의 관계, 일식과 월식의 반복 시기 등은 중국인들과 마찬가지로 바빌로니아인들에게도 오랫동안 알려져 있던 문제였다.

하지만 그는 일식(日蝕)을 예측하여 그리스인들 사이에 천문학에 대한 커다란 관심을 불러일으켰다. 그것은 필시 메디아와 리디아 사이의 격렬한 전투를 중단시켰던 BC 585년의 일식*(두 나라가 전쟁을 준비하고 있을 때 일식을 예측하자 불길한 징조로 여긴 두 나라가 군대를 철수시켰다고 한다)이었을 것이다.

선원들에게는 큰곰자리보다는 북극성에 더 가까운 작은곰자리 근처로 항해하라고 했던 탈레스의 조언은 기하학 연구에서처럼 천문학 연구에서도 그가 과학 지식의 활용에 무관심하지 않았다는 것을 보여준다.

사실, 탈레스는 철학자가 아니며 오히려 천문학자이며 공학자였다고 주장하는 저술가들도 있다. 우리는 온전히 철학적인 그의 사상에 대해서는 아는 것이 거의 없다. 하지만 그가 '모든 물질의 근원은 물'이라는 귀납적인 결론에 도달했다는 것은 분명히 알고 있다. 그의 결론을 보강하고 명확히 설명하려는 시도들이 있었다. 사상의 역사에서 주요한 관심은 그의 결론이 변화하는 것에서 변치 않는 것을 찾아내고, 자연의 수많은 현상들 속에서 단일한 원리를 찾아낸 결과라는 사실에 있었다.

(비록 이 세상은 물의 카오스에서 비롯된 것이라는 바빌로니아인들의 믿음 또는 이집트 사제들의 가르침에 따른 것일지라도) 이러한 관념적이며 개괄적인 견해는 지극히 그리스적인 것으로 세상만물의 근거 또는 기원을 발견하기 위한 일련의 시도들 중 최초의 것이었다.

탈레스의 제자들 중의 한 명*(BC 6세기경의 철학자 아낙시메네스)은 공기가 근본 물질이라고 가르쳤다. 반면에 우주의 기원에 대한 현대적인 이론을 어느 정도 예측했던 헤라클레이토스*(Heraclitus: BC 6세기경 이오니아의 에페소스에서 활동한 철학자. 난해하고, 괴팍했던 사람으로 전해진다. '변화를 세계의 원리'로 보았다)는 격렬하게 끓어오른 수증기는 끊임없이 변화를 일으킨다고 주장했다. 위대한 철학자이며 의사였던 엠페도클레스는 처음으로 4원소 — 땅, 공기, 불, 물 — 이론을 설명했다.

데모크리토스(Democritos)는 분할할 수 없는 분자 또는 원자가 모든 현상의 기본이 되는 것이라고 생각했다. 탈레스의 이론이 그리스의 추상적 사고의 출발점이라는 것은 분명하며, 원리들과 일반적인 법칙들을 발견하려는 그의 성향이 철학과 과학의 발전에 영향을 끼쳤다는 것도 분명하다.

피타고라스(Pythagoras BC 580~500)는 탈레스의 조언에 따라 수학 연구를 위해 이집트를 방문했다. 그가 바빌로니아도 방문했을 것이라 믿을 만한 이유가 있다.

그와 그의 제자들에게 수학은 철학이었으며, 나중에는 거의 종교가 되었다. 그들은 (팽팽한 하나의 현과 움직이는 기러기발로 이루어진 최초의

수를 만물의 근원이라고 생각한 피타고라스 학파.
이들은 수학적 관계에 의해 모든 자연현상을 이해하려고 시도했다.

물리 실험 장비인 일현금*(한 줄로 이루어진 현악기)으로 실험하여) 악기에서 현의 길이가 반으로 줄었을 때 음색에 끼치는 효과를 발견했으며, 또한 비슷한 두께와 동일한 장력 하에서 길이가 1:2, 2:3, 3:4, 4:5가 될 때 조화로운 음색을 낸다는 것도 발견했다.

피타고라스 학파의 사람들은 이것으로부터 천체가 지구로부터 1, 2, 3, 4, 5*(일정한 비율의 거리) 등으로 떨어져 있을 것이라는 다소 엉뚱한 추론을 이끌어냈다. 그들의 이론은 대부분 현대인들에게는 그저 공상적일 뿐이며 지지받을 수 없는 결론으로 보인다. 하지만 오직 이 철학 학파만이 간단한 수학적 관계들이 자연현상을 지배한다고 인식했으며, 그들의 가설은 과학의 발달에 엄청난 영향을 끼쳤다.

숫자에 대한 그들의 광신이 이집트 사제들의 영향 때문이든 동양에서 비롯된 것이든 상관없이, 숫자는 피타고라스 학파에게 수학에 대한 순수한 열정을 불어넣었다. 하지만 자신들의 과학적 결실을 일상의 실용적인 필요에 적용할 수 있다는 생각은 전혀 하지 않았다.

원의 면적과 같은 정사각형을 구하고, 각을 삼등분하고, 정육면체의 부피를 두 배로 구하는 것*(눈금 없는 자와 컴퍼스만으로 작도를 했던 고대 그리스에서 '불가능한 3대 작도 문제'를 가리킨다)과 같은 오래된 문제들은 이제 새로운 열정으로 활발하게 시도되기 시작했다.

유클리드의 책, 제1, 2, 4권은 주로 피타고라스 학파에서 비롯된 것이었다*(BC 3세기경, 그리스 기하학이 집대성된 유클리드의 《기하학 원론》을 가리킨다). 입체기하학도 이 숫자 숭배 학파의 도움을 받았다. 그들 중의 한 명(아르키타스Archytas BC 428~347; 플라톤의 친구)은 처음으로 기하학을 역학에 적용했다. 여기에서 우리는 탈레스의 경우가 그랬듯이 추상적인 생각에 대한 사랑 즉 과학을 과학으로 추구하는 것이 궁극적으로는 현실적인 적용을 방해하지 않는다는 것을 다시 확인하게 된다.

【 불가능한 3대 작도 문제 】

1. 주어진 원과 같은 넓이의 사각형을 작도하라.
2. 주어진 정육면체의 부피가 두 배가 되는 정육면체를 작도하라.
3. 주어진 각을 삼등분하라.

파피루스에서 발견된 유클리드의 《기하학 원론》.

기하학에 왕도는 없다

그리스 철학자들이 흔히 그랬듯이 플라톤(Plato BC 427~347)은 피타고라스 학파의 영향력이 특히 강했던 소아시아와 이집트 그리고 이탈리아 남부를 두루 여행했다. 그의 주된 관심사는 성찰에 있었다. 그에게는 감각과 이성의 두 가지 세계가 있었다. 감각은 우리를 현혹시킨다. 그러므로 철학자는 감각적인 느낌의 세상을 멀리하고 이성을 계발해야만 한다고 생각했다.

그는《대화편》에 철학자 계급의 교육을 위한 전문적인 훈련과 연구 과정을 개략적으로 설명해 놓았다. (이상한 이야기이지만, 본래 지적인 엘리트를 위해 작성한 플라톤의 교육과정을 우리들의 학교에서 이성의 훈련을 전혀 요구하지 않는 직업을 갖게 될 수백만 명의 남녀 학생들에게 여전히 받아쓰도록 하고 있다.)

아테네에 있는 그의 학교 아카데메이아*(학교Academy의 어원)의 현관에는 '기하학을 모르는 사람은 아무도 이곳에 들어올 수 없다.'는 글이 새겨져 있었다.

플라톤이 이 과목을 강조했던 것은 일상적인 삶에 유용하기 때문이 아니라, 학생들의 추상능력을 향상시키고 올바르고 왕성한 사고를 훈련시키기 위한 것이기 때문이었다. 그의 관점에서 보면 우리가 기하학을 통해 특별한 것과 감각적인 것으로부터 정신을 분리하지 못한다면 기하학의 주요한 장점은 사라진다는 것이었다.

그는 명확한 개념을 좋아했다. 그의 주된 과학적 관심사는 천문학과 수학에 있었다. 우리는 그로부터 '넓이가 없는 길이'라는 선의 정의와 '동등자에서 동등자를 빼면 동등자다(같은 것에서 같은 것을 빼면, 나머지는 서로 같다).'는 공리(公理)의 형식을 알게 되었다.

라파엘로의 《아테네 학당》에 묘사된 플라톤과 아리스토텔레스. 이상세계를 추구한 플라톤은 손으로 하늘을 가리키고 있으며, 현실세계를 추구한 아리스토텔레스는 땅을 가리키고 있다.

플라톤은 활발한 수학 연구에 직접적인 영향을 끼쳤으며, '수학의 신'으로 불렸다. BC 4세기 말까지 알렉산드리아에서 활동했던 유클리드는 플라톤에게 직접 배운 제자는 아니었지만 이 위대한 철학자의 관점을 공유했다.

당나귀의 다리(asses'bridge; 유클리드 기하학에서 '이등변 삼각형의 두 밑각의 크기는 같다'는 명제이다. 둔한 학생(ass)은 이해하기 곤란하다는 뜻)를 배우게 된 그의 학생들 중 한 명이 '이런 것들을 배우면 나는 무엇을 얻게 되는 건가요?'라고 묻자, 유클리드는 하인을 불러 '배운 것으로부터 이익을 얻어야만 한다고 하니 저 아이에게 6펜스를 주어라.'라고 했다는 이야기가 전해지고 있다.

영리한 그리스인들 중에서도 추상적인 추론을 전혀 마음에 들어 하지 않는 사람들이 있었다. 널리 알려진 이집트의 왕 프톨레마이오스*(Ptolemy 1세 BC 367~283; 알렉산드로스와 함께 아리스토텔레스에게서 가르침을 받았다. 알렉산더 사후에 이집트에 프톨레마이오스 왕조를 열었다. 대도서관을 세우는 등 헬레니즘 문화를 꽃피우는 데 결정적인 역할을 했다)도 마찬가지였다. 그는 유클리드에게 기하학자의 책인 《원론》을 공부하는 것보다 더 쉽게 기하학을 배울 방법은 없는지 물어보았다. 이 질문에 스승은 '기하학에 왕도는 없습니다.'라고 대답했다.

학구적인 추상개념과 난해한 수학은 원기를 돋우며 그 자체로 목적이기 때문이다. 이미 설명했듯이, 그것들이 가져올 실용적인 가치 역시 막대하다.

플라톤주의자 중의 한 명*(페르가의 아폴로니오스; BC 3세기경의 수학자)은 서로 다른 종류의 평면으로 절단된 원뿔에 의해 생성된 곡선들을 연구했다. 이 곡선들 — 타원, 포물선, 쌍곡선 — 은 그 후의 천문학과 공학의 역사에서 중요한 역할을 한다. 또 다른 플라톤주의자*(에라토스테네스 Eratosthenes; BC 273년경 지구가 둥글다는 가정하에 지구의 둘레를 관측했다)는 지구의 원주를 최초로 측정했다.

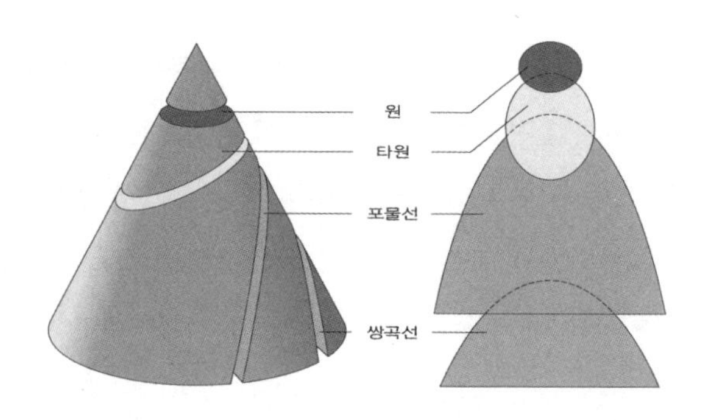

아폴로니우스는 원형뿔을 여러 가지 평면으로 잘랐을 때 생기는 선을 정리했다. 타원, 포물선, 쌍곡선이라는 개념은 아폴로니우스에 의해 정리된 것이다.

과학은 관찰과 성찰

플라톤의 가장 뛰어난 제자인 아리스토텔레스(Aristotles)는 BC 384년에 스타기라*(그리스 북동부 마케도니아의 작은 도시)에서 태어났다. 의사의 집안에서 태어난 그는 의사가 되기 위한 공부를 했으며 일찍이 자연현상들에 관심을 기울였다.

BC 367년에 아테네의 아카데미아에 입학했으며, 그곳에서 플라톤이 사망할 때까지 20년 동안 공부했다. 그는 열심히 공부했지만 어릴 때부터 받았던 교육의 특성을 생각해보면 절대 순종적인 학생이 아니었던 것은 자연스럽다. 플라톤은 아리스토텔레스가 선생을 향해 '길러준 어미를 발로 차는 고삐 풀린 망아지'처럼 반항했다고 말했다.

이 의사의 아들은 철학자는 감각의 대상을 버려야만 한다는 견해를 곧이곧대로 받아들이지 않았다. 그는 당대의 물질적 학문을 공부했으며 실재하는 대상의 실체를 믿었다. 동시에 그는 스승의 가르침 속에서 발견한 귀중한 것에 몰두했다.

그는 학문이 개별적인 사물들에 대한 단순한 학습으로 이루어진 것이 아니므로, 일반적인 원리들을 공식화한 후에 구체적인 것들에 대한 공부로 돌아가야 한다고 생각했다. 그는 대단히 체계화된 지식인이었으며, 이러한 면모는 거의 모든 지식 분야에 뚜렷한 흔적을 남겼다.

자연 천문학, 자연 지리학, 기상학, 물리학, 화학, 지질학, 식물학, 해부학, 생리학, 생태학 그리고 동물학은 그의 가르침으로 내용이 풍부해졌다. 논리학, 윤리학, 심리학, 수사학, 미학, 정치학, 동물학(특히 어류학)은 그를 통해 처음으로 체계적인 형식을 갖추게 되었다.

저명한 현대의 철학자가 말했듯이, 아리스토텔레스는 인식할 수 있는 수많은 대상들을 통해 자신의 방식을 밀고 나아갔으며, 그러한 다양성을 사고의 힘으로 지배했다. 그는 오랫동안 그를 알고 있던 사람들의 스승으로서 '현인'으로 널리 알려졌다. 그의 목표는 자기 시대의 지식을 체계화하기 위해 유기적이며 비유기적인 자연현상들을 이해하고, 정의를 내리고, 분류하는 것이었다.

플라톤의 학교에서 경험한 20년간의 도제생활은 그의 논리적인 능력을 날카롭게 다듬었으며 자신의 전체적인 사상을 더욱 풍부하게 만들었지만, 감각을 의심하도록 가르치지는 않았다. 우리의 눈이 우리를 속였다고 말할 때, 우리는 사실 우리의 시각이 제공한 자료를 잘못 해석했다고 고백하는 것이다. 안다는 것은 당연하게도 이성의 올바른 활용만큼이나 감각의 올바른 활용을 포함하는 것이다. 과학의 발달은 성찰과 관찰이 함께 발달하는 것에 의존한다.

아리스토텔레스는 연구자들에게 사실에 대한 설명을 구하기 전에 먼저 사실의 확인을 권했다. 미리 생각했던 이론이 관찰된 사실과 일치하지 않는다면, 당연히 이론을 포기해야만 한다. 비록 플라톤은 몽상가이고 아리스토텔레스는 사상가라고 말하기도 하지만, 플라톤은 종종 천문학과 그 밖의 학문 분야에서 자연현상에 대한 진짜 지식을 보여주며, 아리스토텔레스는 때때로 자신만의 가정에 도취되거나 자신의 이론들을 관찰의 실험으로 이끌어 가는데 실패하곤 했다는 특성은 인정해야만 할 것이다.

이 스타기라 사람은 떨어지는 물체의 속력은 그 무게에 비례하며, 횡경막의 기능은 사람의 고귀한 영역과 동물적인 격정을 나누는 것이며, 뇌는 가슴과 반대로 작동하려 하고 흙과 물의 물질로 구성되어 있어 차갑게 하는 효과를 일으킨다고 주장했다.

4원소 이론 — 뜨거운 것, 차가운 것, 습한 것, 건조한 것 — 은 입증을 위한 시도도 거의 없이 독단적으로 서술되어 있다.*(아리스토텔레스는 4원소 — 불;뜨겁고 건조한, 물; 차갑고 습한, 공기; 뜨겁고 습한, 흙; 차갑고 건조한

아리스토텔레스는 알렉산더 대왕의 스승이었다.

— 가 섞인 비율에 따라 서로 다른 물질이 생긴다고 보았다. 이것은 스승이었던 플라톤의 이론을 따른 것이다.) 4원소 이론은 현대적인 연구들의 관점으로 보자면 아리스토텔레스의 오류들도 쉽게 지적할 수 있다. 과학은 오류가 없는 것이 아니라 부단히 전진하는 것이다.

자신의 시대에 그는 오히려 품위 없고 천박하다고 여겨지는 일들로 비난을 받았다. 그를 비난하던 사람들은 그가 물려받은 재산을 헛되이 낭비하면서 군대에 복무했었으나 그곳에서 실패하자 마약판매상이 되었다고 했다.

열의 효과에 대한 그의 관찰은 가정과 일터에서 벌어지는 통상적인 진행과정에서 이루어진 것으로 보인다. 과일을 익게 하는데 있어 열이 요리하는 것과 같은 효과를 갖고 있는 것으로 보았다.

열은 점토로 만들어진 옹기장이의 그릇들이 냉기에 의해 굳어진 후에 변형시킨다. 또한 우리는 그가 잿물과 쇠를 생산하는 사람들을 설명하는 것도 보게 된다.

그는 하등동물에 대한 연구를 경멸하지 않았으며 오히려 자연적이며 아름다운 무언가를 발견하려는 기대 속에 존재하는 모든 것들을 연구하려 했다. 과학적 호기심과 유사한 정신으로 아리스토텔레스 학파의 작품인 《문제들(The Problems)》에서는 지렛대, 배의 키, 바퀴와 차축, 겸자(鉗子), 저울, 대들보, 쐐기의 원리를 그밖의 기계학적인 원리들과 더불어 연구했다.

사실, 우리는 아리스토텔레스에게서 명확한 생각들을 형성하면서 동시에 자연의 풍부한 다양성을 관찰하는 빼어난 정신을 발견하게 된다. 그는 자연의 다양성과 통일성, 즉 풍부한 현상들과 그 현상들을 설명하는 법칙의 단순함에 경의를 표했다.

아리스토텔레스의 영향을 통해 일반적이며 추상적인 많은 생각들 — 카테고리, 에너지, 곤충학, 실재, 극단 사이의 중용, 형이상학*('metaphysics'는 원래 그리스어에서 '물리학physics 다음의 책'이라는 의미였다) 기상학, 동기, 자연사, 원리, 삼단논법 — 은 전 세계 교양인들이 공유하는 자산이다.

플라톤은 수학자이며 천문학자였으며, 아리스토텔레스는 최초의 그리고 가장 뛰어난 생물학자였다. 그의 책들은 동물의 역사, 동물의 신체 기관들, 동물의 이동, 동물의 생식, 호흡, 삶과 죽음, 생명의 길고 짧음, 청년기와 노년기 등을 다루고 있다.

그의 심리학은 현재의 심리학처럼 생물학적 심리학이다. 생물학에 대한 그의 공헌은 추상적이면서 동시에 구체적이고자 하는 그의 성향을 잘 나타내고 있다. 그의 작품들은 500종 이상의 살아 있는 존재들에 대한 지식들을 보여준다. 그는 50종의 다양한 동물 표본을 해부했다.

고래와 상어의 번식 방법에 대한 상세한 지식만큼이나 성게와 뿔고둥 – 유명한 티리언*(Tyrian; 지중해 소아시아 지역의 고둥에서 분비되는 것. BC 15세기경부터 페니키아인에 의해 염색에 이용되었다) 염색의 원료– 그리고 카멜

레온, 가오리(또는 아귀), 둥우리를 짓는 물고기들에 대한 상세한 지식을 특별히 언급할 수도 있을 것이다. 해부학에 대한 그의 주요한 공헌들 중의 한 가지는 심장과 혈관의 배열에 대한 설명이다.

인체의 해부에 대한 강한 반감은 인간의 해부술과 관련된 그의 호기심을 어느 정도 억누르게 했던 것으로 보인다. 하지만 그는 내이(內耳)의 구조, 인두로부터 중이(中耳)로 이어지는 통로 그리고 인간 두뇌의 두 가지 외부 세포막을 잘 알고 있었다. 아리스토텔레스의 천재성은 관찰된 현상들에 대한 단순한 세부항목들에 빠져 헤매지 않도록 이끌었다.

그는 다양한 종들 사이의 유사점과 차이점들을 잘 알고 있었으며, 동물들이 두 개의 커다란 두 개의 군(群)에 속하는 것으로 분류하고, 고래와 돌고래를 물고기들과 구별했으며, 집비둘기, 숲비둘기, 바위비둘기 그리고 호도애(염주비둘기)의 혈통에 유사성이 있다는 것을 인식하고 있었다.

인간은 아리스토텔레스의 자연체계에서 사회적 동물로서 한 자리를 차지하고 있다. 인간은 생명 있는 존재들의 전체 계열에서 회상, 이성, 숙고라는 일정한 능력이 특징인 최고의 유형이다. 당연하게도 아리스토텔레스가 알고 있던 모든 식물과 동물의 다양성을 완벽하고 만족스러울 정도로 분류해냈다고 할 수는 없다. 하지만 그의 목표와 방법은 그를 자연과학의 아버지로 자리매김했다.

그에게는 관찰하는 안목이 있었으며 자신이 관찰한 것들의 관계와 중요성을 파악할 정신을 갖추고 있었다. 치아의 특성(치열)에 따라 동물들의 분류를 시도했던 것은 실패했다고 비판받았다. 하지만 이러한 분류 원칙은 여전히 활용되고 있으며, 주의 깊고 이해력이 있는 그의 정신적인 특징을 보여준다.

자연현상들에 대한 철학적인 성찰과 예리한 관찰을 결합시킨 한 가지 예는 생식과 발달에 관한 그의 작품에 제시되어 있다. 그는 생명체의 유전이 식물과 동물의 다양한 종들이 갖고 있는 눈에 띄는 기능으로서 특별히 연구할 가치가 있다는 것을 알고 있었다. 기형인 부모가 정상적인 자손을 가질 수 있으며, 자녀들은 부모보다는 오히려 조부모와 더 닮을 수 있다.

태아가 부모 종(種)의 특징들을 보이는 것은 오직 발달의 마지막에 다가갈 때이다. 아리스토텔레스는 병아리의 태생학적 발달을 부화 후 4일째부터 신중하게 추적했다. 하지만 동물의 번식에 대한 그의 지식은 진흙, 모래, 거품, 이슬로부터 자연발생한다는 자신의 믿음을 버리기에는 충분하지 않았다. 예를 들어, 뱀장어에 자연발생을 적용하는데 있어, 번식의 습관과 방식에 대한 것은 오직 최근의 연구가 완전하게 밝혀냈다는 것에서 보면, 그의 오류는 기꺼이 이해할 만한 것이었다.

다른 과학 분야처럼 생식과 관련한 아리스토텔레스의 철학적인 정신은 현대적인 이론들을 미리 내다본 것이었으며, 또한 사실들에 대한 후대의 연구조사에 의해서만 해결될 일반적인 의문들을 제시했던 것이다.

아리스토텔레스의 지구와 그리스 과학자들

아리스토텔레스의 과학 연구에서 비롯된 실용적인 결과들 중에서 오직 한 가지 지적만은 제시될 필요가 있다. 그의 작품들 중의 하나에서 그는 지구의 둥근 형태는 월식이 일어날 때 달의 그림자가 둥글다는 사실에서 관찰될 수 있다고 설명했다. 즉, 천체와 비교하여 지구는 둥글면서 작은 것으로 보이며, 더 나아가 이것으로부터 이집트에서 관찰되는 별들이 그보다 더 북쪽에 있는 나라들에서는 보이지 않지만, 반면에 북쪽 나라의 지평선 위에 언제나 있는 별들이 남쪽에 있는 나라들에서는 지고 있는 것으로 보인다.

결과적으로 지구는 둥근 모양일 뿐만 아니라 크지도 않다. 그렇지 않다면 이런 현상이 관찰자의 입장에서는 위치의 변화가 그처럼 한정되게 나타나지는 않을 것이다.

'그러므로, 헤라클레스 기둥*(지브롤터 해협, 지금의 스페인 남부 동쪽 끝 양쪽에 서 있는 2개의 석주)의 주변 지역이 인도와 연결되어 있으며, 따라서 오직 하나의 바다만이 있다는 것은 믿을 수 없는 일이 아니다.'

《철학자》라는 책에 등장하는 이 문구가 콜럼버스(Christopher Columbus 1451~1506)에게 영향을 주어 스페인 해안에서 서쪽으로 항해하여 동양*(인도)으로 가려는 시도를 하게 했다고 널리 알려져 있다.

우리는 인간의 두 팔, 네발짐승의 앞다리, 새의 날개 그리고 물고기의 가슴지느러미 사이의 관계(상동相同 관계)에 대한 아리스토텔레스의 관찰은 물론 그의 천재성이 귀납적인 결과로 이끌었던 그 밖의 많은 진실들을 자세히 살펴보아야만 한다.

아리스토텔레스는 식물학 분야에서 자연현상들에 대한 광범위한 지식이 있었으며, 증식과 육성의 형식과 식물의 동물에 대한 관계 등과 관련된 일반적인 질문들을 제기했다.

그의 제자이면서 평생의 친구이며 소요학파의 지도자로서 후계자이기도 한 테오프라스토스*(플라톤의 제자였으며 아리스토텔레스와 함께 활동했다. 훗날 아리스토텔레스가 세운 교육기관 리케이온을 물려받았다)는 수학, 천문학, 식물학 그리고 광물학을 결합

지구가 둥글다고 믿었던 컬럼버스는 에스파냐(스페인)에서 서쪽으로 가면 인도에 닿을 수 있다고 생각했다.

시켰다. 그의 《식물의 역사》는 500종 가량의 식물 종에 대해 설명하고 있다. 동시에 그는 식물학의 일반적인 원칙들, 식물의 분포, 잎은 물론 뿌리를 통한 식물의 양분 흡수, 대추야자와 테레빈나무의 성별(性別)을 다루고 있다.

그는 식물의 활용을 크게 강조했다. 그의 식물 분류는 아리스토텔레스의 동물 분류보다 훌륭한 것은 아니었다. 자연발생과 관련된 그의 견해들은 그의 스승의 것들보다는 신중했다. 그의 작품인 《돌에 대하여》는 일반화의 정신보다는 실용적인 면이 더 두드러지게 나타나 있다.

이 책은 유명한 로리움과 같은 광산에 대한 지식에 영향을 받은 것이 분명하다. 아테네는 로리움 광산에서 은을 공급받았으며 그곳에서 비롯된 부를 통해 페르시아를 압도하는 해양권력을 발전시킬 수 있었다.

오늘날까지도 갱도, 수갱(竪坑, 환기 구멍), 광산램프를 비롯한 도구들이 고대 산업현장에 대한 명확한 생각을 제공하고 있다. 테오프라스토스는 식물은 물론 광물의 의학적인 활용을 염두에 두고 있었다.

의술의 아버지인 히포크라테스(Hippocrates BC 460~370)도 빼놓을 수는 없다. 그는 실용적인 과학과 사변적인 철학의 긴밀한 결합을 이루어냈다. 또한 천체로부터 지구까지의 적절한 거리에 대한 피타고라스와 플라톤의 이론을 두고 논쟁했던 아리스타쿠스(Aristarchus)와 히파르코스(Hipparchus)와 같은 후기 그리스 과학자들을 빠뜨려서는 안 된다.

시라쿠사의 아르키메데스(Archimedes BC 287?~212?)는 특별한 고려의 대상이다. 그는 BC 3세기의 사람이며 가장 위대한 고대 수학자로 불리고 있다.

그에게서 우리는 그리스 지성인들을 특징짓는 추상에 대한 강한 애착을 발견하게 된다. 그는 만약 일상의 필요와 연결된다면 모든 종류의 기술은 비천한 것이라고 말할 정도였다.

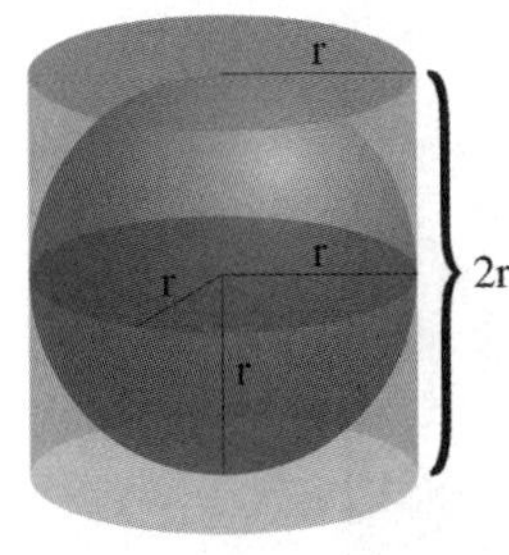

아르키메데스는 원기둥에 원을 내접시키면 부피의 비가 3:2가 된다고 했다.

그는 난해한 수학 문제들에 관심이 있었다. 그의 특별한 자부심은 원과 원기둥의 상대적인 면적을 측정해낸 것에 있었다. 지렛대의 원리를 알아낸 그는 '내가 서 있을 땅만 준다면 나는 지구를 움직일 수 있다.'고 했다.

그는 원주의 범위와 반지름 사이의 관계에 대한 문제의 해답에 이집트인들보다 더 가깝게 접근했다. 그의 업적은 그 자신의 태도에도 불구하고 실용적인 가치가 있었다. 친구인 시칠리아 왕의 요청에 그는 어느 특정한 왕관이 순금인지 아니면 은과 섞인 것인지를 구별했으며, 여러 산업 분야에 많이 적용될 방법을 생각해냈다. 그의 이름은 나선 모양의 톱니바퀴인 웜(worm, 아르키메데스의 나선식 펌프)과 관계가 있다.

사실, 그의 실용적인 장치들은 역사적인 사실들과 그의 이름을 가리고 있는 전설들을 쉽게 분리하지 못할 만큼 명성을 얻었다. 그는 BC 212년에 로마에 맞선 그의 고향 도시*(시칠리아의 시라쿠사. BC 211년 로마에 정복되었다)의 방어에 도움을 주었으며, 전쟁 무기를 고안하여 포위하고 있던 적군을 물리쳤다.

전설에 의하면 적군이 도시로 진입한 후에 그는 모래 위에 그림으로 그려놓은 수학 문제에 몰두한 채 가만히 서 있었다. 거친 로마 병사가 다가올 때, 아르키메데스는 '내 원들을 망치지 말게.'라고 말했고 그 즉시 살해되었다고 한다.

로마 병사에 의해 죽음을 당하는 아르키메데스.

하지만 승리한 장군은 예를 갖추어 그를 매장해 주었으며, 묘비에는 원과 원기둥을 새겨놓도록 했다. 그리스의 추상적인 생각의 승리는 실용적인 사람들은 조금이라도 이해하지 못했을 때일지라도 사색에 존경을 표시해야만 한다는 교훈을 가르쳤다.

Chapter 03

현실 적용에 종속된 과학 이론

로마와 비트루비우스

로마의 과학은 이론과 실천

비트루비우스(Vitruvius)는 세련된 공학자이며 건축가였다. 그는 기독교 시대가 시작되기 직전인 아우구스투스*(Augustus BC 63~AD 14; 고대 로마 초대 황제)의 시대에 로마제국의 군인으로 복무했다. 바실리카*(법정, 교회 등으로 사용된 장방형의 회당)와 수도교를 구상했으며 3~4백 파운드의 바위를 날려 보낼 수 있는 강력한 전쟁무기를 설계했다. 기술과 과학을 잘 이해하고 있던 그는 전문적인 행위와 품위에 대한 숭고한 이상을 품고 있었으며, 그리스 철학을 열심히 공부한 학생이었다.

우리는 주로 건축학을 다룬 10권의 짧은 책을 통해 그를 알고 있다.*(《건축서De Architectura》) 이 책에서 그는 자기 시대의 학문을 폭넓게 다루고 있다.

비트루비우스에게 건축학은 다른 많은 학문들에서 시작된 과학이었다. 이론과 실천은 과학의 근원이다. 단순히 실천하는 사람은 자기 활동의 배경을 모르기 때문에 많은 실패를 겪게 되고, 단순한 이론가는 그 내용이 끼치는 영향을 잘못 알고 있는 것 때문에 실패한다.

비트루비우스는 자기 책의 이론과 역사를 다루는 부분에서 그리스 저작자들의 글을 주로 인용한다. 하지만 실천을 다루고 있는 부분에서는 상당한 통찰력으로 다년간에 걸친 전문적인 경험의 결과를 설명하고 있다.

책에서 그는 추상적이며 사색적인 것보다 구체적인 것에 더 정통하며, 과학적 이론이나 철학을 설명하는 것보다 투석기를 묘사하는데 더 능수능란한 솜씨를 보여준다. 비록 플라톤이나 아르키메데스와 같은 철학자는 아니었지만, 위대한 과학자와 철학자들의 업적을 알고 있던 유능한 관리였다. 자신의 한계를 정확히 아는 상태에서 문필가가 아닌 건축학자로서 글을 썼다. 주로 직업적인 교육을 받았지만 전체적인 학습은 하나의 조화로운 체계로서, 자신의 소명과 관련되어 있는 한 학문의 많은 분야들을 받아들였다.

비트루비우스는 건축가는 뛰어난 저술가여야 한다고 생각했다. 자신의 계획을 명확하게 설명할 수 있어야 하며, 솜씨 좋은 제도공이며, 기하학과 광학에 정통해야 하며, 계산의 전문가이며, 역사를 잘 알고, 물리학과 윤리학의 원리들에 박식하며, 음악도 어느 정도 알아야 하며(음질과 음향학), 법이나 위생학 또는 천체들 상호간의 운동과 법칙 그리고 관계를 몰라서는 안 된다고 생각했다.

또한 건축학은 '너무나도 다양한 학문들을 기반으로 하고 있기 때문에 청년시절부터 천천히 단계를 밟아 정상에 오르지 않는다면, 뻔뻔하지 않고서는 스스로를 이 분야의 대가라고 부를 수 없기 때문이다.'라고 말하기도 했다.

비트루비우스는 일상에 필요한 것을 만들어내는 것과 연결된 기술은 천박하며 저속하다는 아르키메데스의 견해에 전혀 공감하지 않았다. 그와는 반대로 그의 관심은 온통 실용적인 것에 집중되어 있었다.

과학이론에 대해 관심을 가졌던 이유는 주로 기술에 적용하기 위해서였다. 기하학은 계단을 설계하는데 도움이 되었으며, 탄력에 대한 지식은 투석기를 발사하는데 필요했다. 법률은 경계선과 하수처리 그리고 계약에 필요했으며, 위생학은 공기와 물에 대해 적절하게 참고하여 건물의 터를 결정하는 히포크라테스*(Hippocrates; 서양의 의학 선구자로 알려진 고대 그리스의 의사) 지혜를 증명할 수 있도록 했다.

비트루비우스는 아테네인의 추상적이며 사색적인 기질이 아니라 로마인의 실용적이며 탐미적인 기질을 갖추고 있었다.

그의 두 번째 책은 물질의 근원과 관련된 다양한 철학적 견해들에 대한 설명과 인간의 최초 주거지들에 대한 논의로 시작한다. 하지만 실질적인 주제는 건축물의 재료들인 벽돌, 모래, 석회, 석재, 응고물, 대리석, 치장벽토, 목재, 화산재였다.

화산재(석회와 잡석이 화산재와 결합하여 교결물膠結物을 형성한)에 대해 비트루비우스는 지질학적 지층의 계통을 식별하는 지식을 드러내는 방식으로 작성했다.

마찬가지로 아펜니노 산맥의 강우량이 끼치는 영향과 그 결과로서 동쪽과 서쪽 산맥의 전나무 목재에 대해 논의하면서 기상학상의 원칙들에 대한 이해를 보여준다. 일반화하는 그의 진정한 능력은 물질의 기원에 대한 고찰보다 오히려 건축자재를 다루는 법에 대한 그의 특별한 재능과

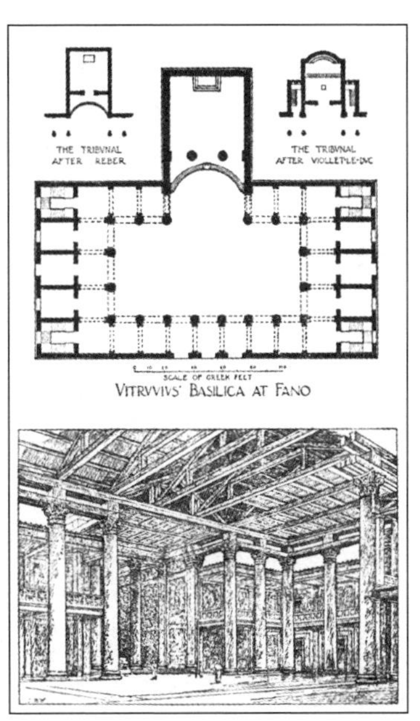

비트루비우스의 《건축서》는 로마의 건축을 집대성한 건축학 논문이다.

연결되어 나타난다.

이와 비슷하게, 다섯 번째 책은 피타고라스의 이론들에 대한 논의로 시작한다. 하지만 실질적인 주제는 포럼(광장), 바실리카, 극장, 공중목욕탕, 체육학교, 항구 그리고 부두와 같은 공공건축물이었다. 극장에서 다양한 크기의 청동으로 만든 병 모양 장식들이 피타고라스 학파의 음악적 원리들에 따라 배치되었으며 청중석에서 배우의 목소리가 한층 효과적으로 들리도록 활용되었다.(비트루비우스가 대단한 권위자로 인식되면서 이러한 장점은 수세기 후에 교회 성가대의 무대 아래에 토기 항아리를 놓아두는 쓸데없는 관례로 이어지면서 엉뚱하게 이해되었다.)

그는 '활력에 넘쳐 우러나오는 목소리는 대기의 진동을 통해 청각이 느낄 수 있게 되는 것이다.'라고 했다. 이것은 물속에 던져진 돌멩이 때문에 번져나오는 잔물결과 비교된다.

소리의 경우에는 파문이 오직 단 하나의 수평면에 한정되지 않는다. 소리의 특성과 관련된 이러한 일반화는 어쩌면 독창적인 것이 아닐 수도 있지만 아리스토텔레스의 저작물을 통해 비트루비우스에게 제시되었을 것이다.

일곱 번째 책은 실내 장식 — 모자이크 바닥, 석고 장식, 벽 채색, 백색과 붉은색 안료, 녹청, 수은(닳아빠진 장식품에서 금을 복원하기 위해 사용되었을 것이다.) 뜨거운 밀랍을 사용한 납화, 물감(검정, 파랑, 진짜 뿔고둥 자주색과 모조한 자주색) 등 — 을 다루고 있다.

여덟 번째 책은 수력공학, 온천, 광천수, 수준의*(수준 측량기), 수도교의 건설, 납과 점토 배관 등 물에 대해 다루고 있다. 비트루비우스는 물이 스스로 수평을 유지하려 한다는 사실을 알고 있었으며, 심지어 물이 펌프에서 올라오도록 하려면 공기에 무게가 있어야만 한다고 주장했다. 그의 시대에는 당시에도 만들어낼 수 있었던 관(管) 같은 것보다 도수관에 의해 경수(硬水)를 운반하는 것이 더욱 경제적이었다.

아홉 번째 책에서는 12궁(宮), 태양, 달, 행성들, 달의 위상*(초승달, 반달, 만월 따위), 그노몬*(평행사변형에서 그 한 각을 포함한 닮은꼴을 떼어 낸 나머지 부분)의 수학적 분할, 해시계의 활용 등 기하학과 천문학의 요소들을 자세히 설명했다.

비트루비우스의 책들을 읽으면 그의 목표가 과학을 연구하며 알게 된 지식을 실용적인 가치로 전환시키려 했던 것임을 알게 된다. 그리고 동시

레오나르도 다빈치의 비트루비우스적 인간, 또는 인체비례도. 16세기에 활동한 다빈치는 '우주의 원리는 인간 안에 있기 때문에 아름다운 건축은 인체의 비례도에 따라야 한다'고 말한 비트루비우스의 주장에 집중했다. 그리고 원과 사각형으로 인체의 비례를 연구했다.

에 그의 응용법이 이론적인 지식과 상호작용하려는 것이며, 새로운 문제들을 제시하여 새로운 통찰로 이끌려는 것임을 분명하게 알게 된다.

열 번째 책은 이른바 《건축서》로서 기계장치 — 풍차, 양묘기(揚錨機), 차축, 도르래, 기중기, 양수기, 소방차, 물을 끌어올리기 위한 회전 나선관, 수력에 의해 작동하는 관개용 기계, 육로나 수로로 이동한 거리를 기록하기 위한 기계, 공성 사다리, 공성 망치, 거북등딱지 모양의 큰 방패, 노포*(弩砲; 쇠로 된 발사장치가 달린 활), 투석기 등 — 와 관련된 것이다.

전투기계라는 주제에서 비트루비우스는 특별한 권위를 인정받는다. 그는 BC 46년에 카이사르(Julius Caesar) 치하의 공병으로 복무했으며 아우구스투스의 시대에는 투석기를 비롯한 군사용 기계들을 운용하는 지휘관으로 임명되었다.

그의 책에서 우리는 이론과 성찰보다 실용적인 성취로 더 유명한 천재와 더불어 세계를 정복하고 통치하던 한 국가의 일대기가 반영되어 있다는 것을 알게 된다.

그는 로마 문화의 진정한 대표자이다. 로마는 거의 모든 방면에서 그리스에서 가져온 과학적, 지적 양식을 지니고 있었으며, 이 책은 당대의 일상적인 요구에 공헌하는 그리스의 지혜들을 선택했기 때문이었다. 건축술을 다룬 작품에서 비트루비우스는 그 자신의 기술 분야에 과학을 적용하기 위해 스스로가 부지런하고 헌신적인 과학도였다는 것을 보여준다.

세계를 정복한 로마의 과학 기술

그리스의 영향이 있기 전에는 로마인이 수학과 천문학 그리고 의학의 연구에서 아무것도 이루지 못했다는 것을 알게 된다. 그들의 측량법은 고대 이집트의 기하학보다 훨씬 뒤처져 있었으며 그것마저도(그들의 기수

법도 마찬가지로) 에트루리안*(고대 이탈리아의 토스카나 지역에 정착한 사람들. 초기 로마인들의 문화에 영향을 끼쳤다) 사람들 덕택이었다.

천문학의 역사에서 로마인들의 과학적 성취로 기록할 만한 것은 전혀 없다. 그들은 시간을 월 단위로 계산했으며, 초기에는 고대의 태양신인 야누스의 조상에 못을 박는 조악한 방식으로 일 년을 기록했다.

우리가 알고 있듯이 그들은 역법도 정리할 수 없었다. 그들은 그리스의 과학이 도입되기 전에는 600년 동안 의사가 없었으므로 의학의 발달에는 아무런 공헌도 하지 못했다.

의술을 아는 노예가 가족의 건강관리자로 활동했으며, 질병에는 다양한 신들을 향해 기도와 제물을 바치는 원시적인 방식으로 대처했다. 신들이 전체적인 건강을 제공하거나 신체의 다양한 부위의 기능에 영향을 끼친다고 생각했다.

로마인들의 토착문화는 너무나도 조악하여 그리스 학문이 전해지기 전에는 그 어떤 학파가 있었는지조차 의심스러울 정도였다. 여자아이들은 어머니가 교육시켰으며, 남자아이들은 아버지나 도제로 보내진 곳의 스승에게 교육받았다.

그리스는 BC 146년에 로마에 의해 정복당했지만 그 시기 이전의 로마인의 생활과 제도는 그리스 문화의 영향을 받았다. (BC 149년에 사망한) 카토*(Marcus Cato; 고대 로마의 정치가, 장군. 대카토로 불린다)를 비롯한 보수주의자들은 그리스의 과학과 철학 그리고 세련된 문화의 침입을 막기 위해 헛된 노력을 기울였다. 그리스를 정복한 후에 주인은 제자가 되었으며 정복자는 포로가 되었다. 하지만 로마인들은 과학이나 예술에서 전혀 두각을 나타내지 못했다.

과학기술의 발달은 국가적인 요구와 보다 더 밀접하게 관련되어 있었으며 이 분야에서만큼은 그들이 확실하게 그리스를 뛰어넘게 되었다. 교량과 선박, 군사도로, 전쟁무기, 투석기, 공공건축, 국가와 군대의 편성, 법적 절차의 규정, 법률 제정과 법전 편찬은 제국을 확고히 하고 유지하기 위해 필요했다.

건축물을 짓는 데 있어서 직각삼각형의 지식은 이집트와 바빌로니아 사람들이 알고 있던 그밖의 문제들과 비중을 결정하는 아르키메데스의 방식과 더불어 실용적인 로마인들에게는 특별한 관심사였다.

카이사르(BC 102~44)는 역법을 개편하기 시작했다. 로마인들의 달력은 85일*(BC 47년에 1년이 445일이었다)이 자신들의 계산과 틀렸으므로, 춘분이 올바른 시기에 오지 않고 한겨울이 되었기 때문에 대단히 필요했다. 알렉산드리아의 천문학자*(소시게네스Sosigenes)가 새로운 (율리우스) 달력을 확립하는데 도움을 주었다. 그들이 따랐던 원칙은 고대 이집트의 방식에 기초한 것이었다. 일년의 365일 중에서 4년마다 특별한 하루를 끼워 넣어 윤년을 두었다.

이렇게 로마인들은 윤년에 이틀을 동일한 이름으로 부르는 것으로 정했다. 그러므로 3월 1일 이전의 여섯 번째 날은 반복되었으며 윤년(leap-year)은 '여섯 번째 날(sextus)인 2월 24일이 두 번(bis)'이라는 의미의 윤년(bissextile)으로 알려지게 되었다. 그리스 학문을 공부했으며 당대의 사람들에게 수학과 천문학의 저자로 알려져 있던 카이사르는 제국을 측량할 계획을 세웠으며, 이 일은 마침내 아우구스투스에 의해 실행되었다.

제국이 발달함에 따라 기술적으로 훈련된 사람들이 점점 더 절박하게 필요하게 되었다는 증거가 있다. 처음에는 특별한 선생이거나 학교들이 전혀 없었다. 나중에 우리는 건축술과 기계학의 선생들에 대한 언급을 발견하게 된다. 그리고 나서 국가는 기술적인 교육을 위한 교실을 마련하고 선생들에게 봉급을 지불하기 시작했다. 마침내 AD 4세기가 되어 더욱 발전된 측량법이 국가에 의해 채택되었다.

콘스탄티누스 황제*(Constantine 1세; 재위 306~337. 분열된 로마 제국을 새롭게 통일했다. 밀라노 칙령으로 기독교를 국교로 공인)는 관리들 중의 한 명에게 이렇게 편지를 쓴다. '우리는 최대한 많은 기술자들이 필요하다. 공급이 적기 때문에 일반적인 교육에 필요한 과학을 이미 알고 있는 18세 가량의 젊은이들에게 이 학문을 시작하도록 권유하라. 그들의 부모에게는 세금의 납부를 경감시켜주고 학생들에게는 충분한 수단들을 제공하라.'

실용적인 것만이 중요하다

대 플리니우스(Pliny the Elder AD 23~79)는 《자연사(Natural History)》라는 제목으로 집대성한 백과사전식 작품에서 사실과 우화들을 위해 수백 명의 그리스와 라틴 저자들을 자유롭게 활용했다. 비트루비우스를 비롯한 라틴 작가들의 작품에서 그렇듯이, 원전으로부터 그가 발췌한 내용에서 과학이 기술에 공헌하도록 하려는 경향을 발견할 수 있었다. 예를 들어, 그가 언급하는 천 가지의 식물종은 약용이거나 경제적인 관점에서 검토된 것이었다.

로마인들이 식물과 동물 모두 주로 실용적 활용의 관점에서 관심을 갖고 있듯이, 그의 주된 주제는 진실에 대한 순수한 사랑이 아니었다. 플리니우스는 각각의 식물이 특별한 장점을 지니고 있다고 생각했으며 그의 식물학은 대부분 응용식물학이었다. 대단히 광범위한 내용을 담고 있는 《자연사》는 분명 현대 과학에 관한 흥미로운 예측을 담고 있다.

플리니우스는 지구는 대기에 의해 떠받쳐져 하늘에 멈춰 떠 있으며, 지구가 둥글다는 것은 육지에 접근하는 배의 선체가 시야에 들어오기 전에 돛대가 먼저 보인다는 사실로 증명된다고 주장했다.

또한 그는 지구상 한 지점의 반대측 지점(대척점)에도 주민들이 살고 있

1469년 베네치아의 인쇄소에서 라틴어로 출판된 플리니우스의 《자연사》

어서 겨울에 동지가 되는 시기에 극지의 밤은 24시간 지속될 것이며 달이 조수(潮水)의 발생에 역할을 한다고 가르쳤다. 그럼에도 불구하고 책 전체에 자연의 목표는 인간의 필요에 봉사하는 것이라는 생각이 깊게 배어 있다.

농업에 관한 카르타고 사람의 작품이 원로원의 명령에 의해 번역되었다는 것은 로마인들 사이의 실용적인 정신을 한층 더 두드러지게 한다. 로마인의 특성을 온전히 보여주는 천재성을 발휘했던 카토는 곡물들과 과일의 재배와 관련된 책인 《농업론》을 썼다. 콜루멜라*(Columella; 에스파냐 출생의 로마 작가로 알려져 있다)는 농업과 임업에 관한 논문을 집필했다.

바로*(Varro Terentius; 공화정 말기의 저술가, 백과 사전을 저술한 것으로 알려져 있다)의 기술과 관련된 저작물 중에는 현존하는 농업에 관한 책 외에도 법률과 측량법 그리고 해군 전술과 관련된 작품들도 많이 있었다.

로마제국 시대에 의학이 크게 발달한 것은 지극히 자연스러운 일이었다. 현실적인 생활과 직접적인 관련이 있다는 것이 증명될 수 있을 때, 로마인들의 과학에 대한 관심은 적극적이었다.

하지만 그 시대의 가장 위대한 의사는 그리스인이었다. 스스로 히포크라테스의 제자라고 생각했던 갈레노스(갈렌)*(Galen AD 129?~200?; 의학자이며, 철학자. 당대 의학의 최고 권위자였다)은 서른세 살에 로마에서 진료를 시작했다.

그는 하비*(William Harvey 1578~1657; 혈액 순환을 발견했다) 시대 이전에 활동했던 유일한 실험 생리학자였다. 그는 후두의 발성기관을 연구했으며 근육의 수축과 이완 그리고 심장과 폐를 비롯한 신체 기관들을 통과하는 혈액의 움직임을 상당한 정도까지 이해하고 있었다.

그는 생체해부자로 각 부분들의 기능을 결정하기 위해 뇌를 절개했으며 동일한 목표로 미각, 시각, 청각 신경을 떼어냈다. 그의 해부는 하등동물에만 한정되었다. 하지만 인간의 해부학과 생리학에 대한 그의 업적은 그 이후 13세기 동안 권위를 인정받았다.

이 실용적인 과학자의 업적과 명성이 그를 배출한 민족에게 얼마나 주어져야 할지 그리고 그의 전문직업의 사회적 환경에 얼마나 영향을 끼쳤는지를 말하기는 어렵다. (AD 79년에 파괴된 폼페이의 폐허에서 200여 종류의 수술도구가 복원되었으며, 로마제국의 말기에는 일정한 외과수술 부문이 16세기까지 능가하지 못할 정도로 발달되어 있었다.)

로마의 환경이 갈레노스의 업적에 도움이 되었다고 말하기는 어렵지만, 적어도 그러한 과학이 그의 것이 되도록 하고 그 유용성을 증명할 수 있도록 기꺼이 맞이했던 로마인들의 특성이 있었다고 말할 수는 있겠다.

오랫동안 로마에 거주하면서 자신의 과학 지식을 실천에 옮긴 디오스코리데스*(Dioscorides; AD 60년경에 활약한 그리스 약학자) 역시 그리스인이었다. 그는 테오프라스투스보다 100가지가 더 많은 600가지의 다양한 식물을 알고 있었다.

앞장에서 보았듯이 테오프라스토스는 식물의 의학적 특성을 강조했지만, 이런 면에서는 (플리니우스는 물론이고) 디오스코리데스를 능가했다. 테오프라스토스는 식물학의 창시자이며 디오스코리데스는 약물학의 창시자였다.

스페인에서 태어난 퀸틸리아누스(Quintilianus)는 인생의 대부분을 로마에서 수사학 선생으로 지냈다. 그는 과학을 높이 평가했지만 그 자체를 위한 것이 아니라 연설자라는 목표에 도움이 될 수 있을 것이라는 생각 때문이었다. 음악, 천문학, 논리학 그리고 신학마저도 대중연설에 도움이 되는 것으로 활용될 수 있었다. 퀸틸리아누스의 시대(AD 1세기)에 웅변술은 젊은이들의 성공에 중요한 요소들 중의 한 가지로 인식되어 있었다. 모의토론 대회가 자주 열렸으며 미래 웅변가들의 아름다운 문장이 로마의 일곱 언덕에서 울려 퍼졌다.

현재의 학교에서 이루어지고 있는 어형 변화, 동사의 활용, 어휘, 예식 웅변술 그리고 주석에 의한 외국어 교수법은 그에게서 비롯된 것이다. 그는 윤리학을 철학의 가장 가치 있는 분야라고 생각했다.

사실, 로마인들의 정신이 성찰에 관심을 가졌던 것은 오직 실용적인 철학을 — 쾌락주의 또는 금욕주의 — 지향하는 경향뿐이었다고 말하는 것이 지나치게 과도한 일은 아닐 것이다.

이러한 경향은 심지어 물질의 특성에 관한 고상한 시의 언어로 쓰여진 《사물의 본성에 관하여(De Rerum Natur)》*(고대 원자론에 대한 다양한 주장이 담겨 있다) 저자인 루크레티우스(Lucretius BC 98~55)에게도 나타난다는 것은 사실이다.

그의 작품은 그리스 철학의 영감을 받아 작성되었다. 그의 본보기는 엠페도클레스(BC 5세기경에 활동. 세상의 근원물질인 4원소 — 물, 공기, 불, 흙 — 에 의해 사랑과 다툼이 생겨난다고 주장했다)의 자연에 관한 시였다. 웅장한 육보격(六步格)으로 작성된 시에 이 로마의 시인은 매혹되었던 것이다. 루크레티우스의 작품이 보여주는 뚜렷한 특징은 명상적이기보다 도덕적인 목적으로, 현실적인 다신교 시대의 야망과 열정, 쾌락을 억제하고 또한 동포들의 영혼을 신과 죽음에 대한 두려움으로부터 구하며, 평온한 정신과 순수한 감성으로 미신을 대체하겠다는 것이었다.

네로*(Nero; 로마 제5대 황제)의 가정교사인 세네카*(Seneca BC 4 ~ AD 65; 제정 로마시대의 스토아 철학자, 정치가)의 물리학에 관한 작품에서 우리는 로마인들이 물을 채운 공을 확대경으로 사용하고, 그들의 고도로 발달된 원예농업에 온실을 사용하고 색의 굴절을 분광기로 관찰했다는 것을 알게 된다. 동시에 그의 책은 지진과 화산의 관계와 관련된 흥미로운 추론과 혜성이 고정된 궤도를 돈다는 사실을 포함하고 있다.

하지만 이 작품의 주요한 내용은 자연현상에서 윤리학의 기초를 발견하려는 것이었다. 루크레티우스는 에피쿠로스(쾌락주의) 학파의 도덕가였으며, 세네카는 스토아(금욕주의) 학파의 도덕가였다.

고대의 위대한 인물들과 이집트와 바빌로니아, 그리스, 로마의 문화 혹은 정신문명을 되돌아볼 때, 그 중심에 있는 티베르강*(이탈리아 중부의 테베레강. 팔라티노 언덕을 비롯하여 고대 로마의 도시국가가 최초로 형성된 곳) 기슭이 현재의 문화와 가장 가까운 유사성을 제공하고 있다. 로마어를 사용하는 사람들이 그렇듯이 영어를 사용하는 사람들 사이에서는 모든 이론을 직접적인 응용에 적용하려는 성향과 기묘하게 혼합되어 있는 과학 연구에 대한 일정한 경멸이 두드러진다.

1834년에 어떤 영국 작가는 전쟁과 세련된 문학 그리고 시민정치에 뛰어났던 로마인들은 언제나 수학과 물리학에 종사하는 것을 눈에 띄게 언짢아했다고 언급했다.

이탈리아인들은 그리스인들이 지극히 높게 평가했던 기하학과 천문학을 단순히 경시했을 뿐만이 아니라 훌륭한 가문과 진보적인 교육을 받은 사람들에게는 하찮은 것으로까지 취급했다. 그들은 직공의 일을 하는 것이므로 굴욕적이라고 생각했던 것이다.

'그러므로 기계의 명인이 활용했던 것으로 보이는 결과들과 추상적인 원리들은 사실상 그의 손길에 의해 더럽혀진 것으로 생각했다. 자기 나라 사람들의 성향에 배어있는 이런 불행한 특성은 키케로도 언급했다. 이와 비슷한 편견들이 어느 정도는 우리들 사이에도 널리 퍼져 있는 것은 아닌지 물어보는 것이 부적절하지는 않을 것이다.'

현대인들도 역시 이론은 그저 이론일 뿐이라 생각하는 조급성을 갖고 있으며 과학의 응용에만 주로 관심을 집중한다.

Chapter 04

과학의 연속성

중세의 교회와 아랍

과학은 서로 연결되어 있다

학문은 빈번히 그리고 대단히 적절하게 손에서 손으로 전달되는 횃불에 비유되곤 한다. 학문은 작성된 기호나 말을 통해 한 사람에게서 다른 사람에게 전달된다. 가장 위대한 천재일지라도 지식을 습득할 때 단순히 그 자신의 개인적인 관찰에만 의존한다면 문화는 거의 발달하지 못한다. 실제로, 빼어난 정신적인 능력은 다른 사람들의 생각을 흡수하는 능력을 포함하는 것이며, 가장 독창적인 사람들도 최대한 자유롭게 모방할 수 있는 사람이라고 말할 수 있다.

위대한 인물들의 삶을 생각해볼 때, 처음에는 이러한 진실을 의심할 수도 있다. 소박한 로버트 번스(Burns; 19세기 영국의 시인. 스코틀랜드 서민의 소박한 풍경을 표현했다)와 시골에서 자란 셰익스피어(Shakespeare) 또는 개척자인 링컨(Lincoln)이 문명의 발달에서 담당했던 역할을 어떻게 설명할 수 있을까?

하지만 이들의 경우를 꼼꼼히 살펴보면 당연하게도 천부적인 재능, 정신적인 영향에 대한 감수성, 뛰어난 학습능력을 발견할 수는 있지만, 절대적으로 독창적인 어떤 것을 만들어내는 능력은 없다고 할 수 있다. 링컨의 경우를 예로 들자면, 청년시절의 그는 건장한 신체와 용감함은 물론 근면한 학습으로 널리 알려져 있었다.

학교를 그만 둔 후 그는 읽고, 쓰고 (노동을 하는 사이 사이에) 거의 끊임없이 생각했다. 그는 손에 잡히는 모든 것을 읽었다. 마음을 가장 끌어당기는 것들은 필사를 했다. 어떤 책들은 읽고 또 읽어 거의 암기할 정도가 되었다. 그의 서재에는 어떤 책들이 있었을까? 성서, 이솝 우화, 로빈슨 크루소, 천로역정, 워싱턴의 일생, 미합중국의 역사, 이러한 책들은 그를 과거와 긴밀하게 연결시켰으며 민주주의 문화의 기초를 마련해주었다. 분명 도시화된 문화는 아니었지만 훨씬 더 훌륭하고 거의 보편적으로 다가설 수 있는 것이었다.

링컨은 사전을 정독하면서 논리력을 계발했다. 법학을 정식으로 배우기 오래 전부터 그는 자신이 살고 있는 주의 개정된 법령을 열심히 읽으며 오랜 시간을 보냈다. 의도적으로 책 한 권에서 문법의 원칙들을 완벽히 터득했다. 그와 똑같은 의도로 책을 이용해 측량술을 익혔다.

위대한 정치인이며, 가장 뛰어난 웅변가로 인정받는 그는 비록 유명한 학문의 중심지들과 멀리 떨어진 지역에 살았지만, 그럼에도 불구하고 일찍이 전 세계의 가장 훌륭한 사상의 흐름 속에 빠져들어 있었던 것은 분명하다.

이와 비슷하게, 과학의 역사에서 위대한 사상가들은 모두 그들만의 지적 계보가 있다. 아리스토텔레스는 플라톤의 학생이었으며, 플라톤은 소크라테스의 제자였다. 그리고 소크라테스의 지적 계보는 탈레스와 그 이전의 이집트 사제들과 바빌로니아 천문학자들이었다는 것은 쉽게 파악할 수 있다.

BC 332년에 아리스토텔레스의 제자*(알렉산더 대왕을 가리킨다)가 건설한 알렉산드리아는 그리스 문화의 중심지로서 아테네를 계승했다. 알렉산더 대왕의 사망으로 이집트는 그의 휘하 장군들 중의 한 명으로서 스스로 왕이라고 칭했던 프톨레마이오스에 의해 통치되었다. 비록 자주 전쟁을 일으켰지만 그는 학문을 장려하면서 그리스를 비롯한 여러 나라에서 학자들과 철학자들을 수도로 초빙했다. 그 자신도 알렉산더 대왕이 펼쳤던 군사작전의 역사를 집필했으며 유명한 알렉산드리아 도서관을 설립했다.

이 도서관은 인류의 행복을 증진시키겠다는 열망을 품고 있던 그의 아들 프톨레마이오스 필라델푸스*(Ptolemy Philadelphus 2세 BC 308~246)에 의해 크게 발전했다(과학 학교와 천문대를 추가로 설립했다). 그는 방대한 양의 필사본들을 수집했으며 알렉산드리아에서 멀리 떨어진 곳으로부터 생소한 동물들을 들여와서 과학 연구를 장려했다. 이러한 움직임은 프톨레마이오스 3세(BC 246~221)의 치하에서도 지속되었다.

천동설과 내세를 믿다

알렉산드리아의 초기 천문학자와 수학자들에 대해서는 이미 어느 정도 언급한 바 있다. 후기 알렉산드리아 시기의 과학 운동은 지리학자이며 천문학자, 수학자인 클라우디오스 프톨레마이오스(Claudius Ptolemaeus 85?~165?)*(통치자와 이름이 같지만 다른 사람이다)에 이르러 가장 왕성했다. 그는 AD 27~151년에 가장 왕성하게 활동했으며 당대의 천문학을 개괄적으로 소개한《천문학(Syntaxis)》*(9세기경에 아랍어로 '위대한 책'이라는 의미의《알마게스트》라는 이름으로 번역되었다)으로 널리 알려져 있다.

프톨레마이오스는 히파르코스*(Hipparchus; BC 2세기경의 그리스 천문학자. 태양과 달의 모양을 정확하게 설명한 것으로 유명하다)의 초기 연구에 근거하여

1,080개의 별들을 정리해 목록을 작성했다. 그는 지구가 천체운동의 중심에 있다는 이 천문학자의 가르침을 따랐으며 지구 중심의 천체가설은 천문학의 프톨레미설(천동설)로 알려지게 되었다.

또한 히파르코스와 프톨레마이오스는 삼각법을 처음으로 소개했다. 《천문학》에서는 '현(弦)의 표'*(현재의 사인함수; 삼각형의 한 각과 그와 마주보는 변의 길이의 비율) 작성법을 설명했다. 예를 들어, 원에 내접시킨 육각형의 변은 반지름과 동일하며, 60°의 현 또는 원의 여섯 번째 부분의 현(弦)과 같다.

반지름은 60개의 동일한 부분들로 나누어지며 이것들은 다시 60분수(分數)로 나누어져 재분(再分)된다. 더욱 작은 분할과 재분들은 1분, 2분 등으로 알려져 있으며, 여기에서 현재 우리들이 사용하는 용어인 '분'과 '초'가 생겼다. 원과 그 부분들을 60을 단위로 나누는 방법은 첫 번째 장에서 보았듯이 바빌로니아에 그 기원이 있다.*(원의 1/360 = 1°, 도의 1/60 = 1′, 분의 1/60 = 1″)

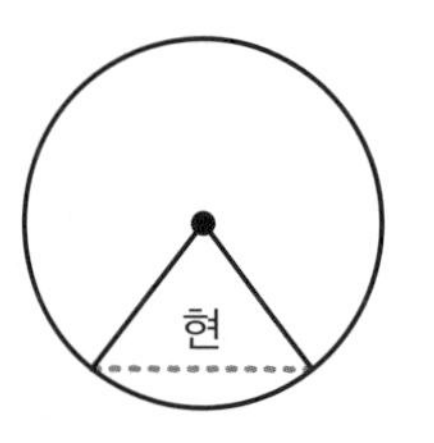

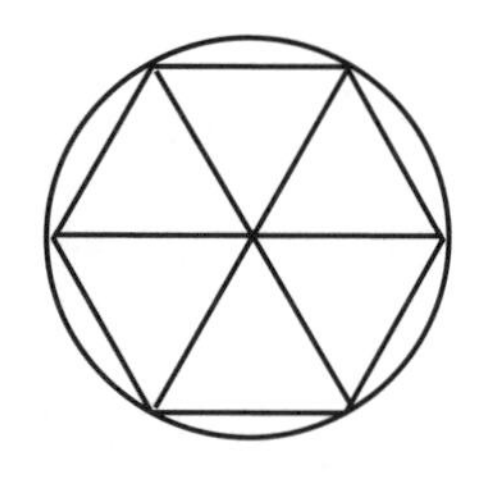

▲ 60°현과 원에 내접한 육각형(60° × 6=360°)

프톨레마이오스는 위대한 그리스 천문학자들 중의 마지막 인물이었다. 4세기~5세기의 초기에 테온과 그의 뛰어난 딸 히파티아*(Hypatia 370~415; 알렉산드리아의 여성 수학자, 철학자. 도서관 관장이었던 아버지, 테온에게서 교육

프톨레마이오스는 지구가 우주의 중심이며, 모든 천체가 지구 주위를 돈다고 주장했다(천동설).

을 받은 뛰어난 실력자였다. 기독교도들에 의해 무참히 살해되었다)는 프톨레마이오스의 천문학에 주석을 달고 가르쳤다.

그리스의 철학 학파에서 플라톤의 눈에 보이지 않는 세계*(플라톤은 《국가론》에서 '동굴 속의 인간'을 비유하며 동굴 밖의 실재의 본질을 찾아야 한다고 주장했다)의 궁극의 실재에 대한 가르침은 일정한 기간 동안 기독교의 신비주의와 조화를 이루었지만 이 학파*(신플라톤주의)들은 6세기 초에 탄압을 받게 된다. 과학을 비롯한 다른 모든 학문들의 소멸이라는 절박한 상황에 빠지게 된 것으로 보였다.

과연 과학의 역사적인 연속성에 이처럼 위협적인 단절의 원인은 무엇이었을까? 여기에서 충분히 설명하기에는 너무나도 다양한 원인들이 많이 있었다.

4세기 후반부터 로마제국은 서고트족, 반달족, 훈족, 동고트족, 롬바르드족을 비롯한 야만족의 침략을 받았다. 이러한 침략이 있기 전에도 학문은 전쟁의 참화를 겪어야 했다. 카이사르의 시대에는 어림잡아 49만 종의 서적을 소장하고 있던 알렉산드리아의 도서관이 항구에서 불타던 선박에서 불이 옮겨 붙어 완전히 소실되었다. 이 사건 한 가지만으로도 과학적 사고의 발달은 엄청난 방해를 받게 되었다.

과학의 발달을 저해하는데 영향을 끼친 또 다른 원인은 기독교와 이교도 사상 간의 충돌이었다. 기독교의 성직자들에게는 순수한 인간성의 보존 또는 영원히 누리게 될 행복과 비교할 때 과학의 목표와 연구는 쓸모없고 하찮은 것으로 보였던 것이다. 많은 사람들이 이 세상의 종말이 가까이 다가와 있다고 확신했으며, 오직 앞으로 다가올 세상에만 생각을 집중하려고 노력했다.

현생에 대한 그들의 가혹한 경시는 죽음 자체는 의로운 사람에게 전혀 나쁜 것이 아니라는 스토아 철학*(Stoic; 이성적 판단과 윤리라는 로고스 개념을 강조했다. 이것이 초기 기독교의 고유 개념이 되었다)의 고상한 가르침에서 어느 정도의 지지를 받았다.

초기 기독교의 스승들은 만약 영적인 행복에 걸림돌이 된다면 신체적 욕망은 억제되어야만 한다고 주장했다. 질병은 천벌 또는 인내심을 기르기 위한 훈련이었다. 인간은 도덕적 오염이라는 위험을 겪는 것보다 육체적인 부정을 선택해야만 했다.

현재의 문명화된 사람들이 세속적인 그리스인들이나 내세를 내세우는 기독교인들을 관대하게 받아들이는 것은 불가능한 일이 아니다. 하지만 당시에는 서로에 대한 반목이 극심했다. 과학과 기독교 신학 사이의 길고도 잔혹한 전쟁이 시작되었던 것이다.

기독교 주교들이 모두 그리스 학문에 적대적인 견해를 갖고 있던 것은 아니었다. 위대한 철학자들을 기독교의 협력자로 여기는 사람들도 있었다. 철학자들을 더욱 잘 논박하려면 성직자들도 그리스의 지혜를 연구해야만 한다는 사람들도 있었다.

하지만 인류가 복음의 계시를 받고 난 후에는 진리에 대한 연구는 더 이상 필요하지 않다고 주장하는 사람들이 있었다. 가장 훌륭한 교회 신부들 중의 한 명은 어릴 적에 받았던 교육을 한탄하면서 만약 데모크리토스*(Democritus; BC 5세기경의 그리스 철학자. 우주의 창조에 대해 최초로 원자론을 주장했다)에 대해 전혀 몰랐더라면 더 좋았을 것이라고도 했다.

기독교를 공인한 콘스탄티누스 황제가 성모마리아에게 콘스탄티노플을 봉헌한다. 하기아 소피아 성당의 모자이크.

기독교의 저술가로 유명했던 락탄티우스(Lactantius)는 원자는 어디에서 오는 것이며, 그것들이 존재한다는 증거는 어디에 있는지를 날카롭게 캐물었다. 또한 그는 대척점*(지구가 둥글다는 가정 하에서, 지구 표면의 어느 한 지점의 180도 반대 방향)이라는 개념은 상상조차 할 수 없는 무질서로 온통 뒤죽박죽이 된 세상이라며 조롱했다.

AD 389년에는 알렉산드리아에 있는 도서관들 중의 한 곳이 파괴되었으며, 그곳에 보관되어 있던 서적들은 기독교인들에 의해 약탈되었다. 415년에는 그리스의 철학자이며 수학자인 히파티아가 기독교 폭도들에 의해 살해되었다. 642년에는 아랍의 군대가 북아프리카를 정복하여 알렉산드리아의 소장품들을 차지했다. 학문의 대의는 마침내 회복할 수 없을 정도로 사라져버리는 것처럼 보였다.

아랍으로 전해진 그리스 과학과 철학

하지만 아랍의 정복자들은 점령한 국가들의 문화에 대해서는 특별히 우호적으로 대했다. 학문은 알렉산더 대왕의 시대 이래로 그리스 이민자들이 많았던 시리아와 페르시아의 대도시에서 5세기부터 11세기까지 교육자로서 대단히 활동적이었던 유대인과 기독교 분파*(네스토리우스파; 431년 에페소스 공의회에서 이단으로 파문되어 리비아 지역으로 추방되었던 기독교의 한 분파. 기독교 중심의 중세시대에 사라질 뻔 했던 고대의 학문적 지식이 이들에 의해 아랍으로 전해졌다)의 학교들에서 유지되었다.

과학에 관한 그리스의 주요한 작품들은 시리아어로 번역되었고, 힌두(인도)의 산술과 천문학은 페르시아에 자리를 잡았다. 9세기경에는 이러한 모든 과학 지식의 원전들이 아랍 국가들에 의해 적절히 활용되었다. 그들 중의 일부 광신도들은 당연히 코란 한 권만으로도 인류의 행복을 지키기에 충분하다고 주장했지만, 다행스럽게도 보다 더 문명화된 견해들이 널리 퍼져 있었다.

하룬 알 라쉬드*(Harun Al Rashid 763~809; 아바스 왕조의 5대 칼리프)와 그의 아들의 시대에 칼리프가 다스리던 바그다드는 아랍 과학의 중심지였다. 수학과 천문학이 특히 장려되었으며, 천문대가 건설되고 번역 작업은 일종의 번역 전문학교에서 체계적으로 실행되었다. 번역자들은 아리스토텔레스, 히포크라테스, 갈레노스, 유클리드, 프톨레마이오스를 비롯한 그리스 과학자들의 작품들을 아랍어로 번역했다.

아랍의 위대한 천문학자와 수학자들의 이름은 우리들에게 널리 알려져 있지는 않지만, 그들의 영향력은 그들의 명성보다 더 막대했다. 그들 중의 한 명은 9세기에 지구의 원주를 측정하며 자신이 적용했던 방법을 설명했다.

두 번째 사람*(알하시브; 860년경에 활동한 페르시아 천문학자. 탄젠트 표를 만들었다)은 프톨레마이오스의 현(弦)의 삼각법을 대체하는 사인*(sine; 중국에서 '정현正弦'이라고 번역했다) 삼각법을 개발했다.

세 번째 사람*(알 콰리즈미 780~850)은 이른바 아랍식(실제로는 힌두식)

숫자 체계*(인도-아라비아 숫자)를 활용했으며, 대수학에 관한 최초의 작품 《대수학(Algebra)》*(원래의 책제목은 《복원과 대비(균형)의 계산》이다. 기호를 도입하여 문제를 해결하는 '대수학(algebra)'이라는 학문을 이끌어 낸 것으로 유명하다. 이 책에 서술된 방정식의 풀이와 관련된 규칙을 뜻하는 'al-jabr'에서 유래했다)을 집필했다.

이 책에서 저자는 학생들의 정신적인 훈련을 목표로 삼지 않았으며 단지 '사람들이 상속, 유산, 분배, 소송, 매매와 그들 서로간의 모든 거래 또는 땅의 측정, 수로의 건설, 기하학적 계산 그리고 그밖의 다양한 방식과 종류에 관계된 목적 등에서 사람들이 지속적으로 요구하는' 가장 쉽고 가장 유용한 계산법을 찾는 것에 스스로를 한정시켰다.

그후 여러 세기 동안 아랍의 고등학문 기관들은 널리 확산되었으며 아랍 과학의 큰물결은 서방으로 한층 더 멀리 퍼져나갔다. 10세기가 끝나갈 무렵 카이로에서는 일식과 월식의 정확한 기록이 작성되었고, 태양과 달 그리고 행성들의 운동을 나타내는 표가 그려졌다.

다른 지역에서 그랬듯이 아랍에서도 천구의(天球儀), 커다란 육분의(六分儀), 다양한 종류의 사분의와 같은 과학 기구들을 제작하는 창의력을 과시했으며, 이런 장치들로부터 마침내 수평과 수직 각도들을 측정하는 현대적인 측량기구들이 개발되었다.

11세기가 끝나기 전에 스페인의 수도인 코르도바에서 태어난 한 아랍인이 톨레탄 표(Toletan Tables)를 그렸다. 이것에 이어 1252년에는 천문학자들이 유럽 과학의 새벽이라고 인정하는 알폰소 목록(Alphonsine Tables)이 발표되었다.

수학과 천문학과 마찬가지로 물리학과 화학의 발달은 아랍인들에게 많은 도움을 받았다. 11세기에 빛의 반사와 굴절 현상을 연구했던 아랍의 어떤 과학자*(이븐 알 하이삼 965~1040; 《광학의 서》를 저술)는 해뜨기 전 그리고 해지기 전에 나타나는 땅거미의 원인을 설명했으며, 렌즈의 배율과 동공의 해부학적 구조를 이해하고 있었다. 우리가 사용하고 있는 망막, 각막 그리고 유리체액(體液)이라는 용어들은 광학에 관한 그의 작품의 번역에서 그 기원을 찾을 수 있다.

또한 아랍인들은 금, 구리, 수은 그리고 납의 정확한 단위중량에 대한 올바른 근사치를 제시했다. 그들의 연금술은 합금과 아말감을 제조하는 야금학 그리고 금과 은을 세공하는 수공업과 밀접하게 관련되어 있었다. 연금술사들은 하나의 금속이 다른 금속으로 변성되는 과정들을 발견하려고 했다. 유황은 색깔과 물질에 영향을 끼쳤다.

수은이 금속의 변성에서 중요한 역할을 하는 것으로 생각했다. 예를 들어, 그들은 주석은 납보다 수은을 더 많이 포함하고 있으며 더욱 열등하고 유해한 금속은 수은의 첨가로 더욱 고등하고 유익하게 변환될 수 있을 것이라고 생각했다. 심지어 그들은 모든 변성에 영향을 끼치며, 인류에게 모든 고통과 심지어 노화의 치료제가 될 물질을 찾으려 했다.

게베르(자비르 이븐 하이얀)*(Geber, Jabir ibn Haijan); 8세기경 아랍의 고전적 연금술의 학자. 라틴어로 'Geber')가 작성했다고 알려진 작품에서 화학의 발달은 아랍인들의 실험을 통해 이루어진 것이라 밝히고 있다. 그들은 금속의 왕인 금을 용해시킬 수 있는 황산과 질산 그리고 왕수*(王水, 진한 질산과 진한 염산의 혼합액)를 만들어냈다. 그들은 습식법을 활용할 줄 알았으며, 질산은과 같은 금속 도로염을 만들었다.

아랍인들의 과학 지식은 대부분 광범위한 무역과 의술의 실행에서 비롯된 것이었다. 그들은 사탕수수를 유럽에 소개했으며, 종이 제조법을 개선했으며, 알코올 제조법을 발견했다. 석고와 백비*(白砒; 아비산. 의약품, 방부제, 안료 등의 제조에 이용된다)의 활용법을 알고 있었으며 조제술에 정통했으며 약물학에 박식했다. 때로는 선원들의 나침반과 화약에 대한 지식을 서방세계에 소개했던 것으로 인정받기도 한다.

아랍의 의사인 아비시나(Avicenna 980~1037)는 갈레노스의 지식에 기초한 의학에 관한 방대한 작품*(《의학전범》, 수세기 동안 유럽의 대학에서 교과서로 사용되었다)을 집필했을 뿐만 아니라 아리스토텔레스의 모든 작품에 대한 비평을 작성했다.

아랍의 의사이며 철학자인 아베로에스(이븐 루쉬드)(Averroes 1126~1198; 아랍어로 'Ibn Rushd')에게는 그리스의 생물학자와 철학자의 작품에 대한 그의 공헌으로 '주석자(註釋者)'라는 호칭이 따라다녔다. 아베로에스의 주석을 통해 중세 기간 동안 아리스토텔레스의 학문이 유럽에 알려지게 되었다.

그는 아리스토텔레스가 학문의 창시자이며 완성자라는 견해를 갖고 있었다. 하지만 물리학과 화학에 관한 독자적인 지식을 보여주었으며 철학은 물론 천문학과 의학에 관한 글도 남겼다. 그는 순수한 진리에 대한 관심으로 자연현상과 관련된 사실들을 설명했다.

그는 그 어떤 것도 무(無)에서 창조될 수 없다고 생각했다. 동시에 신은 발전의 정수이며 영원한 원인이라고 가르쳤다. 지성 자체가 가장 명확하

아리스토텔레스의 주석가로 알려진 아베로에스와 신플라톤주의자 포르피리오스의 토론(14세기).

게 드러나는 것은 인간애이지만, 내세의 초월적인 지성과 결합하는 것이 개인의 영혼이 누릴 최고의 축복이라 했다.

이 주석자의 죽음과 함께 아랍인들 사이의 자유로운 학문이라는 문화는 끝나게 되었지만, 그의 영향은 (그리고 그를 통한 아리스토텔레스의 영향은) 서구의 모든 교육 중심지에서 영원히 지속되었다.

하지만 고대 학문의 보존이 아랍에만 의존했던 것은 아니었다. 마호메트*(Muhammed 570~632; 이슬람교의 창시자)의 추종자들이 알렉산드리아를 점령하기 전이었던 6세기가 시작될 무렵, 성 베네딕트는 이탈리아에 몬테카시노 수도원을 설립했다. 이곳에서 필사본들이 만들어지기 시작했으며 문법, 논리학, 수사학, 산술, 천문학, 음악 그리고 지리학을 다루는 개론서들이 준비되었다. 이것들은 고대 로마의 작품들을 기초로 작성되었다. 플리니우스의 《자연사》, 중세의 백과사전과 같은 작품들이 로마를 황폐하게 만들었던 전쟁의 소용돌이 속에서도 살아남을 수 있었다.

로마의 암흑기에 영국과 아일랜드에 피신해 있었던 학문은 책이 되어 돌아왔다. 샤를마뉴*(Charlemagne 742~814: 오늘날 서유럽의 토대를 만든 프랑크 왕국의 황제. 독일에서 카를 대제, 영어로는 찰스 대제)는 요크로부터 알큐인*(Alcuin 730~804; 영국의 학자, 신학자)을 초청하여 서유럽인(프랑크족)의 궁정에서 군주와 귀족들을 가르치도록 했다.

반세기 후에 바로 이곳의 궁정학교에서 아일랜드의 스코투스 에리우게나(Scotus Eriugena)는 자신의 학문과 재치 그리고 논리적인 통찰력을 선보였다. 10세기에는 제르베르(Gerbert)*(교황 실베스테르 2세; 999년 프랑스인으로 최초로 로마 교황이 되었다. 이슬람 수학과 천문학에 일찍 눈을 뜨게 되어 아라비아 숫자를 이용한 십진법을 유럽에 소개했다. 이 일로 끊임없이 악마라는 비판에 시달려야 했다)는 스페인에 있는 아랍 학교에서 수학을 배웠다.

신학과 지동설

과학에 관한 아랍 작품들의 라틴어 번역, 전쟁과 무역을 통한 유럽인과 동방의 보다 자유로운 교류, 경제 번영, 농노의 해방과 부유해진 중산층, 마르코 폴로*(Marco Polo 1254~1324; 13세기 중국(원)으로 여행한 이탈리아의 상인. 《동방견문록》을 저술하여 중국을 유럽에 소개했다)의 동방 항해, 대학의 설립, 황제인 프리드리히 2세의 학문 장려, 학자들의 논리학 연구와 같은 것들이 모두 과학적 사상의 역사에서 새로운 시대가 열리는 징표가 되었다.

학식이 높은 도미니코 수도회의 알베르투스 마그누스*(Albertus Magnus 1193~1280; 최초의 연금술사)는 아랍의 주석자들만큼이나 꼼꼼한 아리스토텔레스의 학생이었다. 자연사에 관한 그의 많은 책들에서 그는 당연히 이 철학자에게 존경심을 드러냈지만 독창적인 관찰을 등한히 하지는 않았다. 수도회의 공식적인 방문자로서 그는 독일의 모든 지역을 걸어서 여행했으며 자연현상에 대한 예리한 안목은 정확하고 풍부한 지식에 의해 식물학과 동물학을 더욱 풍족하게 만들 수 있었다. 자연사에 대한 상세한 지식이 많다는 것은 이 매혹적인 기술의 실천을 전혀 모르는 사람들로부터 의심을 받게 만들었다.

마그누스의 학생이며 신봉자인 토마스 아퀴나스*(Thomas Aquinas 1227~1274: 기독교 교리와 아리스토텔레스 철학을 접목시켜 스콜라 철학을 집대성했다)는 철학자이며 기독교 교회의 인정받는 권위자였다. 1879년 교황 레오 13세(재위 1878~1903)는 현명한 말씀과 모든 유용한 발견은 어느 누가 이루어낸 것이든 기꺼이 그리고 감사하는 마음으로 받아들여야만 한다고 선언하면서, 로마 가톨릭 교회의 지도자들에게 토마스의 귀중한 지혜를 복원하고 사회의 안녕과 모든 학문의 발달을 위해 가능한 한 널리 전파하도록 간곡히 권고했다.

성 토마스 아퀴나스의 천재성은 기독교의 관점에서도 모든 철학은 물론 모든 학문을 포용하기 충분할 만큼 포괄적인 것으로 보인다. 그에 따르면 지식의 원천은 이성과 계시, 두 가지에 있다. 이 두 가지는 조화되지 않을 정도로 맞서는 것이 아니었다.

그리스의 철학자들은 이성의 목소리로 말한다. 모든 지식을 인류의 구원을 위해 신이 전한 계시와 조화를 이루도록 하는 것은 신학의 의무였다. 아베로에스의 오류는 무로부터 어떤 것이 만들어질 가능성은 없다고 주장했던 것과 개인적인 지성은 초월적인 지성과 융합된다고 제시했던 것이다. 그러한 가르침은 이 세상의 창조와 관련되어 계시된 것과 개인적인 영혼의 불멸성과 모순이 되는 것이기 때문이었다.

다음의 삽화에서 우리는 성 토마스가 그리스도의 영광 속에 영감을 받았으며, 모세와 성 베드로 그리고 복음주의자들에 의해 지도받았으며 아리스토텔레스와 플라톤에 의해 가르침을 받았다는 것을 알 수 있다. 그는 좌절한 세속 철학자 아베로에스를 극복해냈던 것이다.

영국 프란체스코 수도회의 로저 베이컨*(Roger Bacon 1214~1294; 영국의 스콜라 철학자, 자연과학자)은 이 위대한 두 명의 도미니코 수도사들과 함께 언급할 만한 가치가 있다.

그는 그리스와 아랍 과학자들의 작품에 정통했다. 그는 대서양의 건너편에 또 다른 대륙이 있을 가능성에 대한 아리스토텔레스의 견해가 담긴 한 편의 논문을 콜럼버스(Columbus)에게 직접 전했다. 나중에 망원경이 만들어지게 되는 원리를 예측했다. 추론의 과정에 근거하기보다 경험과 세심한 관찰에 근거한 자연과학을 옹호했다.

로저 베이컨의 저작물들은 철학적으로 활달한 견해를 담고 있다는 특징이 있다. 그의 정신 속에서 지구는 단지 광활한 천체의 중심에 있는 하찮은 작은 점일 뿐이었다.

아베로에스를 극복한 토마스 아퀴나스의 승리. 토마스 아퀴나스는 아리스토텔레스의 철학을 기독교 교리와 종합하여 스콜라 철학을 집대성했다. 스콜라 철학은 근대 철학이 등장하기 전까지 유럽의 모든 학문의 중심이었다.

태양 중심설(지동설)을 제기한 코페르니쿠스. 그의 사상은 근대 자연 과학의 획기적인 전환점이 되었다.

베이컨의 사망 이후 수세기에 걸쳐 지구와 천체의 관계는 그만큼이나 앞 시대의 성취에 정통한 과학자들이 연속적으로 연구의 대상으로 삼았다. 《행성의 새로운 이론들》을 집필한 포이에르바하(Peurbach 1423~1461)는 아랍의 삼각법을 발전시켰지만 프톨레마이오스 천문학의 초록(抄錄)을 유럽에 전하겠다는 계획을 완수하기 전에 사망했다. 하지만 그의 제자인 레기오몬타누스는 자기 스승의 의도를 한층 더 훌륭하게 수행했다.

주석자로서 포이에르바하의 업적은 코페르니쿠스*(Nicolaus Copernicus 1473~1543: 지동설(태양중심설)을 주장한 폴란드 천문학자) 천문학의 첫 번째 스승이라는 것이었다.

나중에 코페르니쿠스는 이탈리아에서 9년간 대학에서 연구하면서 행성들의 움직임과 관련된 프톨레마이오스를 비롯한 고대의 견해들을 익히게 되었다. 그는 지구 주변에서 동쪽에서 서쪽으로 천체가 공전하는 것으로 보이는 것이 실제로는 자전축을 중심으로 서쪽에서 동쪽으로 움직이는 지구의 자전 때문이라는 것을 알게 되었다.

이런 견해는 당시에 널리 알려져 있던 믿음과 지극히 상반되는 것이어서 코페르니쿠스는 자신의 이론을 36년간 발표하지 않았다. 우리의 지구가 우주의 중심이 아니라는 가르침을 담은 그의 책 한 권*(《천체의 회전에 대하여》 1543년)이 그가 임종을 맞이하는 자리에 보내졌지만 그는 절대로 열어보지 않았다고 한다.

이것은 침체된 14세기에 최고의 지성인들을 사로잡고 있던 지구 중심의 체계를 파기하고 태양 중심설로 대체하는 중대한 발견이었으며, 티코 브라헤, 케플러, 갈릴레오, 뉴턴 그리고 그들의 추종자들이 공헌했던 천문학의 연쇄적인 성공에서 연결고리의 역할을 했다.

Chapter 05

과학의 분류

프랜시스 베이컨

백과사전의 편찬

앞장에서 어느 한 가지 과학의 발달에는 연속성이 있다는 것을 보여주었다. 어느 한 시기의 천문학이나 화학 또는 수학은 각각 앞선 시기의 과학에 직접적으로 의존하고 있으므로, 그것들의 발전을 '성장' 또는 '점진적 변화'라고 표현하는 것이 옳다.

이제 지극히 중요한 연관관계는 동일한 과학의 다양한 국면들 중에서 관찰될 뿐만 아니라 서로 다른 과학들 사이에서도 관찰될 수 있다. 물리학, 천문학 그리고 화학은 공통점이 많다. 기하학, 삼각법, 산술 그리고 대수학은 수학의 '분야들'로 불리고 있다. 동물학과 식물학은 생명이 있는 종(種)과 관련이 있으므로 생물학이다.

코페르니쿠스의 사망 이후의 세기에 두 명의 위대한 과학자인 베이컨(Francis Bacon 1561~1626)과 데카르트(René Descartes 1596~1650)는 모든 학문은 한 그루의 나무이며 각각의 과학은 가지라고 비유했다. 그들은 모든 학문을 하나의 살아 있는 유기체로서 서로 연결되어 있거나 연속성이 있으며

프랜시스 베이컨. '아는 것이 힘이다.'라는 명제로 유명하다. 1617년 영국의 대법관으로 활동한 정치인이며 철학자.

성장 가능성이 있는 것으로 생각했다.

17세기가 시작되면서 너무나도 중요했던 과학은 더 많은 발전을 위해 학문의 계보에 대한 포괄적인 조망과 여러 학문 분야의 개관이 필요하게 되었다. 이러한 개관을 만들어내는 작업은 베이컨이 떠맡았다. 인간의 학문에 대한 그의 분류는 세상에 널리 알려졌으며 과학의 발달에 커다란 영향을 끼쳤다.

그는 이른바, 인간의 자연 통제라는 뚜렷한 목표를 갖고 있었다. 이미 이루어진 것들의 현황을 점검하여 부족한 부분을 보완하고 인간 제국의 영역을 확장시키기를 희망했다. 이러한 계획이 어느 한 사람이 떠맡기에는 너무나도 막대하다는 것을 정확하게 의식하고 있었던 그는 제임스 1세(James I 재위 1567~1625)를 이 계획의 후원자로 끌어들이기 위해 최대한의 노력을 기울였다.

이제는 그의 계획을 매우 간단히 설명할 수 있다. 그는 백과사전을 편찬하려 했지만 국가의 협력과 지원 없이는 불가능할 수도 있다는 것을 걱정했다. 건축을 위한 계획안을 제공할 수는 있겠지만 자신이 건축가이면서 건축노동자의 역할을 모두 하기는 어렵다고 생각했던 것이다. 이러한 계획의 소중함은 18세기 중반에 디드로*(Diderot: 18세기 프랑스의 계몽주의자)와 달랑베르*(18세기 프랑스의 수학자, 물리학자, 철학자)에 의해 《프랑스 대백과사전》이 추진되면서 입증되었다.

편집장이며 집필자인 디드로는 편찬 안내서에 이렇게 썼다. '만약 우리가 이처럼 방대한 사업에서 성공적인 결과를 얻는다면, 그것은 대부분 베이건 대법관의 공으로 돌려야 합니다. 그는 이른바 기술이나 과학이 전무했던 시대에 과학과 기술의 보편적인 사전을 편찬하려는 계획의 밑그림을 그렸습니다. 인간이 알고 있는 것의 역사를 기록하는 것이 불가능하던 때, 이 비범한 천재는 인간이 반드시 알아야만 하는 것들 중의 한 가지를 기록했던 것입니다.'

상세하게 살펴보면 베이컨은 기술과 직업에 대한 연구를 굳게 신봉하는 사람이었으며, 동시에 원리들과 추상적인 사고에 강한 애착을 품고 있었다는 것을 알게 된다. 그는 철학이 일상생활에 필요한 것들을 제공하는 기술에 도움이 될 수 있으며, 또한 기술과 직업이 철학 분야를 풍족하게 한다는 것 그리고 일반화의 기초는 알기 쉬운 생각들의 영역이 되어야만 한다는 것도 알고 있었다.

그는 이렇게 썼다. '만약 사람들이 학문은 활용과 활동에 연계되어야만 한다고 판단한다면, 그들의 판단은 옳은 것이다. 하지만 이 판단은 고대의 우화에서 지적했던 것과 같은 오류에 빠지기 쉽다. 우화에서, 신체의 다른 부분들이 모두 위(胃)를 얕잡아본다. 팔다리처럼 움직임을 주도하는

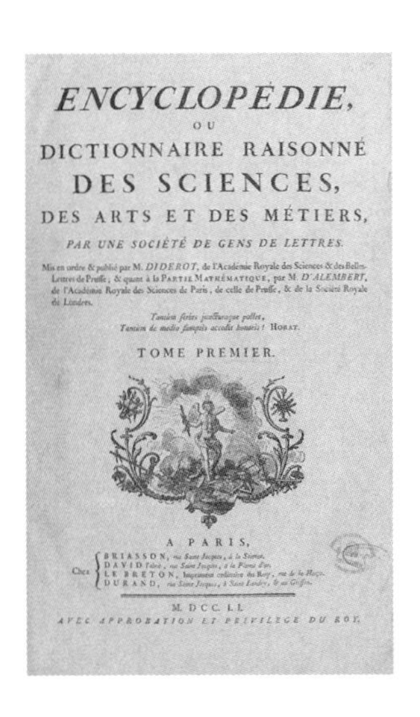
ENCYCLOPÉDIE,
OU
DICTIONNAIRE RAISONNÉ
DES SCIENCES,
DES ARTS ET DES MÉTIERS,
PAR UNE SOCIÉTÉ DE GENS DE LETTRES.
Mis en ordre & publié par M. DIDEROT, de l'Académie Royale des Sciences & des Belles-Lettres de Prusse; & quant à la PARTIE MATHÉMATIQUE, par M. D'ALEMBERT, de l'Académie Royale des Sciences de Paris, de celle de Prusse, & de la Société Royale de Londres.

TOME PREMIER.

A PARIS,
Chez BRIASSON, DAVID, LE BRETON, DURAND

M. DCC. LI.
AVEC APPROBATION ET PRIVILEGE DU ROY.

프랑스 대백과사전. 디드로와 달랑베르의 주도 하에 볼테르, 몽테스키외, 루소 등 당시의 계몽사상가 160여명이 공동으로 집필했다. 1751년에 시작해 20여년에 걸쳐 완간되었다.

것도 아니고 머리처럼 생각을 주도하는 것도 아니기 때문이다. 하지만 위는 영양물을 소화해 신체의 나머지 모든 부분으로 분배해준다. 그러므로 만약 누군가가 철학과 보편성은 헛되고 무익한 연구라고 생각한다면, 그는 모든 기술과 직업이 그것으로부터 활력과 힘을 제공받는다는 사실을 생각하지 못하고 있는 것이다.' 데카르트가 그랬듯이, 베이컨도 자연철학은 지식이라는 나무의 몸통이라고 생각했다.

반면에 그는 기술, 공예 그리고 직업을 과학 원리들의 근원이라고 보았다. 학문을 개관하면서 농업에 대한 일부 기록들과 기계 기술에 대한 기록들을 많이 발견했다. 그것을 탐탁치않게 생각하는 사람들이 있었다. '하지만 만약 나의 판단에서 중요하다고 생각하는 것이 있다면, 다른 모든 것들 중에서도 기계와 관련된 역사의 활용이 자연철학에 있어 가장 근본적이며 기본적인 것이라고 생각한다.'라고 말했다.

지혜에 대한 사랑은 인생의 기쁨이다

다양한 기술들이 알려지게 되면 의식은 깨달음의 지식에 구체적인 재료를 풍부하게 공급하게 된다. 기술들에 대한 기록은 현재 일어나고 있는 일들을 나타내며 보다 직접적으로 실천하도록 이끌기 때문에 가장 쓸모가 있다. '그러므로, 기계적이며 교양 없는 것으로 보일지라도 기술의 역사에 최대한의 노력을 기울여야만 한다.'

'또한, 특별한 기술들 중에서도 천연 재료들을 준비해 변형하고 가공하는 농업, 요리, 화학, 염색이 우선적으로 선택되어야 한다. 유리, 유약, 설탕, 화약, 벽난로, 종이와 같은 것들의 제조도 마찬가지다.'

직물, 목공, 건축, 제분기와 시계의 제작 등과 같은 것들도 있다. 목표는 단순히 이러한 기술들을 완벽하게 만들겠다는 것이 아니라, 모든 기계

▶ 인간의 학문(베이컨의 분류)

<table>
<tr><td colspan="8">제1철학 또는 지혜</td></tr>
<tr><td rowspan="9">이성 철학
또는 과학</td><td rowspan="8">자연철학</td><td rowspan="3">인간</td><td colspan="2">시민철학(권리의 기준)</td><td colspan="3">인간의 교류
사업
정부</td></tr>
<tr><td colspan="2" rowspan="2">인류의 철학(인류학)</td><td>육체</td><td colspan="2">의학, 운동경기 등</td></tr>
<tr><td>영혼</td><td colspan="2">윤리학</td></tr>
<tr><td rowspan="4">자연</td><td rowspan="2">사색적인</td><td colspan="2" rowspan="2">물리학(물질과 이차 원인들)</td><td>구체적</td><td rowspan="6">수학</td></tr>
<tr><td>추상적</td></tr>
<tr><td rowspan="2">활동적인</td><td colspan="2" rowspan="2">형이상학(형상과 최종 원인들)</td><td>구체적</td></tr>
<tr><td>추상적</td></tr>
<tr><td>신</td><td colspan="4">자연 신학, 천사와 영혼의 특성</td></tr>
<tr><td>신학</td><td colspan="5">계시</td></tr>
<tr><td rowspan="3">상상력
시학</td><td colspan="7">이야기 또는 영웅을 찬미하는</td></tr>
<tr><td colspan="7">극적인</td></tr>
<tr><td colspan="7">우화적인(교훈적인 이야기)</td></tr>
<tr><td rowspan="6">기억
역사학</td><td rowspan="3">시민</td><td colspan="4">정치적인(올바른 시민의 역사)</td><td colspan="2">기념물
고대의 유물
완벽한 역사</td></tr>
<tr><td colspan="2">문학적인</td><td colspan="4">학문
예술</td></tr>
<tr><td colspan="6">교회</td></tr>
<tr><td rowspan="3">자연</td><td colspan="2">유대(인간에 의한 통제)</td><td colspan="2">기술</td><td colspan="2">기계적인
실험적인</td></tr>
<tr><td colspan="2">오류(불안정 상태)</td><td colspan="4">기형(괴물)</td></tr>
<tr><td colspan="2">자유(통상적인 법)</td><td colspan="2">세대</td><td colspan="2">천체물리학
자연지리학
물질의 물리학
유기종</td></tr>
</table>

적인 실험들이 모든 방면에서 철학의 바다로 흘러 들어가는 시냇물이 되어야만 한다는 것이다.

제임스 1세가 왕좌에 오른 직후인 1603년에 베이컨은 《학문의 진보(Advancement of Learning)》를 발표했다. 하지만 그는 줄곧 지식체계를 발달시키기 위한 작품들을 집필했으며, 1623년에는 자신의 계획을 《학문의 존엄에 관하여(De Augmentis Scientiarum)》에 집대성했다.

최근(1900년)에 한 작가*(피어슨Pearson; 통계학의 창시자)가 학문의 다양한 분야들에 대한 베이컨의 학문분류를 요약했다. 이것을 세비야의 이시도르*(Isidore 570~636; 세비야의 대주교, 고대 세계의 최후의 학자로 언급된다)와 베이컨의 중간쯤에 위치하는 프랑스 수도사인 성 빅토의 휴고(Hugo 1096~1141)가 작성했던 지식의 분류와 비교했을 때, 당연하게도 일정한 유사점들이 명확하게 드러났다.

휴고는 베이컨과 마찬가지로 실용적인 것에 대한 편협한 태도를 없애는 것이 중요하다고 강조했다. 그는 인간은 지식 그 자체가 아니라 그것에서 파생되는 것을 중심으로 평가하려는 경향이 있다고 했다. 그러므로 경작, 직물, 도장과 같은 기술에서 유용한 성과를 만들어내지 못하면 전혀 쓸모없는 것으로 생각해버린다는 것이다. 하지만 만약 우리가 신의 지혜에 따라 판단한다면, 창조물은 당연히 창조주의 선택을 받게 될 것이다. 지혜는 삶이며 지혜에 대한 사랑은 인생의 기쁨(felicitas vitae)인 것이다.

그럼에도 불구하고 이 분류들을 꼼꼼히 비교해보면 베이컨과 중세의 견해 사이에는 매우 뚜렷한 차이점들이 있다는 것을 발견하게 된다. 휴고의 분류에서는 자연철학을 다루는 부분이 가장 취약하다.

그는 《자연학》에서 결과에서 만물의 원인을 연구하고, 원인에서 결과를 연구하고 있다고 말한다. 이 책은 지진, 조수, 행성의 힘, 야생동물의 사나운 본능, 모든 종류의 석재, 관목, 파충류를 다루고 있다. 하지만 지

▶ **지식의 분류(성 빅토의 휴고, 1141)**

이론적	신학	
	자연철학(물리학)	
	수학	산술학
		음악(조화의 학문)
		기하학
		천문학
실용적(도덕적)	윤리학 또는 개인적 도덕	
	경제학 또는 가족 도덕	
	정치학 또는 시민학	
기계적	직물, 방적,재봉; 모직과 아마천의 작업	
	장비 – 무기, 배; 석재, 목재, 금속의 작업	
	항해술	
	농업	
	사냥, 낚시, 식품	
	의학	
	연극 – 희곡, 음악, 운동경기 등	
논리적	웅변술	
	문법	
	변증법	
	수사학	

식의 분야에 대한 그의 특별한 작품인 《동물과 그밖의 것들에 대하여》에서는 《자연학》의 분야를 세분하려는 시도를 발견할 수 없다. 단지 식물학, 지질학, 동물학 그리고 인간 해부학에 대한 일련의 세부항목들이 주로 사전식 형태로 배열되어 있다는 것을 알게 된다.

베이컨의 분류를 살펴보면 물리학이 휴고의 《자연학》에 해당한다는 것을 알게 된다. 이것은 물질적인 원인과의 관계에서 자연 현상들을 연구한다. 베이컨에 따르면 자연사라는 연구가 그러한 사실들을 제공한다. 그렇다면 자연사에 관한 그의 작품을 잠시 살펴보고 그가 중세에서 출발하여 과학의 현대적인 개념으로 얼마나 많이 전진했는지 확인해보도록 하자.

과학 연구의 목표로 그는 우주의 현상들을 1) 천체의 현상, 2) 대기, 3) 지구, 4) 땅, 공기, 불, 물의 본질, 5) 속(屬)과 종(種) 등으로 나누었다. 중심적인 목표는 인간의 자연사에 맞춰져 있다. 기술은 '인간에 의해 변형된 자연'으로 분류되어 있다. 물론 '역사'는 서술적인 과학을 의미한다.*(특별한 역사들에 대한 베이컨의 목록; 307쪽 (부록)참고)

이 목록을 포함하고 있는 미완성원고는 1620년에 베이컨의 방법론에 대한 작품인 《신기관(Novum Organum)》*(베이컨은 이 책의 제목에 아리스토텔레스가 논리와 추론 방법에 대하여 저술한 책, '기관(Organum)'에 대적하는 의미를 담았다)에 포함되었다. 1623년에 과학의 개관과 분류를 다룬 《학문의 존엄에 대하여》를 완성시킨 것 외에도 이 목록에 있는 주제들인 바람, 삶과 죽음, 조류 등에 대한 몇 가지 개별적인 작품들도 발표했다.

그가 사망한 다음 해인 1627년에 많은 오해를 받았던 그의 작품 《숲속의 숲(Sylva Sylvarum)》이 출간되었다. 그는 재료 또는 원료를 뜻하는 라틴어 단어인 'sylva'가 '숲'이라는 뜻도 있다는 것을 알게 되었으며, 마지막 작품에 이 제목을 붙였다. 이것을 번역하자면 '원료의 밀림'이라고 할 수 있을 것이다. 그 자신은 이 책을 '충분히 이해하지 못한 특별한 것들의 모음'이라고 꼭 발표하기를 원했다. '그가 자신과 관계있는 것보다 인간의 행복을 선택했기' 때문이었다.

여기에서 그는 자신의 목록에 따라 1620년에 했던 자연과 인간에 대해 연구하겠다는 약속을 지킨 것이었다. 연구해야 할 것으로 제시되었던 몇 가지 문제들은 공기의 동결, 공기를 물로 변화시키는 것, 불꽃의 비밀스러운 특성, 중력의 움직임, 추위가 만들어내는 것, 알과 태내에서 어린 동물의 육성, 생명의 연장, 소리의 매개체, 감염증, 부패의 촉진과 방지, 성

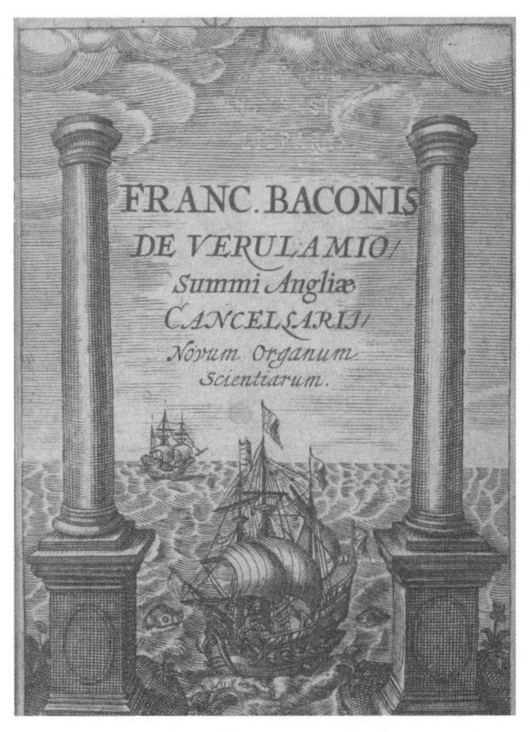

베이컨의 《신기관》 표지. 지브롤터 해협에 있는 헤라클레스의 기둥 사이로 새로운 학문의 대항해가 시작되고 있다는 의미를 담고 있다.

장의 촉진과 중단, 속 또는 씨 없이 과일을 생산하기, 퇴비의 생산과 땅에 도움이 되는 것, 하늘에서 날기 등이었다.

상상력을 동원한 작품인 《새로운 아틀란티스》*(베이컨은 이 책에서 인류의 향상을 목적으로 하는 과학자들의 연구기관이 있는 유토피아를 제시했다. 훗날 유럽의 여러 아카데미의 모형이 되었다)에서 베이컨은 인류를 위해 그 자신이 기대했던 했던 것들 중 이미 성취된 몇 가지를 제시했다. 인공 금속, 다양한 접합제, 뛰어난 염색기술, 생체해부와 의학실험을 위한 동물들, 오직 움직임에 의해 열을 생산하는 기구들, 인공 보석, 대단히 멀고 구불구불한 곳으로 전달되는 소리, 새로운 폭약 등이었다.

그가 제시한 유토피아의 땅에서 안내인은 이렇게 말한다. '또한 우리는 새들의 비행을 모방합니다. 우리는 어느 정도는 하늘을 날게 되었습니다. 우리에게는 선박과 물밑에서 나아갈 수 있는 작은 배가 있습니다.' 베이컨은 위대한 발견자와 발명가들을 존중하는 것의 가치를 믿었으며 발명의 일정표를 지킬 것이라고 주장했다.

그는 상상력이 풍부하고 자극을 주는 사상가였으며 그의 위대한 영향력은 대부분 유명한 과학의 분류에 이르게 한 광범위한 지식에서 비롯되었다.

Chapter 06

과학적 방법

길버트, 갈릴레오, 하비, 데카르트

실험으로 증명하다

앞장에서는 16세기 말과 17세기 초에 과학적 연구가 요구되는 물질의 범위를 제시했다. 동일한 시기에 연구방법 또는 연구체계의 의식적인 발달이 확인되었다.

앞에서 살펴보았듯이, 베이컨은 1620년에 《신기관 》이라는 중요한 작품을 집필했다. '신기관'은 전통적인 연역적 논리*(아리스토텔레스의 논리)와 구분하기 위해 붙인 제목이었다. 이 책은 올바른 정신적 절차를 나타내는 기관 또는 도구를 제공하여 자연법칙의 발견에 적용시키려는 목적으로 집필되었다.

약 70년 후에 저명한 프랑스의 르네 데카르트는《이성을 올바르게 이끌고 학문에서 진실을 탐구하기 위한 방법서설》을 발표했다. 이 두 명의 철학자는 모두 자신들의 연구조사를 예로 들면서 자신들이 주장했던 방법론의 효율성을 설명했다.

하지만 1620년 이전에도 실험적인 방법은 이미 다른 과학자들에 의해

근대 철학의 아버지로 불리는 데카르트는 17세기의 뛰어난 자연철학자였으며 수학자였다.

뛰어난 성과를 이끌어냈다. 이러한 방법론의 기원을 추적하려면 반드시 언급해야 하는 레오나르도 다 빈치(Leonardo da Vinci 1452~1519)와 이탈리아를 비롯한 여타 지역의 많은 사람들의 이름을 그냥 지나칠 수는 없다.

1600년경 엘리자베스 여왕의 주치의였던 윌리엄 길버트(William Gilbert 1540~1603)는 약 18년 동안 진행했던 연구의 결과인 자석에 관한 작품을 발표했다. 그의 출생지에 남아 있는 그림에서 볼 수 있듯이 그는 여왕 앞에서 자신이 발견할 것들을 시연하도록 초대받았다. 그는 전기과학의 창시자로 불릴 수 있을 것이다.

동역학의 기초적인 원리들을 발견하여 현대 물리학의 기초를 마련했던 갈릴레오(Galileo Galilei 1564~1642)는 비록 1638년까지 가장 중요한 작품은 발표하지 않았지만, 16세기가 끝나기 전에 이미 수년간의 엄격한 실험을 통해 자신의 원리들을 발표할 준비는 하고 있었다. 1616년에 제임스 1세와 찰스 1세의 궁정의사였던 윌리엄 하비(William Harvey 1578~1657)는 최초의 현대적 실험생리학자로서 혈액의 순환에 대한 연구를 통해 중요한 결과를 얻어냈다.

과학 연구의 실험적인 방법들이 일찍부터 발달해 있던 이탈리아에서 길버트와 하비가 수년간을 보냈다는 사실은 중요하다. 하비는 갈릴레오가 명망 있는 교수직에 있던 시기에 파도바 대학에 있었으며(1598~1602), 동맥과 정맥을 통한 혈액의 흐름에 대한 역학적인 원리들을 설명하는데 있어 이 물리학자로부터 영감을 얻었던 것이 분명하다.

이러한 추측은 하비와 길버트처럼 갈릴레오도 의학을 연구했다는 사실에서 충분한 개연성이 있다. 베이컨 역시 청년시절에 유럽 대륙에서 실험적 방법을 배웠으며, 나중에는 실제로 자신의 개인 의사였던 하비는 물론 길버트와 갈릴레오의 연구들을 충분히 잘 알고 있었다.

비록 이러한 사실들에서 연구방법이 어떤 국가나 직업 또는 개인적인 관계를 통해 전달되었을 수도 있음을 가리키는 것으로 보일 수는 있다. 하지만, 발명이나 진실의 발견에 관여하는 정신적 과정과 같은 지극히 본질적인 문제가 교육에 의해 성공적으로 전달될 수 있을지에 대해서는 여전히 약간의 의구심이 남아 있다.

연구에 종사하고 있는 천재의 개성은 분석하기 어려운 요소로 남아 있게 될 것이다. 발명과 발견의 증진을 통해 자연에 대한 인간의 절대적인 지배권을 확고히 하겠다는 목표를 가졌던 베이컨은 자신이 실례로 들었던 방법이 과학적 연구의 유일한 방법이 아니라는 것을 인식하고 있었다.

실제로 그는 《신기관》에서 제시한 방법이 독창적이거나 완벽하거나 절대적으로 필요한 것이 아님을 명확하게 설명했다. 그는 자신의 방법이 천재성을 무시하고 지성인들을 어느 한 가지 수준에 머물게 하려는 경향이 있다는 것을 의식하고 있었던 것이다.

비록 연구자들이 선입관에서 자유로워지고 설익은 일반화를 피하는 것이 바람직하지만, 해석은 방해물로부터 벗어날 때 비로소 진실하고 자연스러운 정신의 작업이며, 천재적인 사람의 추론이 때로는 고통스러운 귀납법의 느린 과정을 예상해야만 한다는 것을 알고 있었다.

제19장에서 확인하게 되겠지만, 오늘날의 심리학은 연구자에게 일정한 정신적 태도를 갖도록 하는 정신의 작용에 대해서는 충분히 알지 못하고 있다. 그럼에도 불구하고, 베이컨은 자신과 다른 많은 사람들이 이용했던

방법의 장점들을 드러내는데 서툴지 않았다. 하지만, 일단 베이컨보다 앞서 실험적인 방법을 활용했던 과학자들의 활동을 살펴보기로 하자.

《자석에 대하여(De Magnete)》에서 확인할 수 있듯이 길버트는 자신의 연구에서 자주 반복되고 입증할 수 있는 실험에 의존했다. 예를 들어, 그는 실험자에게 적당한 크기의 천연자석을 선택해 선반에서 가공하여 구(球)의 형태로 만들 것을 지시했다. 나중에 '테렐라(terrella)'라고 부르게 되는 지구 모형 위에 한 조각의 철선을 얹어놓는다. 구형의 중간점 부근에서 움직이던 철선은 갑자기 정지하는데, 그 철선이 정지하여 고정되어 있는 선을 따라 분필로 표시한다. 그러고 나서 철선을 지구 모형의 다른 지점들로 이동시켜 앞의 과정을 반복한다.

그렇게 표시된 선들은 모두 극지로 함께 모여 자오선들을 형성하게 된다. 또한 자석을 목재 용기 안에 넣고 나서 그 용기를 잔잔한 물이 담긴 물통이나 저수지에 띄우면 자석의 북극은 지구의 남극 방향으로 접근하게 된다는 실험들이다.

약 1582년부터 1600년까지 실행되었던 이와 비슷한 수많은 실험들에 기초해 길버트는 지구의는 자석이라는 결론을 내렸다. 그 이후로 이 이론은 항해자들에 의해 거듭 확인되었다.

그가 쓴 책의 전체 제목은《자석, 자성체, 그리고 거대한 자석 지구에 관하여 : 많은 논의와 실험에 의해 실증된 새로운 자연사(Physiologia)》였다. 비록 처음에 의도했던 목적이 자력이나 전기의 특성을 발견하려던 것은 아니었지만, 지구의 실질적인 구성물질을 결정했다는 길버트의 성과에 대한 신뢰성이 떨어지는 것은 아니다.

그는 자신만의 방법을 완벽하게 알고 있었으며, 자기력에 관한 실험도 하지 않고 단순한 의견과 낡고 허약한 망상으로 실제와는 다른 것들을 추론했던 일부 저작자들을 경멸하곤 했다.

갈릴레오와 피사의 사탑

갈릴레오는 어린 시절부터 발명가다운 천재성을 보여주었다. 길버트의 실험들이 시작된 직후였던 19세가 되었을 때 운동 현상에 대한 그의 예리한 인식은 위대한 과학적 순간이 되는 발견으로 이어졌다.

그는 고향인 피사의 대성당에서 긴 줄에 매달려 있는 등불이 흔들리는 것을 관찰하면서 진동의 범위가 어떻게 변하든 상관없이 그 시간이 일정하다는 것에 주목했다. 그는 유일하게 사용할 수 있던 시계인 자신의 맥박을 세는 것으로 자신이 받았던 첫 번째 인상이 정확하다는 것을 입증했다. 나중에 그는 환자들의 맥박을 측정하기 위한 간단한 진자(振子) 기구를 발명했으며, 거기에서 한 걸음 더 나아가 자신의 발견을 추시계의 제작에 적용했다.

그는 1589년에 피사대학의 수학교수로 임명되었으며, 그후 1~2년 내에 실험을 통해 역학의 기초를 확립했다. 1590년에는 이미 라틴어로 〈움직임에 관하여(De Motu)〉라는 논문을 작성하여 움직이는 물체와 관련된 아리스토텔레스의 이론들을 논리와 시각적인 증거로 논박하는 이견들을 제기했다.

아리스토텔레스는 동일한 종류이며 동일한 환경에 있는 두 개의 움직이는 물체는 무게와 비례하는 속도를 갖는다고 주장했다. 만약 무게가 b로 표시된 움직이는 물체가 점 d에서 나누어지는 선 c—e를 통해 운반된다면, 또한 그 움직이는 물체가 선 c—e가 점 d에 있을 때 동일한 비율에 따라 나누어진다면, 물체 전체가 c—e를 통해 운반되는데 걸리는 시간에 (나누어진) 그

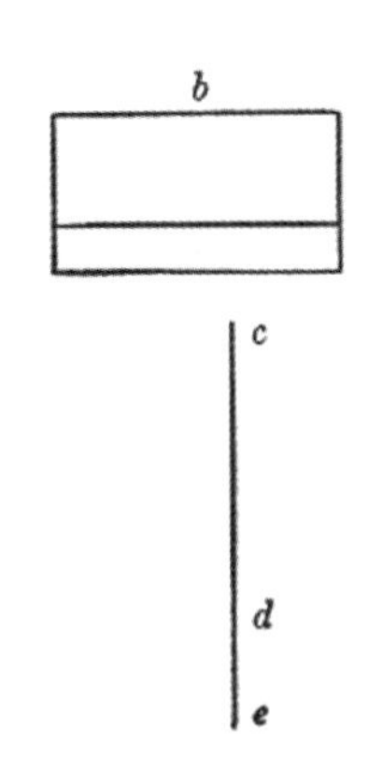

부분은 c—d를 통해 움직이게 된다는 것이 명백하다.

갈릴레오는 이러한 견해가 어리석다는 것은 햇빛만큼이나 명확하다고 말했다. 하나가 다른 것에 비해 100배가 무거운 납으로 만든 두 개의 구체(球體)가 아주 높은 곳에서 떨어질 때, 만약 커다란 것이 땅에 도달하는데 1시간이 걸리고 작은 것은 100시간이 걸린다면 과연 그 말을 누가 믿을까? 만약 하나가 다른 것에 비해 두 배가 무거운 두 개의 돌을 높은 탑에서 동시에 밀어 떨어뜨린다면, 더 무거운 것이 땅에 떨어졌을 때 작은 것은 여전히 중간쯤에 있다는 것일까?

그의 전기(傳記)에서는 갈릴레오가 자기 견해의 진실을 증명하기 위해 교수들과 학생들이 보는 앞에서 무게가 다른 두 개의 물체를 피사의 사탑 꼭대기에서 떨어뜨렸다고 전한다. 만약 공기의 저항에 허용 오차가 없다면, 동일한 높이에서 떨어지는 모든 물체는 동일한 시간이 걸린다. 최종적인 속도는 시간에 비례하며, 통과하는 공간은 시간의 제곱에 비례한다. 뒤의 두 가지 설명에 대한 실험적인 근거는 청동 공이 내려가도록 부드러운 홈을 만들어놓은 경사면을 이용하여 제시되었으며, 그 시간은 임시로 제작한 물시계를 이용해 확인되었다.

역학에 대한 갈릴레오의 원숙한 견해들은 1638년에 발표된 《새로운 두

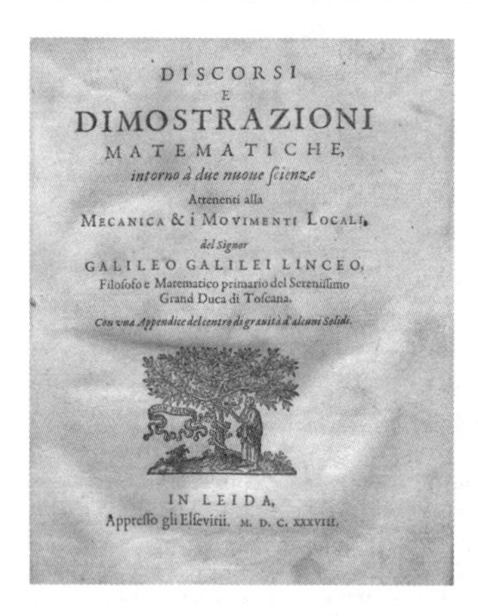
DISCORSI
E
DIMOSTRAZIONI
MATEMATICHE,
intorno à due nuoue ſcienze
Attenenti alla
MECANICA & i MOVIMENTI LOCALI,
del Signor
GALILEO GALILEI LINCEO,
Filoſofo e Matematico primario del Sereniſſimo
Grand Duca di Toſcana.
Con una Appendice del centro di grauità d'alcuni Solidi.
IN LEIDA,
Appreſſo gli Elſevirii. M. D. C. XXXVIII.

갈릴레오의 《새로운 두 가지 과학》. 갈릴레오의 연구 성과를 집대성한 것으로 최초의 근대적 과학 교과서였다.

로마의 종교재판소에서 이단으로 재판을 받고 감옥에 수감되는 갈릴레오.

가지 과학: 기계학 그리고 공간적인 움직임과 관련된 두 가지 새로운 학문에 대한 수리적인 강연과 실연》에 설명되어 있다.

여기에서는 분쇄에 대한 응집력과 저항력(물질의 강도)과 등가속, 가속과 추진력(역학)을 다루고 있다. 이 논의는 대화 형식으로 제시되어 있다. 서두의 문장은 이론의 근거를 경험에 두려 했던 갈릴레오의 성향을 보여준다.

그 문장은 이렇게 번역될 수 있다. '지적인 성찰을 위한 폭넓은 시야는, 내가 생각하기에, 여러분들이 유명한 베네치아의 조선소를 자주 방문하는 것으로 제공받을 수 있을 것입니다. 특히 기계학이 요구되는 작업장이 그렇습니다. 그곳에서 많은 기술자들이 모든 종류의 도구와 기계를 사용하고 있으며, 그들 중에는 전통과 자신들만의 관찰을 통해 익힌 사람들도 있고, 대단히 숙련된 사람들도 있고, 이야기를 전해줄 수 있는 사람들도 있을 것입니다.'

물 위에 띄우기 전에 커다란 갤리선은 작은 갤리선에 비해 그 자체의 무게로 인해 파괴될 위험성이 더 높다는 선박제작자들의 견해는 갈릴레오의 과학에 대한 공헌에서 가장 중요한 시발점이 되었다.

하비의 생체 해부

베살리우스(Vesalius 1514~1564)는 인간의 신체 구조에 관한 작품에서*(《인간 신체의 구조》, 1543) 갈레노스의 해부학이 누리고 있던 권위를 흔들어 놓았다. 이것은 그리스 의사들의 실험적인 생리학에 근거해 새로운 해부학의 기초를 발달시킨 하비에 의해 유지되었다. 하비는 책이 아닌 해부를 통해, 철학자들의 신조가 아닌 자연의 구조로부터 해부학을 배우고 가르칠 것이라고 공언했다.

그가 1616년에 처음으로 강연했던 해부학 강의록이 전해지고 있다. 간략한 초록만 살펴보아도 그가 당시에 이미 혈액의 순환에 대한 이론을 명확하게 세워두고 있었다는 것을 알 수 있다.

- 심장의 구조에 의해, 물을 끌어올리기 위한 양수기의 두 개의 역행 방지판에 의한 것처럼, 혈액은 폐를 통해 대동맥으로 지속적으로 수혈된다.
- 동맥에서 정맥으로 향하는 혈액의 지속적인 움직임은 혈관을 묶는 실(결찰사結紮絲)에 의해 증명되었다.
- Δ가 나타나는 곳에서 심장의 고동에 영향을 받아 순환하는 혈액의 지속적인 움직임이 있다.

1628년이 될 때까지 하비는 〈동물의 심장과 혈액의 운동에 대한 해부학

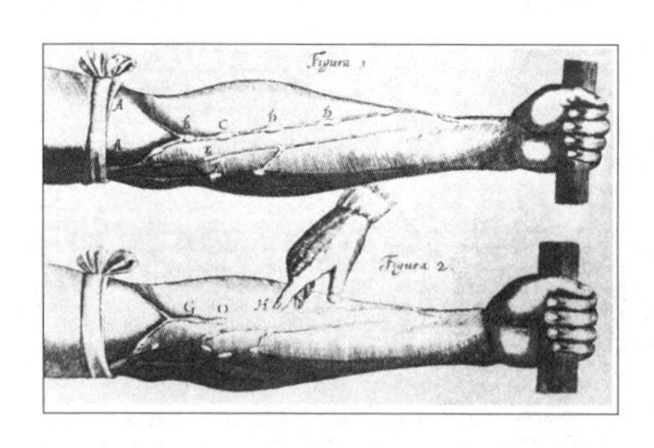

독창적인 관찰들을 기록하기 위해 그의 초고에서 활용된 윌리엄 하비의 모노그램.

적 논고〉를 발표하지 않았다. 이 논문은 자신이 내린 결론의 실험적인 근거를 제시하는 것이었다.

살아 있는 뱀을 절개하면 뛰고 있는 심장이 혈액을 밀어내고 있는 것을 보게 된다. 심장으로 들어가는 커다란 정맥을 압박하면 심장과 압박점 사이의 부분은 비게 되고 이 장기는 빛이 엷어지고 오그라들게 된다.

압박을 멈추면 심장의 크기와 색깔은 원상으로 복구된다. 이제 심장에서 나오는 동맥을 압박하면 심장과 압박점 사이의 부분과 심장 자체는 팽창하면서 짙은 진홍색을 띠게 된다. 혈액의 경로는 분명히 대정맥에서 심장을 통해 대동맥으로 향하는 것이다. 하비는 자신의 연구에 적어도 87종에 이르는 많은 동물들을 활용했다.

하비의 실연이 있기 전에는, 비록 갈레노스가 개의 호흡관을 잘라내고 폐를 공기로 부풀려 호흡관을 묶는 것으로 폐는 공기를 담고 있는 닫힌 자루라는 것을 증명했지만, 폐로부터 공기를 몸 전체로 이동시키는 비어 있는 관이 동맥이라고 믿는 사람들이 있었다.

갈레노스에 이어 하비는 심장의 오른쪽으로부터 폐로 혈액을 이동시키는 폐동맥과 폐로부터 심장의 왼쪽으로 혈액을 이동시키는 폐정맥은 폐의 숨어 있는 작은 구멍들과 미세한 접합으로 서로 통한다고 주장했다.

인간은 대정맥이 심장의 오른쪽으로 혈액을 이동시키고, 폐정맥과 접합한 폐동맥이 심장의 왼쪽으로 혈액을 이동시킨다. 이러한 근육 펌프가 혈액을 대동맥으로 밀어내는 것이다.

팔과 다리에서 혈액이 동맥에서 정맥으로 지나간다는 것은 여전히 증명되어야 할 것으로 남아 있었다. 팔을 붕대로 강하게 묶으면 손목에서는 맥박이 느껴지지 않는다. 처음에는 자연스럽게 보이던 손이 서서히 차가워진다. 붕대를 풀게 되면 맥박이 복원된다. 손과 팔뚝은 혈액으로 채워지며 부풀어 오른다. 첫 번째 경우에는 깊이 자리잡은 동맥으로부터 혈액의 공급이 차단된다. 두 번째 경우에는 표면에 있는 정맥에 의해 돌아오는 혈액이 억눌린다. 폐에서 그렇듯이 팔다리에서는 혈액이 접합부와 작은 구멍들에 의해 동맥에서 정맥으로 통과한다.

이 동맥들은 모두 대동맥에서 비롯된다. 정맥들은 모두 혈액의 흐름을 최종적으로 대정맥으로 쏟아 넣는다. 정맥에는 밸브들이 있어 심장을 향해 가는 혈액 외에는 모두 차단한다. 또한 정맥과 동맥은 연결된 체계를 형성하여 정맥이거나 동맥 양쪽을 통해 모든 혈액이 배출될 수 있다.

하비가 자신의 견해를 뒷받침했던 논거들은 다양했다. 그의 책 첫 번째 장을 '내가 심장의 운동과 활용을 발견하기 위한 방법으로 생체해부를 처음으로 생각했을 때'라고 시작하는 것은 실험적인 연구에 대한 자신의 특별한 방법을 강하게 부각시키는 것이었다.

열의 본질은 운동이다

그 자신이 인간애(philanthropia)라고 부르던 것에 고무된 베이컨은 언제나 자연에 대한 인간의 통제 확립을 목표로 했다. 하지만 고귀한 질서를 만드는 모든 능력은 열, 빛, 소리, 중력 등과 같은 것들의 근본적인 특성 또는 법칙에 대한 이해에 기대게 된다.

근원적인 자연현상에 대한 지식이 부족하다면 과학에서 유익한 발견과 발명을 촉진할 기회를 얻을 수 없다. 그러므로 자신의 귀납법 — 그의 진정한 귀납적 결론의 특별한 방법 — 을 열의 연구에 적용하려 했던 것은 자연스러운 일이다.

무엇보다 먼저 선부른 추측을 배제하고 열을 나타내는 모든 사례들을 — 불꽃, 번개, 태양광, 물을 뿌린 생석회, 습기 찬 건초, 동물의 열, 뜨거운 액체들, 마찰을 받는 물체들 — 모으도록 했다. 이러한 것들에 달빛,

산 위의 태양광, 극권(極圈)의 사광선(斜光線)과 같이 열이 없는 것처럼 보이는 사례들을 추가했다.

볼록렌즈를 이용해 달빛을 온도측정기에 집중시키는 실험을 했다. 볼록렌즈를 이용해 달구어진 쇠, 평범한 불꽃, 끓는 물로부터 열을 집중시키려 시도했다.

열의 감소 여부를 확인하기 위해 태양광을 오목렌즈로 실험해보았다. 그리고 나서 열이 다양한 온도로 발견되는 다른 실례들을 기록했다. 예를 들어, 모루는 쇠망치로 내려칠수록 점점 더 뜨거워졌다. 얇은 금속판은 지속적으로 두들기면 마치 불이 붙은 쇠처럼 점점 더 붉게 변했다. 이러한 것들을 실험으로 실시해 보았던 것이다.

이러한 실례들을 발표한 후에 귀납적인 추리 자체로 어떤 요인이 긍정적인 실례들에서 드러났는지, 어떤 요인이 부정적인 실례들에서 드러났는지, 어떤 요인이 변화를 보여주는 실례들에서 항상 변화하는지를 찾아내는 작업을 시작해야만 한다.

베이컨에 따르면 진정한 귀납적인 추리의 기초는 배제의 과정에 있다고 한다. 예를 들어, 열의 본질적인 특성이 빛과 밝기로 구성된 것이 아니라는 것을 확신할 수 있는 것은 끓는 물에는 빛이 있지만 달빛에는 없기 때문이다.

하지만 귀납적인 결론은 긍정적인 것이 확립될 때까지는 완전하지 않다. 연구조사의 이 단계에서 열의 근원적인 특성과 관련된 가설을 과감하게 시도해 보는 것은 허용될 수 있다.

실례들을 모두 한 가지씩 검토해보는 것으로 열이 특별한 경우의 특성을 보이는 것은 운동이었다. 이것은 불꽃, 끓고 있는 액체, 운동에 의한 열의 자극, 압축에 의한 열의 소멸 등에서 제시되었다. 운동은 속(屬)이며 열은 종(種)이다. 열 자체는 본질적으로 운동이며 그 외의 것은 아니다.

이제는 이것의 구체적인 차이점들을 확립하는 일이 남아 있다. 이것이 완성되면 우리는 정의(定義)에 도달하게 된다. 즉, 열은 팽창하고 억제되며 물체의 더욱 작은 소립자들에 경쟁을 일으키는 운동이다. 베이컨은 이러한 발견의 적용을 살펴보면서 이렇게 덧붙인다.

'만약 어떤 자연의 물체에서 팽창시키거나 확장시키는 운동을 일으킬 수 있다면 그리고 이러한 운동을 억누르고 그 자체로 되돌릴 수 있다면, 팽창은 균등하게 진행되지 않겠지만, 어느 부분에는 그대로 작용하고 다른 부분에서는 반작용을 일으켜, 틀림없이 열을 발생시키게 될 것이다.'

독자들은 베이컨이 오직 운동에 의해서만 열을 발생시키는 기구를 발명하려 했다는 것을 기억할 것이다.

데카르트, 증명된 것만을 확신한다

데카르트는 철학자이며 수학자였다. 그는 《방법서설》과 《정신지도를 위한 규칙》(1628)에서 귀납법보다 연역법을 더 강조했다. 그는 특별한 것들을 일반적인 원리들에 종속시켜 미적 감각 또는 예술적 작품이 주는 기쁨에 가까운 만족감을 경험했다. 그는 이 세상에서 유일하게 순수하고 더럽혀지지 않은 행복인 진실에서 인간이 느낄 수 있는 즐거움을 열정적으로 설파했다.

동시에 그는 아리스토텔레스학파의 논리학에 대한 베이컨의 불신을 공유했으며 만물의 진실에 대한 연구를 갈망하는 사람들에게 평범한 변증법은 하찮은 것이라고 주장했다. 진실을 찾기 위해선 방법이 필요하다. 그는 자신을 처음에는 인습적인 도구들로 작업을 시작하도록 강요받는 대장장이에 비교했다.

자신의 발견 방법에서 그는 스스로가 명확하게 진실하다고 인식하지 못한 것은 진실로서 받아들이지 않겠다고 결정했다. 그는 설익은 가정을 반대하고 엄밀한 증거를 주장했다. 완벽하게 알게 된 것만을 신뢰했다. 산술적이며 기하학적으로 확실하게 증명된 것들만을 확신했다. 이러한 엄격한 비평의 태도는 과학 정신의 특징이다.

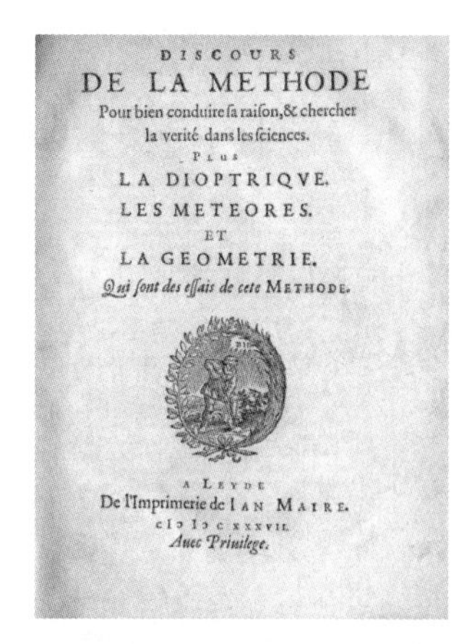
DISCOURS
DE LA METHODE
Pour bien conduire ſa raiſon, & chercher
la verité dans les ſciences.
PLUS
LA DIOPTRIQVE.
LES METEORES.
ET
LA GEOMETRIE.
Qui ſont des eſſais de cete METHODE.

A LEYDE
De l'Imprimerie de IAN MAIRE.
CIƆ IƆ C XXXVII.
Avec Privilege.

데카르트의 《방법서설》. 자연학으로부터 나아가 새로운 학문을 위한 방법론을 제시하고 있다.

다시 한 번, 데카르트는 각각의 난제를 풀기 위해 분석에 집중했다. 연역에 의한 결론에서 중간단계들을 소홀히 하지 않고 세부항목을 적절하고 조직적으로 만들기 위한 것이었다. 일정한 순서를 유지했다. 즉, 기초를 뛰어넘으려 시도하지 않고 그저 단순하고 쉽게 이해되는 것에서부터 점진적으로 해결하려는 것이었다.

데카르트의 관심은 수학의 몇 가지 분야에 있지 않았으며, 오히려 그는 순서와 측정과 관련된 일반적인 학문인 보편적인 수학의 정립을 원했다. 그는 수학적 원리들로 설명할 수 있는 하나의 기계장치로서 인간의 육체를 포함한 모든 물리적인 특성들을 검토했다. 하지만 그의 직접적인 관심사는 숫자로 나타내는 관계들과 기하학적인 비율에 있었다.

깨달음이 정신의 다른 능력에 의존한다는 것을 인식하게 된 데카르트는 자신의 수학적 논증에서 선(線)을 활용하기로 했다. 그가 말하듯이, 상상력과 감각에 이보다 더 단순하고 더 호소력이 있는 방법은 찾을 수 없기 때문이었다.

하지만 기억 속에 관계들을 간직하거나 여러 가지를 동시에 받아들이기 위해서는 그것들을 더 간명하고 더 나은 일정한 방식으로 설명하는 것이 필수적이라고 생각했다. 이러한 목적을 위해 기학학적 분석과 대수학에서 최선의 모든 것을 받아들이고 오류들을 하나씩 바로잡는 것이 필요했다.

데카르트는 우선적으로 수학자였으며, 뉴턴(Isaac Newton 1642~1727)을 비롯한 과학자들의 선구자로 여겨지기도 한다. 동시에 그는 인간 정신의 모든 분야에 적용할 수 있다고 믿었던 정확한 과학적 방법을 발전시켰다.

그는 '기하학자들이 가장 어려운 논증의 결론에 도달하기 위해 늘 지극히 단순하고 평이한 추론을 장황하게 나열하던 것이 나를 이렇게 생각하도록 이끌었다. 즉, 인간이 이해할 수 있는 모든 것은 동일한 방식으로 서로 연결되어 있으며, 단지 거짓을 진실로 용인하지 않으며, 다른 것들로부터 한 가지 진실을 연역하기 위해 필요한 순서를 언제나 지키기만 한다면, 우리가 도달하지 못할 정도로 너무 멀리 떨어져 있거나, 발견하지 못할 정도로 숨겨진 것은 아무 것도 없다는 것이다.'라고 말했다.

Chapter 07

측정법으로서의 과학

티코 브라헤, 켈러, 보일

측정, 과학적 사고의 시작

명확한 사고를 위한 계산, 측정, 계량의 가치를 고려해볼 때, 17세기 그리고 심지어는 16세기 말에도 과학의 진보에 도량형법의 정확성 그리고 정밀한 기구들의 발명이 수반되었다는 것은 그리 놀랄 만한 일이 아니다. 이 시기에 단순한 현미경의 개량과 복합현미경, 망원경, 측미계(測微計), 기압계, 온도 측정기, 한란계, 추시계의 발명, 사분의, 육분의, 지구의, 천측구(天測具) 등의 개량이 이루어졌다.

측정은 일종의 계산이며 계량은 측정의 한 가지 형식이다. 우리는 공통점이 없는 사물들을 유사하거나 상이하거나 상관없이 계산할 수 있다. 측정하거나 계량할 때 우리는 표준을 적용하며 단위 — 큐빗*(팔꿈치에서 가운뎃손가락 끝까지의 길이. 약 46~56cm), 파운드, 시간 — 가 반복되어 나타나는 횟수를 계산한다.

측정에서 우리는 균등한 범위를 적용하고, 물은 깊이에 의해 또는 공간은 태양의 직경에 의해 측정하며 시간을 임의로 분할하기도 한다. 인간의 정신은 다양한 물질적 대상들과의 접촉을 통해 발달되어 왔으며, 분할하고, 계량하고 측정하고, 계산하지 않고는 우리의 환경에 대해 명확하고 과학적으로 생각하는 것이 불가능하다는 것을 알게 되었다.

시간을 측정할 때 우리의 개인적인 느낌에 의존할 수 없으며, 이러한 개인적인 느낌으로 시간이 느리거나 빨리 간다고 말하는 것을 비판하기도 한다. 시계나 자전하는 지구 또는 그 밖의 측정할 수 있는 대상에 대한 객관적인 기준을 제공하려면 정확성에 대해 관심을 가질 수밖에 없다.

무게와 온도의 경우도 이와 비슷해서, 주관적인 느낌에 의존할 수 없으며 단지 측정할 수 있는 움직임에 의해 압력의 총량 또는 온도를 기록할 장치를 발명해야만 한다.

'신은 세상만물을 크기, 수 그리고 무게에 의해 정리해놓았다.'

과학적인 정신은 자연현상들을 수의 관계로 확인할 수 있을 때까지 만족하지 않는다. 이런 의미에서 과학적 사고는 양과 비율에 관해 질문했던 피타고라스다운 것이다.

앞장에서 말했듯이, 원시종족들은 수의 관계들을 명확하게 이해하지 못했다. 많은 원시언어들에는 다섯 이상을 나타내는 단어들이 없었다. 그런 사실이 이 종족들이 큰 수와 작은 수 사이의 차이점을 몰랐다는 것을 의미하지는 않는다.

정확성은 문명과 함께 성장해왔다. 상업적인 직업들 그리고 무게와 치수의 활용이 필수적인 의술과 같은 활동들과 더불어 발달했던 것이다. 과학적 정확성은 단어와 그밖의 수를 나타내는 표현에 의존한다. 손가락과 발가락의 활용, 조잡하게 새긴 눈금 또는 부신(符信), 끈의 매듭들 또는 단순한 주판으로부터 인류는 수를 표현하는데 더욱 정밀하게 발달해왔으며 갈수록 더 정확한 장치들을 사용하게 되었다.

티코, 하늘을 측정하다

이러한 발전에 가장 크게 공헌했던 사람들 중에는 유명한 덴마크의 천문학자인 티코 브라헤(Tycho Brahe 1546~1601)가 있다. 1597년 이전에 그는 우라니보르크 천문대에서 자신의 위대한 벽면 사분의*(四分儀; 망원경 이전의 천체 관측기구. 가장자리에 분 단위로 눈금이 매겨져 있다)를 완성시켰다. 그는 이것을 특유의 허영심으로 티코의 사분의라고 불렀다. 5인치 넓이와 2인치 두께의 눈금이 표시된 세련된 순황동의 호(弧)와 6과 4분의 3피트 가량의 방사상(放射狀)으로 구성되어 있었다.

각각의 도(度)는 분(分)으로, 각각의 분은 6개의 부분으로 나뉘어져 있었다. 이 부분들은 10개의 초(秒)로 다시 세분되었으며, 그것들은 황동의 너비 위의 비스듬한 사선에 배열된 점들에 의해 표시되어 있었다.

관측실의 벽에 붙어 있던 호는 정확하게 북쪽으로 이어지며 외부의 힘에 의해 움직일 수 없도록 나사로 단단히 잠겨 있었다. 남쪽 하늘을 향하는 오목한 면과 함께 비록 반대이지만, 지평에서 천정까지의 길이를 통해 천체의 자오선과 유사하게 비교된다.

사분면의 반지름들이 마주치는 지점의 위쪽에 있는 남쪽 벽은 직사각형 창에 위치한 금도금된 황동관에 의해 구멍이 나 있다. 이것은 밖에서 열거나 닫을 수 있다.

관측은 눈금을 표시한 호(弧)에 부속되어 있는 두 개의 관측지점들 중 한군데를 통해 이루어지며, 관측지점은 이동할 수 있었다. 관측지점들 내에는 오른쪽, 왼쪽, 위쪽, 아래쪽에 같은 종류의 틈새들이 있었다.

만약 자오선을 통해 고도와 통과가 동시에 포착되면 그 네 개의 방향에서 지켜볼 수 있었다. 고도나 통과가 관찰된 각도의 도(度)와 분(分) 등의 수치를 읽어내도록 관찰하는 것이 연구자의 업무였으며, 그것은 두 번째 연구자에 의해 기록되었다. 관찰자가 신호를 주면 세 번째 연구자는 두 개의 시계(자리) 눈금판으로부터 시간을 측정하고 관측된 정확한 순간 역시 두 번째 연구자에 의해 기록되었다.

시계들은 분과 그보다 더 작은 시간의 분할을 기록했지만 그것들에서 정확한 결과를 얻기 위해서는 엄청난 주의가 필요했다. 관측소 내에는 네 개의 시계가 있었으며, 가장 큰 시계에는 세 개의 바퀴들이 있었고, 순동으로 만든 바퀴 하나에는 1200개의 톱니가 있었고 직경은 2큐빗이었다.

벽은 비어 있는 공간이 없도록 그림들이 붙어 있었다. 즉, 티코 자신은 편안한 자세로 테이블에 앉아 책을 통해 자기 연구원들에게 작업을 지시하고 있다.

그의 머리 위쪽에는 티코 자신이 발명하고 1590년에 자신의 비용으로 건축한 자동 천구의(天球儀)가 있다. 그 천구의 위쪽은 티코의 서재의 일부분이다. 양쪽 벽은 티코의 후원자인 덴마크의 프리드리히 2세*(Frederick II; 우라니보르크 천문대를 건설해서 20여년 동안 브라헤가 천문 관측을 할 수 있도록 후원했다)와 소피아 여왕의 작은 걸개그림들로 장식되어 있다.

그 다음에는 다른 기구들과 관측소의 방들이 그려져 있다. 어린 학생들은 물론이고 적어도 여섯 또는 여덟 명의 티코의 연구자들이 언제나 있다. 또한 지름이 6피트인 커다란 황동 천체의도 등장한다. 그리고는 그림으로 그린 티코의 화학연구실이 있다. 그는 이곳에 엄청난 돈을 쏟아 부었다.

마지막으로 대단히 충성스럽고 영리한 티코의 사냥개들 중의 한 마리가 있다. 자기 주인의 고귀함은 물론 총명함과 성실함을 나타내는 비밀문자로서의 역할을 하고 있다. 티코를 도왔던 숙달된 건축가와 두 명의 화가들이 배경 속에 그려져 있고 심지어 그림의 가장 위쪽 부분에 있는 지는 해와 그 위의 장식에도 그려져 있다.

티코 브라헤의 사분의. 벽의 작은 틈으로 하늘을 관측하고 있는 티코 브라헤. 덴마크의 프리드리히 왕은 벤 섬에 우라니보르크 천문대를 지어 주고, 연구를 할 수 있도록 지원했다. 이곳은 여러 과학 도구들이 갖추어져 과학 시설로 발전했다.

티코 브라헤의 《새로운 천문학 입문》에 게재된 삽화.

상당히 큰 이 사분의의 주된 용도는 별들의 높이의 각도를 관측지점들 중의 한군데에 의해 만들어진 공선사상(共線寫像)으로 평행하는 수평의 틈새들에서 실린더의 원주와 상응하는 부분들과 정렬되어 있는 일분의 여섯 번째 부분 내에서 측정하는 것이었다. 그 높이는 눈금을 표시한 호에 부착되어 있는 관측지점에 따라 기록되었다.

티코 브라헤는 코페르니쿠스를 대단히 존경했지만, 그의 태양계는 받아들이지 않았다. 그는 천문학의 발전은 공들인 관찰에 의존한다고 생각했다. 덴마크 왕의 치하에서 그는 20년 이상 자신의 연구조사를 진척시킬 좋은 기회를 누렸다. 벤 섬*(코펜하겐에 있는 섬. 브라헤의 천문대가 있던 곳)은 그의 재산이 되었다. 인쇄기와 장치를 제작하기 위한 작업장을 포함하는 완벽한 장비를 갖춘 연구소가 제공되었다.

앞서 말했듯이 능력 있는 조력자들이 그의 지휘를 받았다. 1598년에 덴마크를 떠난 후 티코는 훌륭한 삽화책 《새로운 천문학 입문》에서 그가 때때로 인술라 베누시아(Insula Venusia)라고 부르던 이 천문학의 천국에 대해 설명했다.

군주들의 도움을 얻기 위해 준비했던 이 책에는 천문 기구들과 (당연하게도 벽사분의를 포함한) 우라니보르크의 천문대의 전경 등을 그린 채색 삽화들이 20페이지에 걸쳐 소개되어 있다.

저자는 자신의 가치를 충분히 의식하고 있었으며, 위대한 티코라는 이름으로 불리기에 충분했다. 그가 얻어낸 결과들은 관찰에 적용된 장치들만큼이나 가치 있는 것이었으며, 1601년에 프라하에서 사망하기 전에 티코 브라헤는 자신이 노력해 얻은 공들인 기록을 가장 소중한 조력자에게 넘겨주었다.

망원경과 현미경의 역사

그의 조수인 케플러(Johannes Kepler 1571~1630)는 1600년에 보헤미아의 수도로 초청되었으며 몇 달 후에 777개의 별들에 관한 티코의 자료를 물려받게 되었다. 이 자료를 바탕으로 그는 1627년에 루돌프 행성표의 기초를 다듬었다.

케플러의 천재성은 자기 선임자의 천재성을 보완하는 것이었다. 그는 관찰한 것들을 설명하는 상상력을 타고난 사람이었다. 그의 천문학은 단순한 설명에 머물지 않고 구체적인 설명을 추구했다. 그는 행성의 움직임에 대한 수적 관계들을 논증하기 전에 자신이 파악한 아름다움과 조화를 표현하는 예술가적 감각을 갖고 있었다.

티코의 자료에 근거하여 화성에 대한 특별한 연구를 마친 후인 1609년, 《신천문학(Astronomia Nova)》에 태양을 중심으로 모든 행성은 타원형으로 움직이며 행성으로부터 태양까지의 동경(動徑)에 의해 지나간 구역은 시간에 비례한다는 것을 발표했다.

그의 연구의 성공을 위해 다행스러웠던 것은 그 자신이 모든 관심을 집중시켰던 행성이 당시에 알려져 있던 모든 행성들 중의 하나로 그 궤도가

베네치아의 총독에게 망원경을 설명하는 갈릴레오.

원형과는 전혀 다르다는 것이었다.

나중에 《우주의 화성학(Harmonica Mundi), 1619》이라는 제목의 작품에서 피타고라스의 견해들을 따른다는 것을 공표하면서 그는 행성의 공전주기의 제곱은 궤도의 긴반지름의 세제곱과 비례한다는 것을 증명했다.

케플러의 연구는 1614년에 존 네이피어(John Napier 1550?~1617)에 의한 대수의 발명으로 더욱 촉진되었다. 대수는 지루한 계산을 단축하는 것으로 천문학자의 인생을 두 배로 연장시켰다는 말을 듣기도 한다.

그와 비슷한 시기에 케플러는 와인을 구매하면서 상인들이 와인 용기의 용량을 결정하는데 조잡한 방법을 사용하고 있다는 것에 충격을 받게 된다. 그는 며칠 동안 그와 관련된 측정법의 문제들에 몰두했고 1615년에 통(또는 와인 단지)에 담긴 내용물의 용적에 관한 논문을 발표했다. 이것은 후대의 모든 저술가들에게 입체의 양을 정확하게 측정하는 문제에 대한 영감의 원천이 되었다.

그는 다른 과학자들을 도왔으며 스스로도 많은 도움을 받았다. 1610년경에는 이른바, 갈릴레오의 망원경이라는 천문학의 발달에 가장 중요했던 정밀한 수단을 제공받았다.

망원경의 초기 역사는 과학자들이 결합된 렌즈 두 개의 효과를 이 지식의 특별한 활용법이 나타나기 오래 전부터 이미 이해하고 있었으며, 확대경을 대중에게 소개하는데 역할을 했던 사람들이 우연히 발명하게 되었다는 것을 보여준다.

네덜란드의 미들버그에 있던 얀센이라고 잘못 불리던 자카리아스(Zacharias, 1585~1631) 그리고 리퍼쉐이(Lippershey)라는 안경제조업자가 운영하던 두 회사가 제일 먼저 시작했던 것으로 알려져 있다.

1609년 7월 이 발명품에 대해 알게 된 갈릴레오는 얼마 지나지 않아 육안으로 보았을 때보다 30배 이상 더 가까이 볼 수 있으며 거의 1000배는 더 크게 볼 수 있는 강력한 발견 기구를 공급했다.

그는 달 속의 산들과 회전하는 목성의 위성들 그리고 회전하는 태양의 지점들을 식별할 수 있었다. 하지만 그의 망원경은 토성의 경우 불완전한 모습만을 볼 수 있었다. 물론 1610년에 발표된 (*《별 세계의 전달자(Sidereus Nuncius)》; 행성은 둥그렇게 보이지만 별은 점으로 보인다고 언급했다) 이러한 사실들은 코페르니쿠스의 체계에 대한 자신의 지지를 강화하는 것이었다.

갈릴레오는 케플러에게 편지를 보내 철학교수들이 이단으로 전락하지 않기 위해 자신의 망원경을 통해 바라보는 것을 두려워했다고 비웃었다. 몇 년 전에 천문학의 광학적 특성에 대해 집필했던 독일의 천문학자는 이제(1611) 망원경의 이론에 관한 만족스러운 최초의 설명인 《굴절광학》을 제시했다.

1639년경에 젊은 영국인 가스코인(Gascoigne)이 관측자가 매우 정확하게 망원경을 조절할 수 있도록 해주는 측미계(測微計)를 발명했다. 측미계의 발명 이전에 기구의 조절은 육안의 식별력에 의존했기 때문에 정밀도는 믿을 수 없었다.

측미계는 정확한 측정에 있어 한 걸음 더 발전한 것이었다. 예를 들어, 태양의 직경에 대한 가스코인의 측정은 최근의 천문학 발견에 필적하는 것이었다.

현미경의 역사는 망원경의 역사와 매우 긴밀하게 연결되어 있다. 17세기의 전반부에 단순한 현미경이 활용되기 시작했다. 앞 장에서 살펴보았듯이 이것은 비록 아주 먼 고대부터는 아닐지라도 여러 세기 동안 알려져 있던 볼록 렌즈로부터 발전해온 것이었다.

레벤후크(Leeuwenhoek)는 단순한 현미경으로 1673년 이전에 미세한 동물 유기체의 구조를 연구했으며 10년 후에는 박테리아의 모습을 확인하기도 했다.

같은 세기가 시작될 무렵 자카리아스는 독일 군대의 사령관인 마우리체 공과 네덜란드의 통치자인 알베르트(Albert) 대공에게 복합현미경을 헌정했다. 키르허(Kircher 1601~1680; 독일 예수회의 수사 겸 학자. 당대 과학 분야에서 놀라운 연구를 보여주었다)는 지극히 작은 형태를 실제 크기보다 1000배 더 크게 보여주는 기구를 활용했다.

말피기(Malpighi)는 1661년에 복합현미경을 이용하여 살아 있는 개구리의 폐와 확장시킨 방광에서 미세동맥으로부터 미세정맥으로 흐르는 혈액을 확인했다. 이 이탈리아의 현미경 사용자는 자신의 많은 업적들 중에서도 1658년에 하비가 반드시 발생한다고 주장했던 사실을 관찰에 의해 입증하기도 했다.

이와 동일한 새로운 시대에 정밀기구는 다른 분야들에서도 발달했다. 추시계는 13세기 이래로 시간측정기로 사용되었지만 우리가 알고 있듯이 조절하기 어려울 뿐만 아니라 신뢰할 수 없는 것이었다. 17세기에도 과학자들은 실험을 하면서 물시계의 형태를 더 선호했다.

1636년에 갈릴레오는 편지에서 진자시계(振子時計)를 만들 수 있을 것이라고 언급했으며, 1641년에는 아들인 빈센초(Vincenzo)와 제자인 비비아니(Viviani)에게 계획 중인 기구에 대한 설명을 받아쓰도록 했다. 그 자신은 당시에 눈이 멀어 있었으며 그 다음 해에 사망했다.

그의 지시는 결국 실행되지 않았지만 1657년에 크리스티안 하위헌스*(Christian Huygens; 역학의 기초, 빛의 파동설을 수립한 네덜란드 물리학자)는 오래된 압인기(押印器)의 추시계에 진자를 대신 사용했다. 1674년에 그는 스프링에 의해 작동되는 시계의 제작을 지휘했다.

온도계와 기압계 그리고 공기의 무게

정밀과학의 발달에 있어 갈릴레오의 역할이 매우 컸지만 온도 측정을 위한 최초의 장치 역시 그로부터 시작되었다. 이 장치는 1603년 이전에 발명되었으며 유리관과 두꺼운 밀짚의 긴 줄기로 구성되어 있었다. 우선 유리관은 가열되었고 줄기는 물 속에 위치시켰다. 관 속에서 상승하던 물이 멈추는 그 지점이 온도를 표시하는 것이었다. 1631년에 장 레이(Jean Rey)는 물로 관을 채운 이 장치를 단순히 뒤집어놓았다.

물론 이러한 온도 측정기들은 온도와 마찬가지로 변화하는 압력의 결과도 표시할 수 있었으며, 오래지 않아 온도계와 기압계에 자리를 내주었다. 1641년이 되기 전에 열을 가해 공기를 내보낸 후 관의 꼭대기를 밀봉한 진짜 온도계가 제작되었다. 물을 대신하여 와인의 주정이 사용되었으며, 수은은 1670년이 될 때까지 사용되지 않았다.

데카르트와 갈릴레오는 자연은 진공상태를 거부한다는 오래된 생각을 비판했다. 그들은 공포 진공(horror vacui)이 펌프 속의 물을 33피트 이상 끌어올리기에 충분하지 않다는 것을 알고 있었다. 또한 그들은 공기에 무게가 있다는 것도 알고 있었으며, 얼마 지나지 않아 이 사실은 이른바 흡입력을 설명하는데 이바지한다.

갈릴레오의 동료인 토리첼리*(Torricelli; 수은을 이용해 대기압의 크기를 최초로 측정했단)는 만약 공기압이 33피트 높이의 물기둥을 지탱하기에 충분하다면, 똑같은 무게의 수은기둥을 지탱할 것이라고 추론했다. 그에 따라 1643년에 그는 꼭대기를 막은 4피트 길이의 유리관을 수은으로 채운 다음 관의 아래쪽을 열어 수은이 담긴 물동이 속으로 보내는 실험을 했다. 관 속의 수은은 물동이 속의 수은 위로 약 30인치 가량이 되는 수위가 될 때까지 내려왔으며 관의 위쪽은 진공상태가 되었다.

수은의 비중(比重)은 13이므로 토리첼리는 자신의 가정이 옳았으며 관 속의 수은 기둥과 펌프 속의 물기둥은 공기의 압력 또는 무게의 영향 때문이라는 것을 알게 되었다.

파스칼*(Blaise Pascal 1623~1662; 토리첼리의 기압계 실험을 연구하여 진공이 존재한다는 가설을 주장했다)은 이 압력이 고도가 높은 지역에서는 낮아질 것이라고 생각했다.

그의 가정은 파리의 교회 뾰족탑 위에서 시험되었으며, 나중에는 오베르뉴에 있는 퓌드돔 산 위에서 실시되었다. 산 정상과 산비탈이 시작되는 곳에서 수은 기둥은 3인치의 차이를 나타냈다. 나중에 파스칼은 사이펀을 이용한 실험으로 대기압의 원리를 성공적으로 설명했다.

토리첼리는 기압계(압력 계량기)의 상단에 있는 공간에 이른바 토리첼리의 진공을 생기도록 했다. 마그데부르크 시의 시장으로 프랑스와 이탈리아를 여행했던 오토 폰 게리케(Otto von Guericke)는 용기(容器)에서 공기를 뽑아내는 방법으로 공기펌프의 제작에 성공했다. 비록 그의 작업은 1673년이 될 때까지 발표되지 않았지만, 1657년에는 그의 실험 결과들이 널리 알려져 있었다.

보일의 법칙

아일랜드의 리스모어 성에서 태어난 보일*(Robert Boyle 1626~1691; 아일랜드의 화학자)은 유명한 코크 백작*(리처드 보일, 당대의 영국, 아일랜드 일대에서 가장 부유했다. 자수성가한 신사 부류였으나 유명한 가문은 아니었다)의 일곱 번째 아들이며 열네 번째 자녀로 태어났다.

그는 일찍부터 공기는 작고 대부분이 유연한 미립자의 덩어리일 뿐이라는 데카르트의 이론은 물론 공기와 관련된 실험들을 잘 알고 있었다. 1659년에 그는 《공기의 탄성에 관한 물리, 역학적 새로운 실험들》을 집필했으며, 때로는 탄성(spring)이라는 단어 대신 탄사(彈絲: elater)를 쓰곤 했다. 이 논문에서는 자신의 제안으로 조수인 로버트 후크(Robert Hooke)가 제작한 개량된 공기펌프에 대한 실험들을 설명했다.

보일을 비난하던 사람들 중의 한 명인 루벤(Louvain)의 교수는 공기에는 무게와 탄성이 있다는 것을 인정하면서도 이러한 특성이 그것들에 의한 것이라는 결과들을 설명하기에는 충분한 것이 아니라고 주장했다.

그로 인해 보일은 《공기의 탄성과 무게와 관련한 신조에 대한 변론》을 발표했다. 그는 공기의 탄성은 29 또는 30인치의 수은을 지탱하는 것보다 훨씬 더 높은 상황에서도 증명할 수 있을 것이라 생각했다. 자신의 이러한 견해를 뒷받침하기 위해 그는 최근의 실험을 인용했다.

그는 전체 길이가 12피트인 강한 유리관을 선택했다. (실험은 조명이 잘된 계단에서 진행되었으며 관은 끈에 매달려 있었다.) 유리관 하단의 끝으로부터 약 30cm 이상 떨어진 곳에서 가열하고 구부려 12인치 길이의 짧은 구간이 긴 구간과 평행이 되도록 했다.

짧은 구간의 상단은 밀봉되어 있으며 1/4인치 간격으로 48개의 눈금 표시가 되어 있었다. 마찬가지로 눈금이 표시되어 있는 긴 구간의 열린 구멍으로 수은을 쏟아 부었다. 처음에는 눈금이 표시된 구간 아래쪽의 둥근 부분 또는 구부러진 부분을 채울 정도로만 넣었다. 그렇게 하면 관은 기울어져 공기가 한 구간에서 다른 구간으로 통과하기 시작할 때 균등한 압력이 확실해졌다.

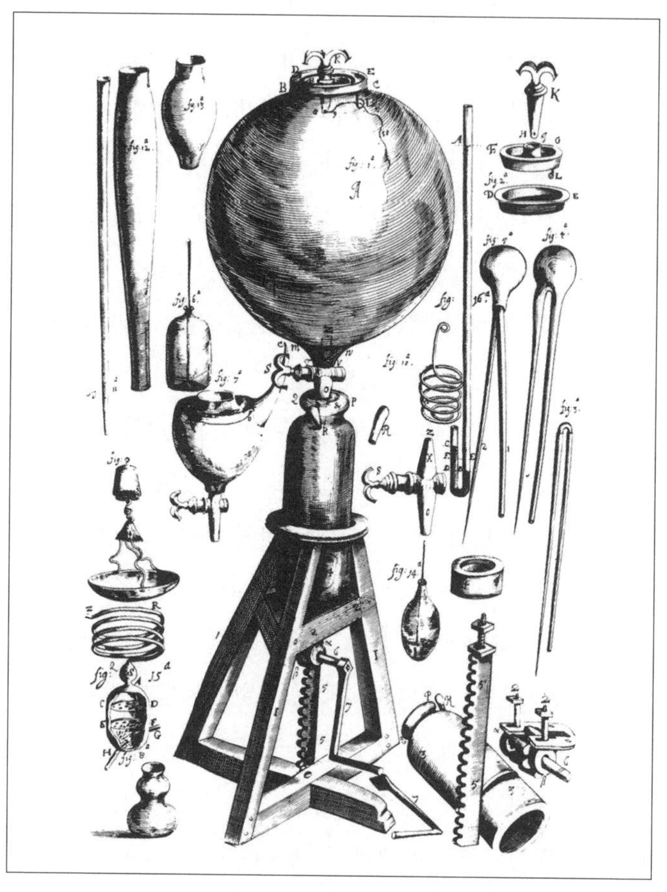

로버트 보일의 공기 펌프. 아버지의 유산으로 받은 재산을 과학 시설을 갖추는데 투자했다. 이 공기 펌프는 당시로서는 엄청난 비용으로 제작된 유일한 것이었다. 보일은 압력과 부피의 관계 외에, 불꽃과 생명이 공기 중의 뭔가에 의존한다는 것을 보여주는 실험을 통해서 산소의 발견에 다가서게 했다.

그후 더 많은 수은을 넣게 되면 그 때마다 짧은 구간 내의 공기는 1/2 또는 1/4인치로 압축되고, 긴 구간 속에 있는 수은의 높이가 기록된다. 보일은 압축된 공기는 긴 구간에 있는 수은기둥의 압력에 더하여 수은의 29 2/16인치와 동등한 관 입구에 있는 대기의 압력을 지탱한다고 추론했다. 그 결과들 중의 일부는 다음과 같다.

짧은 구간의 공기가 12에서 3인치로 압축될 때, 수은의 압력은 117 9/16 인치 이하이다. 4인치로 압축될 때는 87 15/16인치 이하이며, 6인치로 압축될 때는 58 13/16이며, 9인치일 때는 39 5/8인치이다. 물론 실험을 시작할 때 짧은 관에는 12인치의 공기가 있었으며, 수은 29 2/16인치와 동등한 대기의 압력 하에 있었다.

신중한 성격이었던 보일은 이 실험에서 너무 일반적인 결론을 이끌어 내려고는 하지 않았다. 하지만 실험 결과들에 약간의 불규칙성을 허용한다면 압력을 받은 공기는 본래의 양에서 1/2이 되고, 저항은 두 배가 된다는 것은 분명했다. 그리고 만약 줄곧 반으로 줄인다면 — 예를 들어 6인치에서부터 3인치까지 — 일반적인 공기저항의 네 배가 된다. 실제로 보일은 압력과 팽창은 반비례한다고 가정하는 가설을 유지했다.*(보일의 법칙; 기체의 양과 온도가 일정하면 압력과 부피는 서로 반비례한다.)

Chapter 08

과학의 협동

영국왕립학회

과학교육의 개혁을 이끌다

1637년에서 1687년에 이르는 기간은 서로 다른 신앙과 국적, 직업 그리고 사회계급의 사람들이 진실의 추구에 협력하는 것이 과학 발달을 위해 중요하다는 좋은 실례를 제공한다.

이전에도 그랬지만 이 시기가 시작될 무렵 협력의 필요성은 사회적 기질과 관심사가 명확했던 두 사람, 즉 프랑스 신부인 메르센*(Marin Mersenne 1588~1648; 프란체스코 수도회 신부였으나, 메르센 살롱을 운영하며 당대 학자들의 교류에서 중심적인 역할을 했다)과 신교도 상인인 사무엘 하트립(Samuel Hartlib 1600~1662)의 활동에 의해 나타났다.

메르센은 지칠 줄 모르고 활발하게 편지를 교환하던 사람이었다. 굳이 다른 과학자나 철학자들을 언급하지 않더라도 갈릴레오, 장 레이(Jean Rey), 홉스(Hobbes), 데카르트, 가상디(Gassendi)에게 보낸 그의 편지는 당시 학문의 백과사전을 만들어낼 만한 것이었다.

수학자이며 실험자였던 그는 빈틈없는 질문으로 토론과 연구를 이끌어내는 소질이 있었다. 그를 통해 데카르트는 홉스와 실험적 방법의 대가인 가상디와 토론을 벌였다. 다른 많은 사람들과 마찬가지로 하비와 갈릴레오 그리고 토리첼리는 그를 통해 세상에 널리 알려졌다.

과학 교류가 부족하고 과학 간행물이 없던 시절에 그의 편지는 당대의 학자들 사이에서 통신사와 같은 역할을 했다. 파리의 쟁쟁한 인사들이 그의 주변으로 모여들었던 것은 놀라운 일이 아니었다. 1636~37년의 겨울에 홉스는 수개월 동안 이 과학자들의 모임에서 매일 교류를 했다.

비록 하틀립은 과학자로서 메르센과 어깨를 나란히 할 수는 없겠지만 영향력은 그에 못지않았다. 관대하고 박애주의적인 성향의 그는 인간적인 삶의 개선을 위해 노력했다. 그의 주된 관심사는 교육과 향상된 농업 방식에 있었지만 공공복리를 위한 모든 계획에 대한 그의 극진한 관심은 호레이스 그릴리(Horace Greeley)와 공통점이 있었다.

영국의 쇄신을 위해 하틀립이 품었던 주요한 희망들 중의 한 가지는 보헤미아 형제단(모리비안)의 주교이며 교육 개혁가인 요안 아모스 코메니우스*(Comenius; 체코의 교육자, 종교 개혁가)의 가르침에 기초한 것이었다.

코메니우스는 자신이 가장 소중하게 여기는 계획들을 대중들에게 밝히는데 주저했지만, 1637년에 그의 열성적인 제자는 코메니우스에게 알리지 않고 자신의 책임 하에 옥스퍼드 도서관에서 《코메니우스의 노력을 위한 서론들》을 발간했다.

이 책에는 하틀립의 서문 외에도 이 위대한 교육자의 논문으로 과학과 기술의 백과사전식 지식을 나누는 방법을 다룬 《기독교의 백과사전식 지식의 양성소》를 포함하고 있다.

이 두 친구는 베이컨 철학의 추종자였다. 그들은 당시의 다른 많은 사람들과 마찬가지로 1627년과 1670년 사이에 10판을 거듭했던 《새로운 아틀란티스》에 영향을 받았다.

영국왕립학회 설립을 기념하며 찰스 2세에게 왕관을 씌우고 있다. 베이컨(오른쪽)과 윌리엄 브룽커(왼쪽).

이 책에서 베이컨은 부문별로 나누어진 36명의 특별회원으로 구성된 대학을 설립하자는 계획을 제시하고 있다. 이것은 국가에 의해 지원되는 오늘날의 연구 전문대학이라 부를 수 있는 것이었다. 1638년에 코메니우스가 (그는 학창시절에 베이컨이 제시했던 방침에 대한 백과사전을 집필했던 알스테드Alsted의 영향을 받았다) 가슴속에 품고 있던 교육 사업을 실행에 옮기기 위해 대학 수준의 단체가 필요하다고 주장했던 것은 전혀 놀라운 일이 아니었다.

1641년에 하틀립은 《새로운 아틀란티스》의 방식을 따른 소설 작품을 발표했으며, 이것을 장기의회에 헌정했다. 같은 해에 그는 코메니우스에게 런던으로 와줄 것을 강권했으며 또 다른 작품인 《학교의 개혁》을 발표했다. 그의 영향력은 매우 컸으며, 그 영향력을 자신이 귀화한 국가에 행사하는 것을 주저하지 않았다. 모든 사람이 하틀립을 알고 있었으며 그는 영국 사회의 모든 계층의 사람들을 꿰뚫고 있었다.

그의 아버지는 폴란드와 독일의 엘빙*(폴란드어로 엘블롱크)에서 활동했던 상인이었으며 어머니는 폴란드 그단스크에 있던 영국 상사 대표의 딸이었으며 하틀립이 주로 생활했던 런던 상류사회에 친척들이 있었다.

그는 청교도 정부의 호감을 얻었으며 크롬웰*(청교도 혁명에서 왕당파를 물리치고 공화국을 세우는데 큰 공을 세웠다)이 사망한 이후에는 보일과 협력하여 보편적인 학습을 위한 국립회의를 설립하기 위해 노력했다.

런던에 도착한 코메니우스는 그 초청이 의회의 지시에 의해 이루어진 것이라는 사실을 알게 되었다. 의회는 교육 문제 특히 대학교육에 대한 문제를 해결하기 위해 노력하고 있었다. 옥스퍼드와 케임브리지에 대한 베이컨의 비판을 여전히 기억하고 있던 입법자들은 대학 교육과정에 개혁이 필요하다고 생각했다. 유럽의 대학들 간에는 더 많은 교류가 있어야만 하며 심지어는 국가에 의한 과학실험의 실시도 고려하고 있었다.

그들은 1597년에 그레셤대학과 1610년에 첼시대학이 설립되어 있던 런던에 대학을 설립할 것을 주장했다. 그레셤대학이나 윈체스터대학을 백과사전파 지식인들의 뜻에 따라 운영할 것을 제안했다.

코메니우스의 라틴어 학교. 1658년 츠비카우.

코메니우스는 과학의 발달에 전념할 보편적인 대학의 설립과 관련된 위대한 베이컨의 구상보다 더 확실하게 실행될 수 있는 것은 없다고 생각했다. 하지만 찰스 1세와 의회 사이에 벌어지고 있던 다툼이 백과사전적 지식이라는 꿈을 실현하려는 시도를 가로막았으며, 내전의 공포를 잘 알고 있던 그들은 낙담하여 대륙으로 돌아갔다.

그럼에도 불구하고 하틀립은 큰뜻을 포기하지 않았다. 그는 1644년에 밀턴(Milton)에게 교육 개혁이라는 주제를 제안하여 그로부터 짧지만 영향력이 있는 논문인 〈교육〉을 발표하도록 이끌었다. 이 논문에서 밀턴은 코메니우스에 대해서는 상대적으로 대수롭지 않게 언급했다.

하지만 대학교들에 대한 비판에 합류했으며 실용적이며 과학적인 성향의 그리스와 라틴 저자들(아리스토텔레스, 카토, 바로, 비트루비우스, 세네카)에 기초한 백과사전식 교육을 옹호했다.

그는 고전적인 명칭인 '아카데미'로 알려지게 될 교육기관의 설립을 위한 계획을 수립했다. 이 계획은 백과사전식 지식의 후원자들이 제시하는 방향으로 교육에 커다란 영향을 끼치게 될 것이었다.

과학의 보급을 위한 노력

같은 해에 외국에 머물다 영국으로 이제 막 돌아온 18세의 의욕적인 학생이었던 로버트 보일은 다정다감한 하틀립의 영향을 받게 되었다. 1646년에 그는 스승에게 경작방법에 대한 책들을 요청하면서 활용할 의도가 없는 지식은 소중히 생각하지 않는 새로운 철학적 대학에 대해 물어보았다.

몇 달 후에 그는 '보이지 않는 대학(Invisible College)'과 관련하여 하틀립과 편지를 주고받게 되었다. 얼마 후 그는 친구에게 보낸 편지에서 보이지 않는 대학 또는 그들 스스로는 '철학적 대학(the philosophical college)'이라 부르던 모임의 주요 인사들이 가끔씩 그들의 모임에 그를 받아들이기로 했다는 소식을 전했다.

보일을 초청했던 철학자들은 훗날 런던 영국왕립학회의 중심적인 인사들이었다. 그는 그들의 과학적 통찰력, 정신의 폭넓음, 겸손 그리고 보편적인 선의에 깊은 동질감을 갖게 되었다. 그는 1662년에 명확한 체계를 갖추게 된 영국왕립학회의 주요한 회원이 되었다.

1645년경에 런던에서 모임을 갖기 시작한 그들은 자연철학을 파고들던 뛰어난 인물들이었다. 그 모임에는 대기의 운행과 지표면 아래의 물의 흐름에 관심을 기울이던 윌킨스(Wilkins)와 수학자이며 문법학자인 월리스(Wallis)가 있었으며, 정치경제학자이며 이중바닥 배의 발명가로 21살 때인 1643년에는 파리에서 홉스와 함께 공부했으며 1648년에는 하틀립의 제안으로 산업교육에 관한 첫 번째 논문을 작성해 결국 아일랜드를 측량했던 다재다능한 페티(Petty)가 있었다.

그 외에 그래셤 대학의 천문학 교수인 포스터(Foster), 팔츠 출신의 테어도어 하크(Theodore Haak), 메레(Merret) 박사, 하비의 친구인 엔트(Ent) 박사, 언제든 확실하게 실험을 실행할 수 있었던 고다드(Goddard) 박사, 생리학자로 1654년에 간에 대한 논문을 쓴 글리슨(Glisson) 박사를 비롯한 의학계 인사들이 있었다. 그들은 일주일에 한번씩 우드 스트리트에 있는 고다드의 집과, 칩사이드에 있는 불스 헤드 테이번, 그리고 그레셤대학에서 모임을 가졌다.

영국왕립학회의 설립자로 여겨지는 크롬웰의 처남인 윌킨스 박사는 1649년에 워드햄의 총독으로 옥스퍼드로 이주했다. 그곳에서 그는 모임을 열었으며 월리스, 고다드, 페티, 보일을 비롯한 인사들과 실험을 주도했다. 그 모임에는 천문학에 관심이 있었던 워드(Ward; 훗날 샐스베리의 주교)와 저명한 의사이며 해부학자로 뇌에 관한 작품(《대뇌해부학》)의 저자인 토마스 윌리스(Thomas Willis)도 포함되어 있었다. 윌리스는 열병에 대한 또 다른 논문(〈열론(De Febribus)〉)에서 1643년의 내란 기간 동안 발생했던 전염성 장티푸스에 대해 설명했다.

런던에서 매주 모임을 이어가는 동안 옥스퍼드 그룹의 회원들도 각자의 형편에 따라 참석했다. 1658년까지 그레샴대학에서는 수요일과 목요일에는 렌(Wren) 박사와 루크(Rooke)의 강의가 끝난 후에는 토론을 위해 남아 있는 것이 관례였다.

크롬웰의 사망 이후에 국가가 불안정하던 기간 동안에는 모임이 원활하지 않았지만 1660년에 찰스 2세가 즉위하면서 안정을 찾게 되었다. 그 후 브라운커(Brouncker) 경, 로버트 모레이(Robert Moray) 경, 존 에블린(John Evelyn), 브레르톤(Brereton), 볼(Ball), 로버트 후크(Robert Hooke) 그리고 에이브러햄 코울리(Abraham Cowley)와 같은 새로운 이름들이 기록에 등장하기 시작했다.

단체를 보다 더 항구적인 형태로 만들기 위한 계획들이 논의되었다. 특히 1660년 11월 28일에는 물리-수학의 실험적인 학습의 증진을 위한 대학의 설립 계획이 논의되었다. 몇 달 후에 20명의 교수들이 배치되었으며, 그들 중 4명은 과학의 보급을 위해 지속적으로 순회하도록 하자는 코울리의 제안서가 발표되었다.

나머지 16명의 교수들은 '수학, 역학, 의학, 해부학, 화학, 동물사, 식물학, 광물학 등과 농업, 건축, 군사, 항해, 원예 그리고 모든 직업의 비결과 그것들의 개선점, 모든 상품의 제작법, 모든 자연적 마법 혹은 점술, 그리고 베이컨의 《신기관》에 부속된 자연사의 목록에 포함되어 있는 모든 종류의 자연적, 실험적 철학을 연구하고 가르쳐야' 했다.

영국왕립학회의 공식적인 초기 역사에서*(1667년 토머스 스프랫Thomas

Sprat이 출판했다)는 이 제안이 계획의 채택을 매우 앞당겼다고 밝히고 있다. 청년들을 교육시키고 싶어 했던 코울리는 엄청난 빚을 져야 했지만(4,000파운드) '그의 초안에 제시된 구체적인 항목들은 대부분 영국왕립학회가 지금 실천하고 있다.'

단체의 설립은 1662년 7월에 승인되었으며, 나중에 찰스 2세는 자신이 자연과학의 발달을 위한 영국왕립학회의 설립자이며 후원자라고 선언했다. 찰스 2세는 이 단체에 지속적으로 관심을 기울였으며 인간의 협력 행위에 의한 진리의 발견에 헌신했다. 그는 연구를 위한 주제들을 제안했으며 위도의 보다 더 정확한 측정에 그들이 협력해줄 것을 요청했다.

과학적 연구의 민주적인 정신에 적절한 관심을 보였던 그는 1661년에 처음으로 발표했던 사망률 통계에 대한 작품의 저자인 존 그런트(John Graunt)를 영국왕립학회에 직접 추천하기도 했다. 그런트는 런던의 소매상인이었으며 찰스 2세는 만약 그와 같은 소매상들을 더 많이 찾아내게 된다면 당연히 모두 다 기꺼이 받아들여야 할 것이라고 했다.

모여 있을 때 더 높은 경지에 이른다

다양한 종교와 국가와 직업을 가진 사람들을 자유롭게 받아들인다는 것은 학술회의 공인된 원칙이었다. 스프랫은 영국, 스코틀랜드, 아일랜드, 폴란드 또는 신교도의 철학에 기초를 두는 것이 아니라 인류의 철학에 기초를 둔다고 공개적으로 천명했다.

그들은 세계적인 문화의 확립(전쟁을 가장 혐오했다) 또는, 그들이 표현했듯이 모든 문명국가들을 통해 지속적인 지성을 추구했다. 심지어 학술회의 특별한 목표들을 위해 모든 국가들에 대한 호의적인 태도가 필요했다. 이상적인 과학자이며 완벽한 철학자는 북구 국가들의 근면과 탐구심을 가져야만 하며 이탈리아와 스페인 사람들의 냉정하고 신중하며 용의주도한 성향을 가져야만 하기 때문이다.

브레멘 출신인 올덴버그(Oldenburg)는 회장의 역할을 했으며(윌킨스와 함께) 외국과의 방대한 서신왕래를 수행했다. 네덜란드의 하위헌스는 1663년 초기의 회원이었으며 아우조트*(Adrien Auzout; 17세기 프랑스 천문학자), 소르비에르*(Sorbiere; 17세기 프랑스 철학자), 브런즈윅의 공작, 불리아우(Bulliau), 카시니(Cassini), 말피기, 라이프니츠(Leibniz), 레벤후크 (윈트롭과 로저 윌리엄스는 물론)가 초창기 10년 내의 기록에 등장한다.

이런 전세계적인 단체는 대학도시에 불과한 곳보다는 세계적인 중심도시에 있는 것이 적절할 것으로 보였다. 스프랫은 런던을 전 세계적인 철학의 자연스러운 근거지로 생각했다.

이미 언급했듯이 영국왕립학회는 다양한 직업들에 대해 배타적인 태도가 없었다. 학술회가 가끔씩 그렇게 불렸던 것처럼 진정한 동료의식의 정신이 그레셤대학에 널리 퍼져 있었다. 의료계, 대학, 교회, 법원, 군대, 해군, 상업, 농업 그리고 그밖의 산업계가 그곳에서 대표되었다.

사회적인 칸막이는 무너졌으며 수년간에 걸친 정치적, 종교적 다툼에서 벗어난 회원들은 서로 도우며 보편적인 번영을 위해 과학의 발전에 합류했다.

그들의 명확한 목표는 최고위 장군부터 가장 낮은 직공까지 모든 직업의 진보였다. 무역과 기계기술 그리고 발명의 촉진에 특별한 관심이 집중되었다. 그들의 여덟 개 위원회들 중의 한 곳에서는 무역의 역사를 다루었다. 다른 곳에서는 기계적 발명에 관심을 가지고 있었으며, 1662년에 왕은 그 어떤 기계장치도 그들의 엄격한 검사를 받기 전에는 특허권을 얻지 못하도록 규정했다.

후크의 습도계, 위조 동전의 탐지에 활용되는 보일의 액체비중계, 바람의 속도를 기록하기 위한 크리스토퍼 렌(Christopher Wren) 경(당대의 레오나르도 다 빈치)이 활용했던 평판풍속계 등 많은 위대한 발명들이 회원들로부터 나왔다.

제3위원회는 농업에 전념하여 학술회의 박물관에 상점과 광산, 바다 등의 생산품들과 진기한 물품들을 수집해 놓았다. 회원 한 명은 자연의 하찮고 평범한 현상들일지라도 관심을 가져야만 한다고 제안했다. 그렇게 그들은 단순함과 솔직함의 정신을 유지하기 위해 그들의 진지한 토론에서 지식인과 학자들의 언어보다 직공과 지방민 그리고 상인들의 언어를 적용하려 했다.

물론 학술회 내에는 재산과 여유가 있는 '자유롭고 구속받지 않는' 사람들이 대부분이었다. 그들의 태도는 두 가지 목적을 수행하기 위한 것으로 여겨졌다. 직접적인 이익을 위해 진실의 추구를 희생하려는 경향을 억누르는 것이었으며, 학술회의 차기 회장의 말에서 알 수 있듯이 그들에게만 중요한 것이 아닌 진실과 지혜 그리고 지식의 적용을 강조하는 것이었다.

두 번째 태도는 지도자들의 독단과 지지자들의 추종을 견제하는 것이었다. 주도하려는 위험에 빠지지 않고 지식을 보급하는 것은 어려운 일이며, 온건한 지성인은 단호한 연설 앞에 쉽게 실망한다는 것을 이해하고 있었다. 학술회는 그 어느 누구의 권위도 인정하지 않았으며 '그 어떤 것도 당연하게 받아들이지 말라'를 자신들의 모토로 채택했다.

이러한 태도 속에서 그들은 자신들의 주제와 방법론을 촉진시켰다. 실험적인 절차에 의한 과학적 진실의 탐구는 독단적인 태도를 지지하지 않았다.

초기의 모임들은 실험과 토론을 채택했다. 회원들은 혼자일 때보다 모여 있을 때 정신적 능력이 더욱 높은 경지에 오른다는 것을 인정했다. 그들은 다양한 견해를 기꺼이 받아들였으며 주변인들의 상식적인 판단을 수용했다. 마치 내전에서 개별적인 시민들이 직업적인 군인들과 힘을 모았던 것처럼 토론에 대한 비전문가들의 공헌은 무시되지 않았다.

그들은 모든 형태의 편협함과 불관용을 피하도록 교육받았다. 그들은 학자의 현학적인 태도를 피하려 했으며 모든 개인들은 연합된 정신의 상태에 책임이 있었다. 그들은 견문이 풍부한 모임의 일치된 선언을 높이 평가했다.

실험적인 방법에 의한 진실의 연구에서 그들은 '진정한 실험은 이러한 한 가지 사실과 불가분의 관계가 있다. 즉, 불변하며 고착된 기술은 절대 없으며 항구적인 법칙들에 의해 제한받지도 않는다.'라는 견해에 도달하게 되었다. 적어도 영국왕립학회의 초기에는 관용과 협력의 정신이 충만했으며 유례없이 시기심과 당파의 정신으로부터 자유로웠다.

특히 접촉을 확립하고 과학세계 전체를 통해 연구를 활발하게 만들었던 학술회의 연합된 노력에서 출판물의 역할이 중요했다. 1665년에 처음으로 출간되었던 〈철학회보〉는 현대 과학의 발달과 관련된 가장 중요한 정보의 원천이었으며, 그 외에도 영국왕립학회는 중요한 작품들을 많이 발간했다. 그것들 중에는 다음과 같은 것들이 초기의 성과를 보여준다.

뉴턴의 프린키피아가 이끌어낸 것들

학술회에서 뉴턴의 《프린키피아(Principia): 자연 철학의 수학적 원리》가 출간되어야 한다고 결정했을 때 물고기에 관한 윌러비(Willughby)의 책을 출간하면서 기금이 소진되었다는 것을 알게 되었다. 그로 인해 에드먼드 핼리(Halley)에게 그 자신의 비용으로 출판을 하도록 권했으며 그는 그렇게 하겠다고 약속했다. 그 직후에 영국왕립학회의 회장인 사무엘 피프스(Samuel Pepys 1633~1703)에게 뉴턴의 책을 인가해줄 것을 요구했다.

아이작 뉴턴. 고전역학과 만유인력에 대한 그의 업적은 인류 역사상 가장 영향력 있는 과학 혁명 중의 하나이다.

단순히 출판 비용을 부담했던 것만이 핼리가 《프린키피아》의 성공에 공헌했던 것은 아니었다. 그와 렌, 후크를 비롯한 학술회의 회원들은 1684년에 만약 케플러의 제3법칙이 진실이라면, 다양한 행성들에 작용되는 인력은 거리의 제곱에 반비례하게 된다고 추정했다. 그렇다면 중심인력이 거리의 역제곱으로 변하는 조건에서 행성의 궤도는 어떻게 되는 것일까?

핼리는 뉴턴이 이미 궤도의 형태는 타원일 것이라고 측정했다는 것을 알게 되었다. 뉴턴은 중력의 문제에 약 18년 동안 몰두해 있었지만 핼리가 권유할 때까지 몇 가지 해결되지 않은 문제들을 이유로 자신의 결과를 발표하는데 주저하고 있었다.

그는 이렇게 썼다. '나는 달의 궤도까지 펼쳐지는 중력에 대해 생각하기 시작했으며(1666), 달이 제 궤도를 지키는데 필수적인 힘과 지구 표면의 중력의 힘을 비교하면서 가장 근접한 답을 찾아냈다.'

그 해의 3월 초쯤에 후크는 학술회에 다양한 거리의 중력의 힘과 관련된 실험들에 대한 보고서를 전달했다. 뉴턴의 발견에 대한 동료들의 기록은 곳곳에서 다양하게 찾아볼 수 있었다.

최초의 궁정 천문학자인 플램스티드*(John Flamsteed 1646~1719; 영국 그리니치천문대를 설립하는데 공헌했다)는 행성 궤도의 측정을 위한 보다 정확한 자료를 제공했다. 원심력의 법칙의 경우 뉴턴은 하위헌스의 도움을 받았다. 두 가지 의문이 신중한 성격인 그를 머뭇거리게 했다.

그 중 한 가지는 자오선과 관련된 자료의 정확성이었으며 다른 한 가지는 구 껍질의 외부 지점의 인력에 대한 것이었다. 우리가 알고 있듯이 첫 번째 문제에 대해 영국왕립학회는 오랫동안 관심을 갖고 있었다. 과학 아카데미의 후원 하에 지구의 측정에 대해 연구했던 피카드(Picard)는 자신의 연구 결과를 갖고 있었으며, 1672년에 영국왕립학회 이전에 뉴턴의 관심을 끌게 되었다.

두 번째 어려움은 1685년에 뉴턴 자신이 일련의 동심 구 껍질은 외부지점에 마치 그것들의 질량이 중심에 집중되어 있는 것처럼 작용한다는 것을 증명하는 것으로 해결했다.

그의 계산 이후로 행성과 별, 혜성과 그밖의 모든 천체는 역선(力線)에 의해 영향을 받는 지점들이며 '우주에 있는 물질의 모든 입자는 상호간의 거리의 제곱에 반비례하는 힘으로 다른 모든 입자를 끌어당긴다.'

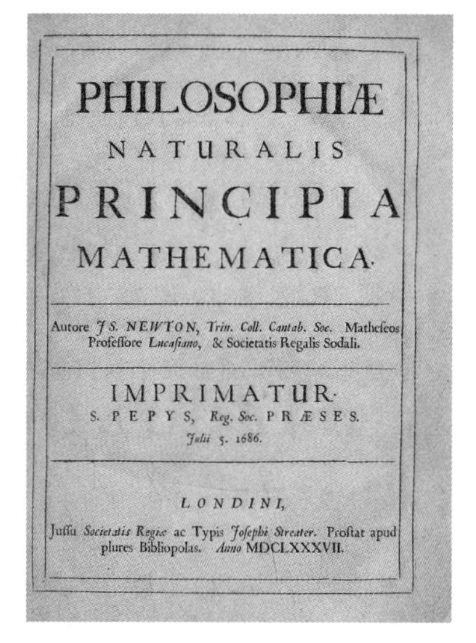
PHILOSOPHIÆ
NATURALIS
PRINCIPIA
MATHEMATICA.

Autore *J S. NEWTON*, *Trin. Coll. Cantab. Soc.* Matheseos Professore *Lucasiano*, & Societatis Regalis Sodali.

IMPRIMATUR.
S. PEPYS, *Reg. Soc.* PRÆSES.
Julii 5. 1686.

LONDINI,

Jussu *Societatis Regiæ* ac Typis *Josephi Streater*. Prostat apud plures Bibliopolas. *Anno* MDCLXXXVII.

뉴턴의 《프린키피아》 1687년. 물체의 운동에 관한 3가지 법칙을 증명했다.

그는 이 법칙으로부터 지구의 극지는 납작해야만 한다고 추론했으며, 달과 혜성의 궤도를 측정했으며, 분점(分點)들의 세차(歲差), 하루 두 번의 조류, 달과 지구, 태양과 지구의 질량의 비율을 설명했다.

라플라스(Laplace; 1749~1837)가 뉴턴의 《프린키피아》가 인간 지성이 만들어낸 모든 것들을 뛰어넘는 것이라 확신했던 것은 전혀 이상한 일이 아니었다. 뉴턴의 공적으로부터 핼리, 후크, 렌, 하위헌스, 불리오, 피카드 그리고 다른 많은 동시대인들은 물론이고 그들이 참여했던 단체는 그들이 이루고자 협력했던 결과의 영광을 공유하게 된 것이라 말하는 것은 전혀 비난이 될 수 없을 것이다. 반대로, 그는 사회적 공간에서 훨씬 더 눈에 두드러지는 것으로 보인다. 고행과 천재성의 독립성에도 불구하고 그는 한 체계의 부분을 차지했으며 그 법칙에 따랐던 것이다.

영국왕립학회의 설립 직후에 서신교환을 위해 위원회가 설치되었으며, 다른 모든 곳에 있는 사람과 집단의 협력을 얻는 수단으로 채택되었다. 회장인 존 모레이는 메르센의 사망 이후에 파리 과학계의 인물들을 끌어모으고 있던 몽모르(Monmort)에게 편지를 보냈다. 17세기가 끝나갈 무렵에 이런 인사들의 모임은 자연스럽게 1666년에 결성된 프랑스 과학 아카데미의 모체가 되었다.

일찍이 1673년부터 영국왕립학회의 회원이었으며, 브라운 슈바이크 공국에서 여러 해 동안 봉직했던 라이프니츠는 1700년에 베를린에서 프로이센 왕립 과학아카데미의 설립에 주요한 역할을 했다.

Chapter 09

과학 그리고 자유를 위한 투쟁

벤자민 프랭클린

지식을 전파하여 자유의 씨앗을 뿌리다

영국왕립학회의 회원들 중에서도 벤자민 프랭클린(Benjamin Franklin 1706~1790)은 뉴턴의 《프린키피아》에서 시작된 계몽의 시대를 가장 대표적으로 상징하는 인물이다. 프랭클린은 지적, 사회적 그리고 정치적 해방을 일관되게 추구하는 것으로 18세기를 대표한다. 미국과 영국을 비롯한 지역에서 여전히 향학열에 불타는 청년의 발전을 방해하는 가난, 미신 그리고 불관용의 세력에 맞서 냉정하게 분노하며 오랫동안 투쟁하면서 그는 과학이 가장 훌륭한 동맹이 될 것이라고 생각했다.

프랭클린 일가가 중세 유럽의 다른 나라들에서 사라지지 않고 있던 대군주의 지배로부터 벗어난 자유로운 가문이었다고 믿을 만한 이유들이 있다.

수백 년 동안 노스햄프턴 인근의 외진 지역에서 살았던 그들은 여러 세대에 걸쳐 대장장이와 농사꾼으로 지냈다. 프랭클린의 증조부는 지방 권력자를 풍자하는 시를 써 감옥에 갇히기도 했다. 할아버지의 네 아들 중

신대륙에서 영국의 식민지였던 미국의 독립을 위해 중추적인 역할을 했다. 유럽 과학자들의 영향을 받아 실생활에 유익한 과학 연구에 많은 업적을 남겼다.

장남은 대장장이가 되었지만 부동산 양도 전문가가 될 정도의 창의력과 학문적 능력을 갖추고 있었으며 능력 있고 공명심이 있는 인물로 인정받았다. 나머지 세 형제는 염색공이었다. 프랭클린의 아버지인 조시아(Josiah)와 그의 삼촌 벤자민은 비국교도였으며 자유로운 종교 활동을 위해 신대륙으로 이주할 계획을 준비하고 있었다.

그의 아버지가 신대륙으로 이주한 후 21년이 되던 해에 보스턴에서 태어난 벤자민은 10명의 아들 중 막내였으며 그의 형제들은 모두 무역업 견습생이 되었다. 아버지는 건전한 판단력을 갖춘 사람으로 집안에서는 분별 있는 대화를 장려했다. 오랫동안 이주하지 않고 남아 있던 삼촌 벤자민과 외할아버지는 전쟁과 불관용에 대한 반대를 시로 표현해냈다.

벤자민은 십일조의 명목으로 교회에 바쳐질 예정이었지만, 그를 대학에 보낼 돈이 부족했기 때문에 그 계획은 포기해야 했다. 라틴어 문법학교에서 일년, 산수와 작문 학교에서 일 년을 공부한 후 싫든 좋든 그의 정규교육은 끝나고 만다. 열 살이 되었을 때 그는 수지양초와 비누를 제조하던 아버지의 일을 돕기 시작했다. 바다로 가고 싶어 했던 그에게는 리더십과 모험심이 있었다.

그의 아버지는 그에게 가구장이, 벽돌공, 선반공, 놋갓장이, 칼장수 등을 비롯한 숙련공들의 가게를 방문하도록 하여 수공업의 즐거움을 느낄 수 있도록 했다. 마지막으로 그가 보여주었던 문학적인 성향 때문에 어린 소년은 자기 형인 제임스의 견습생이 되었다. 제임스는 1720년에 미국에 설립된 네 번째 신문인 〈뉴잉글랜드 커런트〉를 발행하기 시작했다.

벤자민 프랭클린은 일찍부터 《천로역정》, 역사책과 항해에 관련된 책, 신교도의 논쟁을 다룬 작품들, 그리스식 자유의 정신으로 가득 찬 플루타르크의 《영웅전》, 매서 박사의 《보니파키우스》 그리고 디포*(Daniel Defoe 1660~1731: 당대 최고의 베스트셀러가 된 《로빈슨크루소》의 저자)의 《발전계획에 관한 에세이》 등을 읽었다. 마지막 두 권은 그의 인생에 일어난 주요한 사건들에 영향을 끼쳤던 사고방식과 프랭클린식의 표현법을 제공했던 것으로 보인다.

열렬한 비국교도였던 디포는 (밀턴의 모델을 따라 설립된) 아카데미들 중의 한 곳에서 교육을 받았으며 특히 영어와 현대사에 관심이 많았다. 다른 과목들 중에서도 이 두 과목은 군사 아카데미와 국어의 향상을 위한 아카데미 그리고 여성을 위한 아카데미에서 장려하던 것이었다.

그는 문명화된 기독교 국가에서 여성에게 학습의 기회를 인정하지 않는 것은 야만스러운 일이라고 생각했다. 여성들은 독서 특히 역사에 대한 책을 읽도록 해야 한다고 생각했다. 디포는 전능한 신께서 여성들을 남성과 동일한 성취를 이룰 수 있는 영혼과 더불어 그처럼 훌륭하게 만들고서 그저 집안일과 요리 그리고 노예에 머물게 했다고 생각할 수는 없었던 것이다.

벤자민은 여전히 바다를 동경하고 있었지만 인쇄소에서 책들을 읽으면서 1720년의 보스턴이 지니고 있던 편협함에서 벗어나게 할 다른 수단들이 있다는 것을 인식하게 되었다. 그와 책을 좋아하는 또 다른 소년인 존 콜린스(John Collins) 사이에서 여성의 교육에 관한 논쟁이 벌어졌다. 논쟁은 서신교환의 형식으로 이루어졌다. 조시아 프랭클린(Josiah Franklin)의 사려 깊은 비평은 벤자민을 자신만의 문학 형식을 계발하겠다는 계획을 실행에 옮기도록 이끌었다.

하지만 《스펙테이터》*(영국의 보수 성향의 잡지)를 읽는 것 외에도 그가 일찍부터 적절한 지식을 추구하고 받아들이려 노력했던 것은 놀랄만한 일이었다. 그는 심리학의 현대적 신기원을 시작했던 존 로크의 《인간 오성론(Essay on the Human Understanding)》, 고결한 가톨릭의 뛰어난 단체가 파스칼에 대해 준비한 《팡세》*(1670년 초판—Port Royal Logic 이후에 '팡세'라는 제목으로 알려졌다), 로크의 제자인 콜린스(Collins)의 1713년 작 《자유사상의 강론》, 자유와 정의를 옹호하고 모든 박해를 배척했던 새프츠베리(Shaftesbury)의 도덕적 저작들(1708~1713)을 읽었다.

크세노폰(Xenophon)이 쓴 《기억할 만한 사건(Memorabilia)》의 번역본을 읽고 나서 소크라테스의 토론 방식을 익히고 그것을 자신만의 방식으로 소화하여 독단적인 태도를 피하려 노력했다.

빠르게 인쇄 전문가가 된 프랭클린은 일찍부터 신문에 글을 싣기 시작했다. 하지만 9년 동안 도제생활을 하기로 약속했던 그의 형은 그를 괴롭히고 때리기도 했다. 벤자민은 이 시기에 겪었던 가혹하고 폭압적인 대우가 자신이 평생 동안 독단적인 권력에 반감을 갖도록 만들었던 계기가 되었다고 생각했다.

그는 자신의 굴레로부터 벗어나야겠다는 강한 욕망을 품게 되었으며, 5년 동안의 노예상태를 겪은 후에야 비로소 기회를 갖게 되었다. 제임스 프랭클린(James Franklin)은 〈뉴잉글랜드 커런트〉에 기고한 공격적인 발언 때문에 법원에 소환되어 한 달간 감옥에 갇히게 되었다. 그 기간 동안 신문을 대신 관리하게 된 벤자민은 자기 형의 편을 들면서 통치자들을 강하게 비난했다. 나중에 제임스는 주 장관의 감독을 받지 않고는 신문을 발행할 수 없게 되었다.

그러한 어려움을 피하기 위해 〈뉴잉글랜드 커런트〉는 벤자민의 이름으로 발행되었으며 제임스는 은퇴를 공표했다. 이러한 눈속임이 의심받을 것을 두려워했던 제임스는 벤자민의 도제계약서를 폐기하면서 동시에 새로운 비밀계약을 맺었다.

하지만 형제들 사이에서 새로운 논란이 일어나게 되고, 편집자가 법정에서 두 번째 계약을 변호하지 않으려 한다는 것을 알게 되자 스스로 자신의 자유를 주장하는 처지가 되었다. 그는 최우선적인 원칙으로서 이 과정을 글로 작성해두지 않았던 것을 후회했다.

계약 문제에 대해 아버지의 꾸중을 듣게 되고 그 자신의 풍자적이며 이교적인 성향에 대한 공공연한 비난으로 보스턴에서 다른 직장을 구할 수 없었던 프랭클린은 다른 지역에서 새로운 일자리를 찾기로 결심했다. 그렇게 해서 17세였던 그는 보스턴을 떠나게 되었다.

뉴욕에서 직장을 찾을 수 없어 이런저런 어려움을 겪은 끝에 1723년 10월에 필라델피아에 정착하게 되었다. 보스턴에서 추천장을 가져오지 못한 그의 수입은 1더치(Dutch) 달러와 동전 1실링으로 줄어들었다. 하지만 (가난한 리처드가 말했듯이)*(1732년에 발간된 벤자민의 《가난한 리처드의 연감》은 삶의 지혜를 다룬 것으로 대중적인 인기를 얻었다) 기술이 있는 사람은 재산이 있는 것과 같다. 근면함, 인쇄공으로서 갖추고 있던 기술, 친절한 태도, 예리한 관찰 능력, 책에 대한 지식, 글을 쓰는 능력이 그의 자본이었다.

프랭클린은 주지사인 윌리엄 케이스(William Keith) 경으로부터 유망한 청년으로 인정받았으며 개인적인 자유와 자립에 대한 이해를 더 풍부하게 갖추게 되었다.

하지만 자유를 누릴 만한 자격이 있는 사람들에게 커져가는 자유는 책임감이 더 커진다는 것을 의미한다. 오류를 범할 가능성이 더 커진다는 의미이기 때문이다. 무엇보다 현명한 삶의 태도를 가지려 했던 프랭클린은 섣부른 계약으로 인해 19세와 20세를 무척이나 불안하게 살아야 했다. 언제나 열정적인 성품으로 친구를 위해 모았던 돈도 갚지 못하고 자신의 종교적, 도덕적 믿음의 불안정한 상태로 인해 무척이나 불안하게 보내야 했다.

비록 아버지의 지원을 받지는 못했지만, 그는 케이스의 권유를 받아들여 독립적인 인쇄소를 차리기 위한 장비의 구입을 위해 1724년이 끝나갈 무렵에 런던으로 떠났다.

그는 런던에 1년 반 동안 머물렀다. 대도시의 주요한 인쇄회사 두 곳에서 일하면서 그의 기술과 신뢰성은 즉시 높은 평가를 받게 되었다. 그는 당시 영국의 기술자들이 엄청나게 맥주를 마셔대는 술고래라는 것을 알게 되었으며, 동료 기술자들에게 보다 더 금욕적이며 위생적으로 먹고 마시는 자신의 습관을 받아들이도록 영향을 주었다.

이 시기에 윌리엄 울러스톤*(William Wollaston; 영국의 계몽주의 철학자)의 《자연 종교의 설명》이라는 책에 반감을 품게 된 그는 반박문을 작성했다. 그는 런던을 떠나기 전인 1726년에 소논문의 형태로 그 글을 인쇄했으며 훗날 그 글의 작성을 후회하게 되었다.

필라델피아로 돌아온 그는 퀘이커 교도인 상인에게 고용되었지만 그가 죽고 난 후에 예전의 고용주 밑에서 인쇄공으로 다시 일을 하게 되었다. 그는 사무실의 관리를 맡게 되어 그 자신만의 방식으로 운영하면서 미국에서 최초로 동판 인쇄를 발명해 뉴저지 주에서 사용될 지폐를 인쇄했다.

로버트 보일의 유언에 따라 열리게 된 강좌들에서 기독교를 옹호하는 강연의 내용은 프랭클린을 이신론자로 만들었다. 동시에 그의 도덕적인 의문들에 대한 견해는 명료해졌으며 그는 진실, 성실 그리고 정직이 인생의 행복에 있어 가장 중요한 것이라고 인식하게 되었다. 그 자신만의 독립적인 생각에 의해 얻게 된 것은 결국 무모하기보다 보다 더 신중한 사람이 되도록 만들었다. 그는 이제 자신만의 특징을 높이 평가하게 되었으며 그것을 지키기로 결심하게 되었다.

아직 21세였던 1727년, 그는 청년들을 불러 모아 사업에서 서로간의 이익을 꾀하고 도덕, 정치 그리고 자연철학에 대해 토론하는 일종의 동호회인 '비밀결사(Junto)'를 이끌었다.

그들은 관용과 자선 그리고 진실에 대한 사랑을 표방했다. 지폐의 발행이 사업에 끼치는 영향과 다양한 자연현상에 대해 토론했으며 인민의 권리를 침해하는 다양한 사례들을 예리하게 감시했다. 2년이 지나기도 전에(1729) 프랭클린은 친구와 인쇄회사를 설립해 〈펜실베이니아 가제트(Pennsylvania Gazette)〉를 인수했다.

이 젊은 정치인이 주지사 버넷*(William Burnet 1720~1728; 1727년 매사추세츠와 뉴햄셔 식민지의 총독)이 처음으로 제기했던 요구들에 맞선 매사추세츠 의회의 소송을 옹호했던 것은 전혀 이상한 일이 아니었으며 그는 열정적인 언어로 미국은 잉글랜드와 관계가 없는 국가라는 것을 언급했다.

1730년에 프랭클린은 동업자의 지분을 사들이고 그 해에 소크라테스식의 대화체로 작성된 미덕과 즐거움에 관한 작품을 출간했다. 이 글은 그의 전반적인 견해들이 급격히 발전했음을 보여준다. 그 무렵에 결혼한 그는 오랫동안 빚지고 있던 돈을 모두 갚았으며 자신의 도덕적 규칙과 종교적 신념을 더욱 명확하게 다듬었다.

1732년에 〈가난한 리처드의 연감〉을 연재하기 시작하면서 실용적인 교훈 속에서 생활하는 최선의 방식을 수수한 지혜로서 제공하겠다고 밝혔다.

1729년 초에 프랭클린은 〈지폐(Paper Currency)〉를 다룬 소책자를 발행했다. 이것은 지폐의 발행과 이자율, 토지 가치, 제조업, 인구 그리고 임금 사이의 관계에 대한 논의를 매우 상세하게 다루는 것이었다. 돈의 결핍은 노동계급과 손일하는 장인의 의욕을 반감시킨다. 사람들은 화폐의 특성과 가치를 전반적으로 생각해야만 한다.

이 에세이는 의회에서 그 목적을 이루었다. 이것은 당시의 사회적, 산업적 환경에 대한 프랭클린의 고찰로부터 이루어진 공헌들 중 최초의 것으로 최초의 미국 경제학자로 인정받게 되었다.

1751년에 식민지에서 철강제작소의 건립과 작업을 금지하는 영국 법령의 통과 이후에 인구의 문제를 논의했던 것도 동일한 정신에 입각한 것이었다.

과학과 민주주의, 그리고 인권

프랭클린에게 과학은 전혀 무관한 주제가 아니었다. 그는 시종일관 과학에 관심을 기울였으며 필라델피아의 시민으로서 애덤 스미스*(Adam Smith; 최초의 근대 경제학 저술 《국부론》의 저자), 맬서스*(Malthus; 영국의 경제학자, 《인구론》으로 유명하다) 그리고 튀르고*(Turgot 1727~1781: 프랑스의 경제학자)의 관심을 집중시켰던 여러 편의 논문을 작성했다.

1731년에 그는 최초의 공공도서관을 설립하는데 큰 힘을 보탰다. 도서관은 출판의 자유와 더불어 다른 국가에서 온 대부분의 신사들만큼이나 미국의 상인과 농부를 지적으로 만들어주며 자신들의 자유를 지키는 정신에 공헌한다는 것이 프랭클린의 판단이었다.

지식의 전파는 식민지에서 널리 이루어지고 있었으며 1766년에 프랭클린은 영국의 입법자들을 향해 자유의 씨앗이 식민지에 널리 뿌려졌으며 그것을 근절시킬 수 있는 것은 아무것도 없다고 말할 수 있게 되었다. 프랭클린은 의회의 서기 그리고 우체국장이 되었으며, 도시의 도로 포장과 조명을 개선했으며 미국 최초의 소방대와 경찰대를 설립했다.

그후 1743년에 공공자선의 정신으로 〈미국 내의 영국 농장들 사이에 유용한 지식을 보급하기 위한 제안〉을 출판했다. 여기에서 미국철학협회의 설립을 위한 계획의 밑그림을 그렸다. 이미 런던의 영국왕립학회와는 활발한 서신교환이 이루어지고 있었다. 100년 전에 하틀립, 보일, 피프스, 윌킨스와 그의 친구들을 활기차게 만들었던 것과 똑같은 정신을 프랭클린에게서 엿볼 수 있었다.

실제로 프랭클린은 단순히 실현성 없는 기대로만 그치고 있던 과학적인 발상과 산업계의 실용적인 기술의 결합을 구체화하는 역할을 했던 것이다.

같은 해인 1743년에 북동부에서는 폭풍으로 인해 필라델피아에서 월식(月蝕)을 볼 수 없었지만, 프랭클린이 형에게 배웠듯이, 약 한 시간 후에 폭풍이 닥치게 될 보스턴에서는 볼 수 있었다.

난로에 대해 잘 알고 있었던 프랭클린은 이 문제를 이렇게 설명했다. '굴뚝에서 연기가 피어오를 때, 공기는 정문에서 굴뚝 쪽으로 지속적으로 흐르지만, 그 움직임은 굴뚝에서 시작된 것이다.' 그러므로 용수로에서 물이 문 근처에서 멈추는 것은 공기가 잔잔해진 것과 같다. 그 문을 올렸을 때 물은 앞쪽으로 움직이지만, 말하자면, 그 움직임은 뒤쪽을 향해 일어난다. 그러므로 이 원리는 기상학에서 북동쪽의 폭풍은 남서쪽을 향해 일어난다고 정립되어 있다.

프랭클린은 이 발견의 실용적인 가치를 분명하게 알아차렸다. 험프리 데이비(Humphry Dav) 경이 언급했듯이 그는 어떤 경우에도 일반적인 응용에는 무관심했던 철학의 가식적인 품위를 드러내지 않았기 때문이었다. 사실, 프랭클린은 가끔 여가시간에 일종의 독창적인 소일거리로 즐기곤

했던 마방진*(魔方陣; 가로, 세로, 대각선 수의 합이 모두 같은 숫자 배열표)과 마술의 동그라미*(마법사가 땅에 그리는 원; 그 안의 사람은 마술에 걸린다는)에 대해 미안해하는 태도를 보였다.

폭풍의 확산에 대한 문제가 머리 속에 떠돌던 그 무렵, 그가 펜실베이니아 난로를 발명했던 것은 미국의 가정을 위해 싸고, 적합하며 표준적인 난방기구를 만들어내기 위한 것이었다. 그가 언제나 품고 있던 생각은 좋은 주거환경에서 잘 먹고, 잘 입고, 좋은 교육을 받는 자유로운 인민을 위한 것이었다.

1747년에 프랭클린은 과학에 대한 그의 주요한 공헌이라고 널리 인정되는 것을 만들어냈다. 그와 편지 주고받던 콜린스*(영국왕립학회의 회원이며 유용한 식물들에 관심을 가진 식물학자로 포도나무를 버지니아에 소개했다)는 필라델피아의 라이브러리 컴퍼니에 최근에 발명된 라이덴병*(Leyden jars; 전기를 저장하는 최초의 축전기)을 사용법과 함께 보내주었다. 이미 그와 비슷한 기구를 보스턴에서 본 적이 있던 프랭클린과 친구들은 본격적인 실험을 시작했다. 여러 달 동안 다른 일은 전혀 하지 않았을 정도로 이런 종류의 활동에서 그는 자발적이며 억누를 수 없는 기쁨을 느꼈다.

1747년 5월에 그들은 새로운 발견을 이루어냈고 곧이어 7월에 그 결과를 콜린스에게 알렸다. 그는 항아리 가까이에 뾰족한 막대기를 가져가는 것이 전하(電荷)를 빼내는데 더 효과적이며, 또한 뾰족한 막대기를 항아리에 부착시키면 전하를 없앨 수 있으며 전하의 축적을 막는다는 것을 관찰했다. 더 나아가 유리 내부와 외부의 전하의 성질이 다르다는 것도 발견했다.

그는 그 중 한 가지를 플러스로, 다른 것은 마이너스라고 불렀다. 또한 '우리는 B는 양전기를 띠며, A는 음전기를 띤다고 말한다.' 뒤페*(Charles Du Fay 1689~1739; 프랑스 아카데미의 화학자)는 유리 막대기와 수지 나무토막을 마찰시켜 발생시킨 두 가지 종류의 전기를 알게 되었으며 그것을 유리질과 수지질이라 했다.

프랭클린에게 있어 전기는 단일하고 예민한 유동체이며 전기적인 표시는 그것이 존재하는 정도에 따라 평형을 차단하거나 복원하는 것이었다.

하지만 그의 정신은 온통 그 다음의 활용과 적용을 위한 발명에 빠져들었다. 그는 '두 개의 라이덴병으로 구동되며 커다란 닭고기를 불에 굽기 전에 움직여 옮길 수 있는 전기 꼬치구이 기구'를 설계했다. 또한 전기에 의해 '자동으로' 바퀴를 움직이도록 하는데 성공했지만, 자신의 발견이 보다 큰 이익이 되도록 할 수 없는 것을 아쉬워했다.

나중에(1748년) 그는 번개와 라이덴병에서 발생하는 스파크 사이에 유사점이 많다고 생각했으며, 그것들의 성질이 동일하다는 것을 시험해볼 것을 제안했다. 그의 제안은 프랑스의 말리에게 영향을 끼쳤다. 그는 끝이 뾰족한 40피트 길이의 쇠막대를 수직으로 세워 폭풍우를 실은 구름으로부터 전기를 끌어들이려 했다. 폭풍우를 싣고 있는 구름을 관찰하면서 유리병에 붙여놓은 동선(銅線)을 막대기에 접촉시켰다. 1752년 5월 10일, 그러한 조건들이 충족되면서 동선과 막대 사이에 스파크가 생겼고 마침내 '지옥불과 같은' 냄새를 맡을 수 있었다.

번개가 전기를 방전한다

프랭클린의 유명한 연(鳶) 실험이 그 뒤를 이었다. 1753년에 그는 번개의 힘에 대한 확인과 통제에 대한 공로로 영국왕립학회로부터 훈장을 받았으며, 이어서 특별회원으로 선출되었고 프랑스 과학아카데미를 비롯한 여러 학회의 회원이 되었다. 비록 일부 보수적인 사람들은 불경스러운 일이라고 생각했지만, 1782년에는 필라델피아 한 곳에만 400개 이상의 피뢰

침이 있었다. 프랭클린의 선의와 명확한 개념 그리고 상식이 모든 곳에서 성과를 거둔 것이었다.

그가 과학에서 잠시 한눈을 팔았던 것은 1753년에 식민지의 우편업무를 관리하고, 1754년에 올버니 총회의 대표자로 식민지연합 계획을 입안했으며, 그 다음 해에 듀케인 요새 전투에 반대하는 브래독 원정로를 제공했을 때뿐이었다. 1748년에 물리실험에 전념하기 위해 인쇄회사를 매각했지만 시대의 상황이 허락하지 않았던 것이다.

1749년에 그는 펜실베이니아에 청년들의 교육에 관한 제안서를 작성했으며 그로부터 2년 후에 미국 최초의 전문학교가 설립되었다. 자신의 경험에서 비롯된 그의 계획은 너무 진보적이며 민주적인 것이어서 중등학교는 아직 그 장점을 모두 채택하지 못하고 있었다. 1753년에 인가된 학교는 차츰 발전하여 최종적으로 펜실베이니아대학이 되었다. 더 나아가 과학과 실용적인 학과를 교육과정에 도입하는 것으로 라틴 문법학교와 대학교로 출발했던 수천 개 학교의 본보기가 되었다.

프랭클린은 경제학, 기상학, 실천 윤리학, 전기학 그리고 교육학에 관계했을 뿐만 아니라 그의 전기를 쓴 작가에 의하면, 그가 독창적으로 공헌했거나 지적인 비평으로 발전시켰던 19가지의 과학 분야를 열거하기도 했다.

의학 분야에서 그는 이중초점 렌즈를 발명했으며 미국 최초로 공공병원을 설립했다. 항해술에서는 멕시코 만류와 바다 회오리를 연구했으며, 폭풍 시에 기름을 활용한 방수 격실을 갖춘 배의 건조를 제안했다.

농업에서는 구운 석고를 거름으로 사용하는 실험을 하고 장군풀의 활용을 미국에 도입했다. 화학에서는 습지 가스에 관한 지식으로 산소를 발견한 프리스틀리*(Priestley: 영국의 화학자, 산소를 발견한 것으로 유명하다)의 실험에 많은 도움을 주었다.

벤자민 프랭클린은 18세기 자연철학자로서 전기 실험으로도 유명하다. 뇌우 속에 펼친 프랭클린의 연 실험. 아주 위험한 실험이었으며, 번개와 전기 사이의 관련성을 입증하게 되었다.

그는 항공기가 전쟁에 사용될 것이라고 예상했다. 영국인들이 열기구에 대한 관심을 제때 갖지 못한다고 생각했던 그는 과학의 진보를 막는 허영심을 그냥 내버려두어선 안 된다는 글을 썼다. 가난한 리처드가 말하듯이, 허영심으로 차려진 식사는 수치를 먹는 일이다. 새들이 경사면을 비행한다는 이야기를 들었을 때, 그는 그 이전의 관찰들이 그런 발견에 즉각적인 반응할 수 있도록 했다는 것을 보여주는 반 장짜리 논문을 발표했다. 유럽 최고의 지성인들은 그의 신속함과 다재다능함을 따르려 했다.

그의 최면술에 대한 분석, 빛은 (번개처럼) 미묘한 유통체에 의존한다는 착상, 채색된 의복 실험들, 유행성 감기의 특징에 대한 견해, 천연두 예방접종과 환기장치, 채식주의에 대한 관심, 연기를 자체적으로 소멸시키는 난로, 증기선 그리고 특허권의 확보를 거부했던 그의 발명품들(시계와 하모니카 등)에 대해서는 길게 언급하지 않겠다.

하지만 그의 과학적 통찰력을 보여주는 많은 예들 중에서 한 가지는 더 소개하고 싶다. 일찍이 1747년에 지질학에 관심을 갖고 있던 그는 앨러게

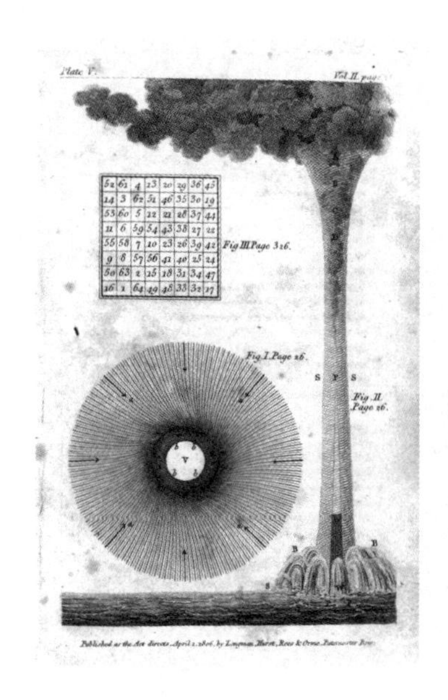

프랭클린의 논문 《워터 스파우트와 회오리 바람》의 삽화.

니(Alleghany) 산맥의 최상층부의 지층에서 바다 조개껍질의 화석 견본을 보게 되었다.

나중에 그는 바다가 한때는 보다 높은 수위를 유지하고 있었거나 지진의 힘에 의해 지층이 상승했을 것이라고 설명했다. 그러한 자연의 변동이 전적으로 유해한 것만은 아니다. 오늘날 서로 다른 종류의 아주 많은 지층들이 나타나는 것에 의해 땅의 활용이 더 쉬워지며 인류가 편리하고 편안하게 거주할 수 있도록 해주기 때문이다.

그는 만약 지구가 중심까지 견고했다면 이러한 대격변이 발생할 수 없었을 것이라고 생각했다. 오히려 지구의 표면은 대단히 특별한 중량의 유동체 위에 얹혀 있는 껍데기이므로 파괴될 가능성이 있으며 격렬한 움직임에 의해 혼란에 빠질 수도 있다고 생각했다.

1788년에 프랭클린은 자기(磁氣)와 관련된 의문과 추론 그리고 지구에 대한 이론을 집필했다. 지구는 철광석의 발달에 의해 자성(磁性)을 띠게 되는 것일까? 행성이나 항성 사이의 힘보다는 오히려 자기력은 아닐까? 지구보다 더 큰 자기력을 지닌 혜성이 가까이 통과하는 것이 극지를 변화시키는 수단이며 그로 인해 지표면을 파괴하고 교란시키며 해수면을 상승시키거나 억누르는 것은 아닐까?

여기에서 우리는 그의 정치적인 이력에 대해서는 직접적으로 거론하지 않았다. 식민지 총독에 대한 견제 그리고 미국의 뛰어난 외교관으로서 그리고 독립선언서, 베르사유 조약, 미국 헌법의 서명자로서의 활동은 물론, 80~82세에 펜실베이니아 최고 행정회의의 의장이었던 것에 대해서는 언급하지 않았다.

84세이던 그는 노예제도 폐지를 추진하기 위한 협회의 회장으로서 의회에 제출한 인간성의 잔학한 타락을 거부하는 탄원서에 서명했으며, 사망 직전까지도 언제나처럼 활력과 유머, 지혜와 자유에 대한 열렬한 사랑으로 그 탄원서를 옹호했다.

튀르고는 프랭클린의 일생에 대해 하늘에서는 번개를, 폭군의 손아귀에서는 왕권을 빼앗아 왔다고 재치 있게 요약했다. 그의 정치적, 과학적 활동들은 모두 똑같은 감정 즉, 전제적인 권력의 행사에 대한 증오와 인간의 행복을 위한 열망에서 비롯된 것이기 때문이었다.

71세부터 80세가 될 때까지 파리에서 미국을 대표하여 지혜와 예의 바른 행동으로 잘 교육된 민주주의의 최선의 결실을 실증해주었던 이 소박한 시민에게 경의를 표하기 위해, 인권선언을 공표했던 프랑스 의회가 잠시 그들의 공식일정을 멈추었던 것은 전혀 놀랄 만한 일이 아니었다.

Chapter 10

과학의 상호작용

베르너, 허턴, 블랙, 홀, 스미스

지질학, 논쟁으로 시작된 새로운 과학

지구의 지각(地殼) 밑에는 불같이 뜨거운 덩어리가 존재한다는 프랭클린의 견해는 당시에는 널리 인정되지 않았다. 실제로는 암석 덩어리의 형성과 변형에 내부적이거나 화산작용에 의한 불의 어떤 부분이 역할을 하는지가 대단히 활발하게 논쟁되고 있던 문제였다.

각기 다른 목적과 다양한 과학 교육을 바탕으로 지질학을 연구하게 된 사람들이 서로 다른 견해들을 제시했으며, 지각에 대한 과학의 발전은 다양한 견해들을 대표하는 학자들이 속해 있던 다양한 과학 분야의 상호작용에 적지 않은 신세를 지고 있다.

베르너(Abraham Gottlob Werner 1750~1817)는 화산활동이 지질학적 지층의 주된 원인들 중의 한 가지라고 인정하는 것에 반대했던 사람들 중에서도 가장 큰 영향력을 끼치는 인물이었다. 그는 작센에서 태어났으며 300년 동안 채광과 쇄석작업에 종사해온 가문에서 태어났다.

그들은 게오르기우스 아그리콜라*(Georgius Agricola 1494~1555; 독일의 광물학자, 의사)가 지역 철광산업계의 전통적인 지혜를 바탕으로 그의 유명한 야금학과 광물학 작업을 준비하고 있을 때 작센 지방에서 활동하고 있었다. 베르너의 아버지는 철공소의 직공장이었으며 자기 이름도 제대로 발음하지 못하던 어린 아들에게 광석 표본을 장난감으로 주었다고 한다.

1769년에 베르너는 프라이부르크에 새롭게 설립된 프라이부르크 아카데미(철광학교)에 입학했다. 1774년에 광석의 외적인 특성들을 밝힌 글에서 밝혔듯이, 3년 후에 애초에 가고 싶어 했던 라이프치히대학으로 진학했다.

그 다음 해에 광물학과 광물표본 관리자로서 프라이부르크로 돌아갔다. 그는 광물의 분류에 전념했으며 그런 면에서는 박물학자인 뷔퐁(Buffon) 또는 식물학자인 린네(Linne 1707~1778)와 비교될 수 있다. 그는 화학작용이 분명하지만 느리게 진행된다는 것을 알고 있었다. 그의 방법론은 실용적이며 직관적인 현장 중심이었다. 광물의 색깔과 경도, 무게를 관찰했으며 신속한 감정을 해나가는 과정에서 청년다운 기쁨을 경험했다.

그는 실제적인 취관(吹管) 실험을 설명한 크론스테트(Cronstedt)의 광물학 책을 번역했다. 광석들의 감정을 마친 후에 베르너는 광석의 발견과 저장 위치, 지리학적 분포 구역 그리고 다양한 종류의 암석들의 상대적인 위치, 특히 어느 한 가지 지층이 다른 지층과 관련하여 지속적으로 병렬되거나 중첩되는 것에 관심을 가졌다.

베르너는 매력적인 태도를 갖춘 설득력 있고 체계적인 선생님이었다. 그는 줄곧 광업에 대해 실용적인 목표들을 마음속에 간직하고 있었으며, 얼마 지나지 않아 많은 사람들이 유럽의 전지역에서 그의 강의를 듣기 위해 프라이부르크로 몰려들었다. 그리 오래지 않아 모든 나라에 그의 제자들이 있게 되었다. 그는 모든 현상들을 지질학자의 관점으로 바라보았으며, 광물의 경제적인 가치만큼이나 약용으로서의 가치도 알고 있었다.

그는 토양과 바위의 관계 그리고 그 두 가지가 민족적인 특성에 영향을 끼친다는 것을 알고 있었다. 건축용 석재는 건축 방식을 결정한다. 산맥과 강의 경로는 군사적인 전술과 관련이 있다. 그는 자신의 언어학적 지식을 설명하는 데 활용했으며 지질학에 명확한 명명법을 제공했다.

독일의 광물학자, 지질학자인 알프레드 베르너.

훔볼트(Alexander von Humboldt), 로버트 제임슨(Robert Jameson), 다우비슨(d'Aubuisson), 바이스*(Weiss; 프뢰벨Froebel의 스승)는 그의 학생이었다. 결정학과 광물학은 인기를 끌게 되었다. 괴테(Goethe)도 열광적인 애호가였으며, 셸링(Schelling)과 같은 철학자들은 신과학에 매료되어 물질적인 우주를 거의 신격화했다.

베르너는 모든 암석들은 일반적인 원시 바다인 수성(水成) 용제(溶劑)로부터 화학적 또는 기계적인 결정화에 의해 생긴 것이라고 생각했다. 그는 지구의 중심부에 불같은 덩어리가 존재한다고 믿는 암석 화성론자(火成論者)들과 대립하는 암석 수성론자(水成論者)였다.

베르너는 지구가 양파의 층처럼 보편적인 지층을 보여주며 산들은 침식, 침강, 함몰에 의해 형성된 것이라고 생각했다. 그는 화강암이 화학적인 침전에 의해 동식물이 나타나기 이전에 형성된 (유기적 잔존물이 없는) 원시 암석이라고 판단했다. 규토질의 석판(石板)은 나중에 기계적인 결정화에 의해 형성된 것이었다.

이 시기에 조직화된 화석이 처음으로 나타났다. 베르너에 따르면 퇴적암과 현무암은 오래된 붉은 사암처럼 세 번째 부류에 속한다. 표적물, 모래, 잡석(雜石), 표석(漂石)이 그 다음에 나타났으며 마지막으로 화산암, 화산재, 경석(輕石)과 같은 화산 작용에 의한 산물들이 나타났다. 그는 모든 현무암은 물에서 비롯되었으며 지극히 최근에 형성된 것이라고 확신했다.

그의 가르침 중 이 부분은 즉시 공격을 받았다. 그는 금속을 함유한 광맥을 다룬 소중한 논문을 작성하는 데 있어 근본적인 목적에 충실했지만 그것에서도 그의 전반적인 견해는 분명했다. 광맥들은 갈라진 틈이 결정화에 의해 수성 용제로부터 위에서부터 채워진 것이라고 믿었기 때문이었다.

베르너가 프라이부르크에서 교육을 시작하기 전에 프랑스의 지질학자인 데스마레스트(Desmarest)는 오베르뉴 지역의 현무암을 특별히 연구하고 있었다. 수학자로서 그는 그 지역을 삼각법으로 측량할 수 있었으며, 다양한 시대의 화산 분화구, 강의 경로를 따르는 용암의 흐름 그리고 현무암과 용암, 화산암의 찌꺼기, 화산재의 관계 그리고 그 밖의 화산 활동에 의해 알게 된 산물들을 보여주는 지도를 작성했다.

1788년에 그는 프랑스 제조업의 감찰감이 되었으며, 그후 세브르(Sevres)의 도자기 제품들의 감독자가 되었다. 그는 90세까지 살았으며, 암석 수성론자들이 논쟁에 끌어들일 때마다 이 늙은 사내는 그저 '가서 확인하시오'라고 말할 뿐이었다.

지구과학은 철학으로 완성된다

스코틀랜드의 유명한 지질학자인 제임스 허턴(James Hutton 1726~1797)은 증거에 근거하지 않은 의견에 대해 그와 비슷한 반감을 품고 있었다. 그가 집필한 3권짜리 《지식의 원리들》에서 확인할 수 있듯이, 그는 엄격한 의미에서 철학자로 유명했다. 허턴은 에든버러의 고등학교와 대학에서 훌륭한 교육을 받았다. 논리학에 대한 강연에서 '왕수(王水)'를 예증하는 언급이 그의 마음을 화학 연구로 돌리게 했다.

그는 실험에 집중했으며 결국 석탄 검댕으로부터 염화 암몬석을 제조하는 공정으로 부자가 되었다. 그러는 동안에도 에든버러, 파리 그리고 레이덴에서 의학을 공부했으며 화학 연구도 계속했다. 버윅셔에 있는 땅을 상속받은 그는 노퍽에서 농업을 연구하면서 땅의 표면과 물줄기에 대해 관심을 갖게 되었으며, 나중에 플랑드르*(벨기에 북부지역)에서 이러한 연구들을 이어갔다.

농장 경영에서 대단히 큰 성공을 거두는 동안, 허튼은 버윅셔에 새로운 방법들을 도입했으며, 기상학은 물론 토양과 관련된 지질학에도 관심을 가졌다. 1768년에 재정적으로 독립한 허턴 박사는 에든버러에 정착하기 위해 은퇴했다.

그는 매우 온화하고 사교적인 인물이었으며 경제학자인 애덤 스미스 그리고 화학의 역사에서 탄산, 잠열(潛熱) 그리고 산화마그네슘, 생석회를 비롯한 알칼리성 물질들의 실험(1777)으로 널리 알려진 블랙(Joseph Black 1728~199)과 가까운 사이였다.

수학 교수이며 훗날 자연철학자가 된 플레이페어*(Playfair; 영국의 수학자, 허턴의 지도로 지질학 연구를 시작했다)는 허턴의 제자이자 가까운 친구였다. 동력 지질학의 창시자인 그는 1782년에 설립된 에든버러 왕립학회의 뛰어난 동료들을 비롯해 윌리엄 로버트슨(William Robertson), 케임스(Kames) 경 그리고 와트(Watt)와 같은 뛰어난 인물들로부터 자극을 받았다.

〈의사록〉의 첫 번째 책에는 그의 '비의 이론' 그리고 유명한 '지구의 이론' 중 첫 번째 설명이 포함되어 있다. 그는 마음이 넓고 열정적인 인물이

제임스 허턴. 지구 형성에 대해 지질학적 주장을 최초로 주장했다. 즉 침식, 퇴적, 반복적인 지진과 화산 활동과 같은 동일한 과정이 항상 작용하여 지구의 표면이 만들어지고 있다는 '동일과정설'을 논문으로 발표했다.

었으며 와트의 증기 엔진의 성능 향상과 쿡*(James Cook; 영국의 탐험가)이 남태평양에서 발견한 것들을 지켜보며 즐거워했다. 유럽인들에게 자연의 숭고함을 전해주었던 물리학자, 지질학자, 기상학자, 식물학자인 오라스 소쉬르*(Horace Saussure 1740~1799; 스위스의 자연과학자)의 도움을 받았다고 강조하거나, 언어와 일반 물리학 등에 대한 허턴의 연구들을 길게 열거하지 않더라도, 그의 정신이 광범위한 견해들을 수용할 정도로 이미 준비되어 있었던 것은 분명하다.

그는 자신의 희망에 대해, 과학의 특별한 분야에 대해 충분한 지식을 갖추고 있는 사람들이 그들의 재능을 일반 과학의 진흥에 활용하고, 목적과 수단이 물질계의 구성에 빈틈없이 조절되어 있는 위대한 체계에 대한 지식을 적용하도록 권유하는 것이라고 밝혔다. 그는 철학에 대해 인간 지식의 궁극적인 목적이면서 모든 과학이 적절하게 지향해야 하는 대상이라고 말했다.

과학은 분명 삶의 기술들을 발전시켜야만 하는 것이다. 하지만 '더 나아가 모든 삶의 기술이거나 단순한 동물적 본성의 모든 즐거움들은 인간의 행복을 위한 기술과 비교하여 교육에 의해 얻어지는 것이며 철학에 의해 완벽하게 되는 것이 아닐까'라고 했다.

인간은 자신을 알기 위해 학습해야만 한다. 창조된 것들 사이에서 자신의 위치를 확인해야만 한다. 즉, 도덕적 대리인이 되어야만 한다. 하지만 그가 이러한 자기 본성의 완성에 도달하는 것은 오직 전반적인 것들에 대한 학습으로만 이루어질 수 있다.

'그러므로 철학으로 나아가지 않고 과학을 추구하는 것이 무용한 일은 아니겠지만, 적절한 과학 없이 철학적으로 연구하는 것은 아무런 소용도 없다.'

1785년 초에 허턴 박사는 지극히 알기 쉬운 영어로 자신의 《지구 이론》을 96페이지의 분량에 담아 내놓았다. 지구는 특별한 목적, 즉 식물과 동물 그리고 무엇보다 질서와 조화를 계획하고 이해할 수 있는 지적인 존재들에게 거주 가능한 세상을 제공하기 위해 조절된 기계로서 연구되었다.

허턴의 이론은 지질학적 그리고 기상학적 활동들 사이의 유사성을 밝히는 것으로 쉽게 이해할 수 있다. 비가 지상으로 내려오고, 시냇물과 강이 빗물을 담아 바다로 가며, 바다에서 발생한 수증기가 구름이 되면서

알프스의 눈덮인 지형을 연구하기 위해 샤모니 몽블랑을 등정하는 소쉬르. 샤모니에는 과학적 등반의 아버지로 불리게 된 그의 동상이 건립되어 있다.

순환은 완성된다.

이와 비슷하게 토양은 높은 산에서 형성되어, 퇴적물이 되어 바다로 쓸려가고, 석화(石化) 작용에 의해 융기되어 다시 우뚝 솟은 산이 된다. 지구는 기계장치 이상의 것으로서 스스로를 영원히 회복하고 복원하는 하나의 유기체인 것이다. 그러므로 뉴턴이 많은 것들을 단일한 중력의 법칙 하에 놓았듯이 허턴은 지구상에서 일어나는 대지의 형성, 소멸 그리고 복원을 일반적인 원리로서 설명했다.

또한 뉴턴이 우주에 대한 인간의 이해를 확장시켰듯이 허턴은 시간에 대한 자신의 이해를 확장시켰다. 이 지질학자는 사물의 '기원'에 대한 설명을 시도하지 않기 때문에 기원의 흔적을 찾거나 최후에 대한 전망도 하지 않는다. 동시에 가설적인 원인이나, 파국 또는 자연의 갑작스러운 격변도 끌어들이지 않는다.

또한 그는 (베르너처럼) 현재 나타나는 현상들이 한때는 없었던 것이라 믿지도 않는다. 단지 모든 지질학적인 변화를 현재 실행되고 있는 과정으로 설명하려 할 뿐이다.

계곡의 토양을 형성하기 위해서는 무수한 시간이 필수적이다. 하지만 "우리들의 '관념'으로 모든 것을 측정하며, 종종 우리들의 계획을 위해서는 부족하기만 한 시간이 자연에게는 무한하며 아무것도 아닌 것이다."

지구의 단단한 본체 속에 있는 해양동물의 석회질 유물은 다른 종류의 연대학에서는 거슬러 올라갈 수 없는 기간의 증거를 담고 있다. 오늘날 관찰될 수 있는 것에 근거한 허턴의 상상력은 암석의 화학적이며 기계적인 풍화를 그려내면서, 원시적이며 거대한 알프스의 경사면으로부터 커다란 화강암 표석(漂石)을 나르고 있는 빙하류(氷河流)에 주목했다.

그는 개울과 강은 고유한 계곡 형성 방식으로 만들어졌고 또 만들어지고 있으며, 만약 지구가 훼손과 복원이 연계된 회복 가능한 유기체가 아

이탈리아 나폴리 부근의 베수비오 산은
약 1700년 전부터 여러 차례 분출된 활화산이다.

니라면 지속적으로 진행되고 있는 침식이 궁극적으로 식물과 동물과 인간의 생명 유지에 치명적인 역할을 할 것이라고 믿었다.

모든 지층은 퇴적으로 생긴 것으로, 바다 밑에서 물의 압력과 지중의 열에 의해 강화된 것이다. 지층은 어떻게 해저에서 융기될 수 있을까? 지층을 견고하게 만들었던 것과 동일한 지중의 힘에 의한 것이다.

허턴은 물질을 팽창시키는 열의 힘은 우리가 알고 있는 한 무한대라고 말한다. 우리는 높이 치솟은 분화구로부터 녹아내린 암석이 흘러내리고 엄청나게 큰 바위들을 대기 중으로 내던져지는 것을 눈으로 보지만 베수비오 산과 에트나 산 자체가 화산 활동에 의해 형성되었다는 것을 믿기 어려워한다는 알게 된다.

지구의 내부는 녹아내린 유동체 덩어리이지만 열의 활동에 의해 변하지 않을 수 있는 것이다. 화산들은 공기구멍 또는 안전판으로서 지구의 표면에 광범위하게 분포되어 있다.

허턴은 일반적으로 단단하고 거뭇한 현무암은 불에서 비롯된 것이라고 믿었다. 더 나아가, 화강암도 동일한 분류에 포함시키면서 유동체 상태에서 금속을 함유한 암맥으로서 지층을 이루는 암석 속으로 주입된 것이라고 믿었다.

만약 그의 가설이 옳다면 화강암은 거대한 덩어리로부터 암맥을 밀어내 지층을 이루는 암석으로 파고들어 지층과 지층이 만나는 곳에서 노출되는 것이 발견되어야 한다. 그의 추론은 스코틀랜드의 글렌 틸트 협곡(그리고 애런 섬)에서 확인되었다.

허턴은 자신의 견해가 입증되었다는 것에 뛸 듯이 기뻐해서 스코틀랜드의 안내인은 그가 금이나 적어도 은을 발굴한 것으로 생각했을 정도였다고 한다. 틸트 강의 하상에서 그는 반 마일 내의 여섯 개 지점에서 붉은 화강암이 반짝이는 검은 편암(片岩)을 파고들었으며 격렬한 힘으로 아래쪽으로부터 기존의 층으로 밀고 들어간 흔적을 볼 수 있었다.

허턴은 자연 속에는 지혜와 체계 그리고 일관성이 있다는 자신의 견해가 확인되었다고 생각했다. 화산과 지진일지라도 우연한 사고이거나 신적인 분노의 독단적인 표현이 아니라 자연 질서의 일부이며, 지층을 밀어올려 금속의 광맥과 화성암을 주입해 거주 가능한 세상을 확실하게 연속시키는데 필요한 엄청난 힘을 이해하는 최상의 실마리인 것이다.

1795년에 허턴은 그의 이론을 보다 더 공을 들여 설명한 두 권의 책을 발행했다. 1802년에 플레이페어는 《허턴의 지구 이론에 대한 실례》을 발행했지만 단순화한 것이어서 당연히 독창성을 보여주지는 못했다. 사망하기 전인 1797년에 허턴은 소쉬르가 알프스 산에 관해 쓴 새로운 책들을 읽는데 몰두했으며 《농업의 요소들》의 집필을 준비했다.

실험 지질학의 창시자

던글래스의 제임스 홀(James Hall 1761~1832) 경은 허턴의 지질학 체계를 쉽게 받아들이지 않았다. 허턴의 세 가지 가설에 맞서는 논박들이 그에게 의구심을 갖게 했다.

용해된 후에 응고된 물질은 결정상(狀)의 산물보다 오히려 유리질을 구성하는 것은 아닐까? 화산 작용에서 비롯되었다는 단단하고 거뭇한 현무암을 비롯한 암석들은 왜 그 구조가 용암과 너무나도 다른 것일까? 대리석을 비롯한 그 밖의 석회암들은 이미 열에 의해 구워져 석회가 되었는데 어떻게 융합될 수 있었을까?

허턴은 압착에 가해진 지중의 열이 그러한 문제들을 해명할 수 있는 요인이라고 생각했다. 앞서 언급했듯이 그는 석회암에 대한 특별한 연구를 진행했으며 석회는 탄산의 배제를 통해 부식성을 얻게 된다는 것을 증명했던 블랙에 의해 이러한 견해를 강화할 수 있었다.

홀은 용해된 물질이 식는 속도가 어느 정도는 화성암의 구조에 관련이 있다고 추가적으로 추론했다. 라잇*(에든버러에 있는 도시)의 유리 작업에서 일어난 사고가 그 추론의 개연성을 강화시켰으며 그를 실험으로 이끌었다. 암녹색의 병유리 항아리는 천천히 식으면서 유리질의 구조보다는 암석 구조를 갖고 있다는 결과를 보여주었다.

유리로 실험하면서 홀은 급하게 혹은 천천히 식히는 것에 의해 그리고 동일한 표본을 사용해 마음대로 두 가지 구조를 모두 얻어낼 수 있었다.

나중에 그는 현무암 조각들을 흑연 도가니에 넣고 열을 반사하는 철 주물공장의 용광로 안에서 강렬한 열을 받도록 했다. (그는 열의 등급은 웨지우드Wedgwood와 상의했으며 화학자인 호프Hope 박사와 케네디Kennedy 박사와 상의했다.) 끓어오른 후에 급속히 식히면 도가니 속의 내용물은 흑연으로 나타났다.

홀은 그 실험을 반복하면서 점점 느리게 식히도록 했다. 그 결과는 유리도 현무암도 아닌 중간물질로 일종의 화산암재였다. 용광로 속에서 도가니를 다시 가열했으며 급히 꺼내 대기 중에 놓아두어 일정한 시간 동안 유지한 다음 식히도록 했다. 이 경우의 결과는 완벽한 현무암(whinstone)이었다. 표준적인 현무암과 다양한 화성암의 표본들에서도 비슷한 결과들이 얻어졌다.

다음으로 그는 베수비오 산과 에트나 산, 아이슬랜드 그리고 다른 곳의 용암으로 실험했으며 현무암과 비슷한 성질을 나타낸다는 것을 발견했다. 케네디 박사는 신중한 화학적 분석에 의해 이러한 두 가지 화성암 산물의 유사성에 대한 홀의 판단을 확인시켜 주었다.

더 나아가 홀은 초크와 분말 석회암을 자기관과 총신 그리고 쇠에 구멍을 낸 통에 넣고 밀봉한 다음 엄청난 고열을 가했다. 그는 용해시키는 것으로 대리석과 비슷한 결정상의 탄산석회를 얻게 되었다. 관 속에서 고압으로 누르면 탄산은 유지되었다. 의심을 품었던 그는 이러한 실험들을 통해 허턴의 이론을 확신하게 되었으며 실험 지질학의 위대한 창시자들 중의 한 명이 되었다.

지질지도의 완성

측량사이며 공학자인 윌리엄 스미스(William Smith 1769~1839)에게는 허턴이 견고한 지층 속의 유기 화석에 기인한다고 했던 연대기의 종들을 발전시키고, 이러한 지층들을 시대 순으로 배열하는 것으로 지사학(地史學)의 창시자가 되는 일이 남겨졌다. 이러한 과업을 위해서는 그가 받았던 초기의 교육은 적절하지 않았던 것처럼 보이기도 한다.

그의 유일한 학교 교육은 옥스퍼드셔에 있는 초등교육 기관에서 받았던 것이 전부였다. 하지만 어느 정도의 기하학 지식은 갖추고 있어 18세에 측량사 사무실에 조수로서 입문하게 된다. 그는 학문적인 재능은 없었으며 자신의 관찰들을 언제나 책보다는 지도와 그림 그리고 대화를 통해 성공적으로 전달했다.

하지만 그는 일찍부터 광석을 수집하기 시작했으며 토양과 식물의 관계를 관찰했다. 24세의 나이에 운하의 정지작업에 참여했던 그는 지층들이 정확하게 수평을 이루지는 않지만 마치 '빵과 버터의 얇은 조각처럼' 동쪽으로 가라앉아 있다는 것을 알아차렸다. 그는 이것이 과학적인 중요성을 드러내는 현상이라고 생각했다.

직업과 관련하여 그는 영국 북부를 여행할 기회가 잦았으며 그로 인해 언제나 특별하게 관심을 갖고 있던 자신의 관찰 활동의 범위를 확장시킬 수 있었다. 6년 동안 그는 공학자로서 서머셋 석탄 운하의 건설에 참여했으며 그곳에서 지층에 대한 지식을 넓히고 실질적인 설명을 할 수 있게 되었다.

화석 수집가들은 스미스가 어떤 지층 속에서 그들의 다양한 표본들이 발견될 수 있는지를 말해줄 수 있다는 것과, 더 나아가 그가 '영국의 어떤 지역에서 발견되는 지층이든 다른 곳에는 없는 동일한 화석이 발견될 수 있다'고 발표했을 때 깜짝 놀랐다. 게다가 스미스가 전혀 모르고 있던 베르너가 실제로 가르쳤듯이, 지층누중의 동일한 순서는 지층들 사이에서 일정했다*(지층누중의 법칙; 퇴적암의 생성 순서를 밝혀주는 법칙).

스미스는 《영국 지층들의 일람표》에서 특징적인 화석들과 더불어 석탄에서부터 초크 — 영국 남동안 등의 상부 백악계의 이회질(泥灰質)층 — 까지 나열할 수 있었으며 영국은 물론 유럽 대륙에서 찾아낸 순서를 정립했다.

그는 서머셋을 비롯한 영국 14개 지역의 지질지도를 만들었으며, 그로 인해 영국 농업위원회의 관심을 불러 일으켰다. 지층의 노두(露頭)를 보여주는 지도는 채광과 도로건설, 운하 공사, 하수시설 그리고 상수도 건설에 도움이 되도록 작성되었다.

윌리엄 스미스의 과학 발견들은 영국 대중의 관심이 운하 수송에 가장 집중되어 있던 시기에 이루어졌으며, 지층에 대한 연구는 그의 전문적인 활동의 직접적인 성과였다. 그는 자신을 광산측량사로 불렀으며 자신의 직업과 지질학 연구에 대한 관심과 관련하여 해마다 수천 마일을 여행했다. 1815년에 그가 완성시킨 광범위한 영국의 지질지도는 그 이후에 만들어진 모든 지질지도들의 모범이 되었다. 이것은 채탄소, 광산, 운하, 습지, 소택지 그리고 하층토와 관련된 다양한 토양을 다루고 있다.

나중에(1816~1819) 스미스는 4권짜리 《조직화된 화석에 의해 확인된 지층들》을 발행했으며, 이것은 그 광범위한 관찰들 중의 일부를 기록해놓은 것이었다. 그의 정신은 실용적인 것이었으며 공론에는 전혀 관심이 없었다. 여기에서는 그가 퀴비에*(Cuvier 1769~1892; 프랑스 자연철학자)를 비롯한 여러 과학자들에게 끼친 영향까지 추적할 필요는 없겠지만, 측량사이며 공학자로서 초창기 현대 지질학의 발전에 공헌했던 광물학, 화학, 물리학, 수학, 철학 그리고 다양한 산업분야와 직업의 대표적인 인물에 그의 이름을 추가하는 것은 당연하다.

Chapter 11

과학과 종교

칸트, 램버트, 라플라스, 윌리엄 허셜

천체이론과 종교

허턴은 지구 표면에서 관찰 가능한 현상들에 집중하면서, 이 세상의 기원 그리고 지구와 우주의 다른 부분들과의 관계에 대한 공론(空論)은 피하는 것으로 지질학 연구를 한층 더 발전시켰다.

하지만 같은 세기에 직접적이거나 논증적으로는 해결될 것으로 보이지 않던 바로 이런 문제들에 여러 과학자와 철학자들이 관심을 갖게 되었으며, 연구를 통해 과학과 윤리학 그리고 문명세계의 종교에 커다란 영향을 끼친 결론들에 도달하게 되었다.

종교가 숭고함에 대한 미적 감각과 유사한 의기양양함과 겸양(신성한 공포)의 복합적인 감정으로 정의되거나, 또는 하늘 아래의 우리를 지배하는 어떤 고귀한 권능 — 만물의 창조자, 고결한 행위를 지향하는 사회적이거나 우주적인 권능 — 에 대한 지적인 인식으로 정의되거나, 또는 성스러운 빛에 감화되어 열광을 드러내는 도덕적인 삶의 노출로서 정의되거나, 또는 이런 모든 특성을 갖추고 있는 것으로 정의되든 상관없이 18

세기가 종교에 대한 명확한 설명과 형식화에 있어, 특히 독일의 철학자인 임마누엘 칸트(Immanuel Kant 1724~1804)의 노력을 통해 공헌했다는 것은 부정할 수 없다.

하지만 칸트와 그와 관련된 사람들의 철학이 당시의 과학에 커다란 영향을 받았다는 것을 보여주는 것은 그리 어렵지 않다. 실제로 젊은 시절의 칸트는 보다 엄격한 의미에서 철학자라기보다는 과학자였다. 그가 31세에 집필한 《일반 자연사와 천체 이론》은 과학에서 철학으로 옮겨간 그의 행적을 파악할 수 있게 해주며 특히 천체의 기원에 대한 그의 이론이 그의 종교적인 관념에 끼친 영향을 발견할 수 있다.

이 이론에서 칸트는 더햄의 토머스 라이트(Thomas Wright 1711~1786)에게 영향을 받았다. 목수의 아들인 라이트는 시계제조공의 도제가 되었다가 바다로 나갔으며, 훗날 제도(製圖)기구 제작자가 되어 풍족하게 살면서 항해술에 관한 책을 집필해 상트 페테르부르크 아카데미에서 항해학 교수직을 제안받았다. 1750년에 아홉 편의 편지 형식으로 발표한 《기원이론 또는 새로운 가설》은 칸트의 정신에 자극제가 되었다.

저자는 천체의 구조를 밝히는 일은 자연스럽게 미덕의 원리들을 널리 퍼뜨려 하느님의 법이 정당하다는 것을 입증하게 될 것이라 생각했다. 그는 우주를 영원한 대리자에 의해 영향을 받는 무한대의 세상으로서, 그리고 다양한 상태를 통해 최종적인 완성을 향해 나아가는 존재들로 가득 차 있는 곳이라고 생각했다.

이런 체계를 인식하는 사람이라면 어느 누가 위대하고 신성한 조물주에 대한 마땅한 찬미에 자신의 원자를 바치겠다는 일종의 열광적인 야심으로 가득 채워지는 것을 피할 수 있을까?

라이트는 수학적 확실성의 본질과 추론하기에 적절한 도덕적 개연성의 다양한 단계들을 논의했다. (그렇게 궁극적으로 칸트의 철학에서 기초가 되는 차이점들을 강조했다.)

태양은 불타는 물질의 거대한 물체이며, 가장 멀리 떨어져 있는 별 역시 행성계로 둘러싸여 있는 태양이라고 주장했을 때, 그 자신이 유추에 의해 추론하는 것이며 즉시 증명 가능한 것을 발표하는 것은 아니라는 사실은 알고 있었다.

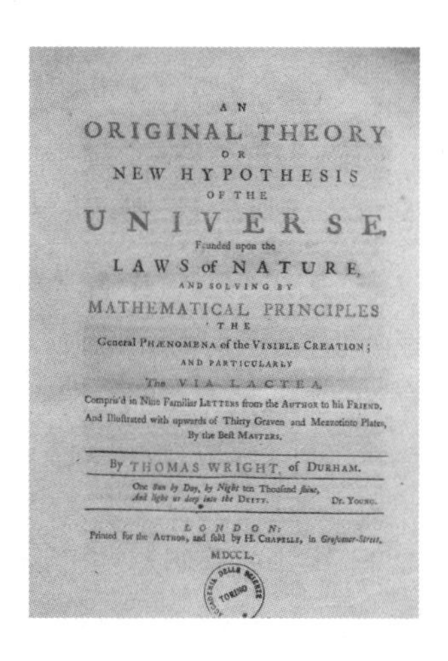
AN
ORIGINAL THEORY
OR
NEW HYPOTHESIS
OF THE
UNIVERSE,
Founded upon the
LAWS of NATURE,
AND SOLVING BY
MATHEMATICAL PRINCIPLES
THE
General PHÆNOMENA of the VISIBLE CREATION;
AND PARTICULARLY
The VIA LACTEA.
Compris'd in Nine Familiar LETTERS from the AUTHOR to his FRIEND.
And Illustrated with upwards of Thirty Graven and Mezzotinto Plates,
By the Best MASTERS.

By THOMAS WRIGHT, of DURHAM.

One Sun by Day, by Night ten Thousand shine,
And light us deep into the DEITY. DR. YOUNG.

LONDON:
Printed for the AUTHOR, and sold by H. CHAPELLE, in Grosvenor-Street.
MDCCL.

라이트의 《기원 이론》은 칸트의 정신에 자극제가 되었다.

하지만 광대한 입증의 분야로서 그리고 미래의 행복에 대한 우리들의 기대에 기초가 되는 끝없는 희망의 무대로서 우리에게 펼쳐져 있는 수없이 많은 세상들은 그것을 만들고 이해했던 경이로운 존재의 타고난 위엄에 어울리는 것이었다.

라이트의 《기원 이론(Original Theory)》에서 가장 인상적인 부분은 토성의 고리와 유사한 형태라고 생각했던 은하수의 구조와 관계된 것이다. 중심으로부터 그 체계의 배열과 조화로운 움직임은 식별될 수 있지만, 우리의 태양계는 고리의 한 구역을 차지하고 있으며, 상상력을 동원하여 올바른 관점을 갖추지 못한다면 우리가 보는 창조는 혼란스러운 그림일 수밖에 없다는 것이다. 명료하지 않은 다양한 별들 또는 빛의 모습은 별들이 조밀하게 축적되어 있는 것일 뿐이다.

무한하지 못한 것이 어떻게 그것들의 경계를 정할 수 있을 것이며, 영원하지 못한 것이 그것들을 이해할 수 있을 것이며, 또한 전능하지 못한 것이 어떻게 그것들을 만들어내고 유지할 수 있을까?

그는 알려진 대상의 광대함과 지속성과 관련하여 시간과 공간에 대한 논의를 이어나가면서, 아홉 번째 편지에서는 창조가 원형이거나 고리 모양이라는 것을 인정한다면 우리는 모든 것의 중심에는 지적인 원리, 모든 곳에 펼쳐진 하느님의 눈을 가정할 수 있으며, 또는, 창조가 사실이고 단순한 이상이 아니라면 일종의 구형(球型)이라고 가정할 수 있다고 말한다. 그 둘레로 태양들이 줄곧 조화롭게 궤도를 그리며 돌고 있으며, 명백한 불규칙성들은 모두 중심을 벗어나 있는 우리의 시야에서 비롯된다는 것이다. 더 나아가 우주는 그러한 많은 체계들을 수용하기에 충분하다고 했다.

우연히 만들어지는 것은 없다

칸트는 천체의 연구에 대한 도덕적, 종교적 개념을 갖추는 것에 대한 인식에서 자신의 전임자와 공통점이 있었다. 또한 많은 천문학적 세부사항들을 다루는데 있어 라이트의 가르침을 때로는 단순히 수용했지만 보다 더 빈번히 더 발전시키고 변형시켰다.

그는 별들이 우리 태양계 행성들과 동일한 체계를 구성하고 있으며, 다른 태양계들과 은하수들은 우주공간의 무한한 영역에서 생성되었을 것이라고 주장했다.

실제로 그는 1742년에 모페르튀이*(Maupertuis 1698~1759; 프랑스 수학자, 뉴턴의 중력 이론을 옹호하는 책을 저술했다)에 의해 보고된 천체 속의 빛을 발하는 타원형의 구역과 은하수를 동일한 것으로 간주하려 했다.

또한 칸트는 중심적인 태양 또는 구체에 대한 라이트의 추론을 수용했으며, 심지어는 그 별들 중의 하나를 선택하여 그러한 역할을 부여하고, 그 별들이 불같은 물질로 이루어진 우리의 태양처럼 이루어져 있다고 가르쳤다. 뛰어나게 질서정연한 배열도 인식하지 못하고, 완벽한 그것들의 관계에서 분명하게 드러나는 신의 손을 알아차리지 못한다면 인간은 세상의 구조에 대해 생각조차 해볼 수 없다는 것이다.

그는 《일반자연사(Allgemeine Naturgeschichte)》에서 인간의 이성은 그것이 우연히 만들어진 작품이라고 믿는 것을 거부한다고 말한다. 그것은 반드시 궁극의 지혜에 의해 계획되어야만 하며 전능한 신에 의해 실행되어야만 한다는 것이다.

칸트는 특히 은하수와 목성 고리 사이의 유사함에 의해 고무되었다. 그것들 또는 그 불명료한 구역들이 별들이나 작은 위성들로 입증될 것이라는 라이트의 의견에는 동의하지 않았으며, 오히려 그 두 가지가 다 수증기 입자들로 구성되어 있을 것이라 생각했다.

상상력을 최대한으로 발휘하여 그는 목성과 마찬가지로 지구도 고리에 둘러싸여 있는 것은 아닌지를 물었다. 이 고리가 중세 작가들의 창의력에 원인을 제공했던 초신성의 물은 아니었을까? 그럴 뿐만 아니라 그런 증기 같은 고리가 깨져 지상으로 떨어져 내렸다면 장기간의 대홍수를 일으켰을 것이며 그 후에 나타나는 하늘의 무지개는 사라진 고리에 대한 암시로서 그리고 하나의 약속으로서 매우 훌륭하게 해석될 수 있을 것이다. 하지만 이것은 도덕적이며 종교적인 진실을 지지하는데 있어 칸트의 독자적인 태도는 아니었다.

태양계의 기원을 설명하기 위해 이 독일의 철학자는 만물이 시작될 때, 태양과 행성, 위성 그리고 혜성을 구성하는 물질은 합성되지 않은 일차적인 요소들로서 우주 공간 전체를 가득 채우고 있었으며 그곳에서 형성된 천체들이 지금 운행되고 있는 것이라고 추정했다.

이러한 자연상태는 너무 단순하여 아무 일도 일어날 수 없는 것처럼 보인다. 이런 방식으로 채워진 우주공간에서 정지상태는 한 순간도 지속될 수 없다. 보다 더 밀도가 높은 요소들은 중력의 법칙에 따라 일정한 중력에 미치지 못하는 물질을 끌어들인다. 인력과 마찬가지로 반발작용은 우주공간에 산재해 있는 물질의 입자들 사이에서 역할을 한다. 이것을 통해

칸트는 철학 외에 자연과학에 관심이 많았으며 천문학과 물리학에 매료되어 있었다. 1755년 《일반자연사와 천체 이론》으로 박사학위를 받았다.

입자들의 직집적인 낙하는 중력에 끌리고 있는 중심 주변에서 원형의 움직임으로 변환되었을 것이다.

당연하게도 우리의 태양계에서 인력의 중심은 태양의 핵이다. 이 천체의 질량은 급속도로 증가하며, 인력의 강도 역시 급격하게 증가한다. 이것으로 끌리는 입자들 중 더 무거운 것은 중심에 쌓이게 된다. 다양한 높이로부터 이 공통적인 중심을 향해 떨어지면서 입자들의 저항력은 완벽하게 동일할 수는 없으므로 그 어떤 측방운동도 일어나지 않는다.

일반적인 순환운동은 실제로 최종적으로는 중심부 주변의 한 방향으로 확립되어 있으며, 중심부와 조화를 이루며 순환하고 있는 주변의 흐름으로부터 새로운 입자들을 받아들인다.

태양물질 외부 입자들의 상호 간섭은 하나의 평면 외의 모든 축적을 막으면서 태양의 적도와 이어지는 얇은 원반의 형태를 띠게 된다. 태양 주변에서 순환하는 증기 같은 원반은 밀도의 차이로 인해 토성의 고리들과 다르지 않은 구역들을 생기도록 한다. 이 구역들이 궁극적으로 수축하여 행성들을 형성하며, 이 행성들이 구심력과 원심력 사이에서 평형이 확립될 때까지 태양의 중심 물질로부터 떨어져 나오게 되면서 순차적으로 그 행성들로부터 위성들이 형성된다.

혜성은 행성들과 유사한 태양계의 일부로 여겨지지만 태양 구심력의 통제로부터 보다 멀리 떨어져 있다. 그래서 칸트는 태양 주변에서 한 가지 방향으로 행성들이 공전하며, 태양과 행성들의 자전, 위성들의 공전과 자전, 천체들의 상대적인 밀도, 혜성의 꼬리에 있는 물질, 토성의 고리 그리고 다른 천체의 현상들을 설명하는 성운설을 생각해냈다.

행성들 사이에서 운동의 공통성을 유지시키는 물질을 발견하지 못한 뉴턴은 직접적인 신의 손이 자연의 힘의 간섭을 받지 않고 그러한 배치를 한 것이라고 주장했다. 그의 신봉자인 칸트는 이제 기계론적인 원칙들로 추가적인 현상들에 대한 설명을 시도하려 했다.

물질의 존재를 인정하면서 그는 우주의 진화를 추적할 수 있다고 생각했지만, 동시에 (데모크리토스와 에피쿠로스처럼) 자신의 종교적인 입장을 유지하고 강화했으며, 창조자 없는 영원한 운동이나 사고 또는 우연에 의해 원자들이 합쳐진 것이라고 추정하지 않았다.

그는 자연이 그 자체로 충분하다는 것에는 반대하지만 물질의 작용에 대한 보편적인 법칙들은 신의 계획에 공헌하게 될 것이라고 했다. 자연은 심지어 카오스 상태에서도 규칙적으로 그리고 법칙에 따르지 않고는 진행될 수 없다는 바로 그 사실에서 신의 존재에 대한 설득력 있는 증거가 있다는 것이다.

카오스를 구성하는 요소들의 본질적인 성질에서도 그것들의 기원에서 완벽함의 흔적을 찾아볼 수 있으며, 신의 영원한 생각의 결과인 필연적인 특성도 추적될 수 있다. 단순히 수동적이며 그 형태와 배치에 부족함이 있는 물질은 자연스러운 발달에 의해 가장 단순한 상태에서 보다 더 완벽한 구조로 변화하려는 경향이 있다.

물질은 법칙에 따라 그리고 언제나 법칙에 순응하여 신에 의해 창조된 것으로, 독립적이거나 때때로 수정이 필요한 적대적인 힘은 아니라고 생각해야만 한다. 물질세계가 법칙에 따르지 않는다고 가정하는 것은 신의 뜻보다 맹목적인 숙명을 믿는 것이 될 것이다. 최상의 질서에 대한 이해에 의해 우리에게 창조의 실마리를 제공해주는 것은 우리의 오성에 모습을 드러낸 자연의 조화와 질서인 것이다.

8년 후에 집필한 작품에서 칸트는 신의 존재에 대한 증명과 더불어 통상적인 지혜를 사람들에게 제공하려 했다. 그러한 저작에서 물리적인 현상에 대한 해설을 제공하는 것은 부적절하게 보일 수도 있지만 자연과학이라는 수단으로 신의 지식에 도달하는 자신의 방법에 열중하면서 그는 여기에서 천체의 기원에 대한 자신의 이론을 압축적인 형태로 반복하고 있다.

더 나아가 그의 천문학적 연구의 영향은 그의 도덕적인 작품인 《실천이성 비판》(1788)의 결론에 등장하는 유명한 문구에서 볼 수 있듯이 그의 성숙한 철학에서도 지속되고 있다. '나의 영혼을 언제나 새롭고 점점 더 늘어가는 경외와 숭배로 채우고 있는 두 가지가 있다. 나는 더욱 더 자주 그리고 더욱 더 열심히 내 머리 위에 흩뿌려져 있는 별과 그 안에 내재된 도덕적 법칙을 깊이 생각한다.' 그의 종교적이며 도덕적인 관념들은 질서를 지키면서 무한한 물리적 우주와 밀접하게 연관되어 — 실제로는 의존하고 — 있다.

우주는 창조자의 완벽한 작품

칸트는 수학자이며 천문학자, 물리학자, 철학자인 램버트(J. H. Lambert 1728~1777)에게서 자신과 비슷한 천재성을 발견했으며 그를 통해 과학의 연구를 기반으로 한 철학의 개혁을 희망했다.

동시대의 사람들이 그랬듯이 램버트는 뉴턴의 추종자였으며 1761년에 편지 형식으로 칸트가 1755년에 발표했던 것과 매우 비슷한 은하수, 항성, 중심의 태양과 관련된 견해들을 밝히는 책을 출간했다. 램버트는 자신의 작품과 너무나도 비슷한 라이트의 작품을 알고 있었으며 그 책이 출간된 일 년 후에 집필했다.

그는 이제는 고대의 미신이 부여했던 많은 공포들이 제거된 혜성은 행성들과 충돌하거나 위성을 소멸시키는 것으로 파국의 위험이 있는 것처럼 보인다고 했다. 그러나 천구(天球)를 우주공간에 내던졌던 바로 그 손은 하늘에서 그것들의 행로를 추적하여 무작위로 서로를 방해하거나 파괴하도록 빗나가는 것을 허용하지 않는다.

램버트는 이러한 모든 천체들은 충돌을 피하는데 필요한 부피, 무게, 위치, 방향 그리고 속도를 정확하게 갖추고 있다고 추측했다. 만약 우리가 카오스로부터 질서를 만들어냈으며 우주에 형태를 부여한 신을 믿는다고 인정한다면, 이 우주는 완벽한 작품이며 창조자의 완벽함을 보여주는 흔적, 그림, 영상이라는 결과로 이어진다.

분별없는 우연에 맡겨져 있는 것은 아무것도 없다. 수단들은 목적에 부합한다. 전체에 걸쳐 질서가 있으며 그 질서 속에서 우리 발밑의 먼지, 우리 머리 위의 별들, 원자들과 세계는 모두 다 똑같이 이해된다.

라플라스(Laplace 1749~1827)는 성운설에 대한 설명에서 칸트를 전혀 언급하지 않았다. 그는《우주체계 해설》에서 이 이론이 동일한 방향 그리고 거의 동일한 평면(황도면)에 있는 행성들의 운동, 행성들과 마찬가지로 동일한 방향으로 이루어지는 위성들의 운동, 태양의 자전, 행성과 위성, 혜성의 궤도 이심률(離心率)의 차이 등을 설명하기 위해 설계되었음을 밝히는 천문학 자료를 발표한다. 이러한 자료에 근거해 우리는 어떻게 태양계의 초기 운동의 원인에 도달하게 되는 것일까?

이러한 천체들을 모두 포괄하는 무한한 범위의 유동체를 가정해보아야만 한다. 이것은 대기처럼 태양 주변을 순환해야만 하며, 발생되는 엄청난 열의 힘으로 이 대기는 본래 모든 행성들의 궤도 너머까지 확장되었으며 현재와 같은 형태를 이루는 단계에서 수축되었다고 추정할 수 있을 것이다.

원시적인 상태의 태양은 망원경을 통해 불타는 중심과 불명료한 외면을 지닌 것으로 관찰되는 성운과 공통점이 있다. 성운의 물질이 점점 더 많이 발산되는 상태를 상정할 수 있을 것이다.

행성들은 태양적도면과 성운 대기의 연속적인 경계에서 식어가고 수축되면서 버려진 다양한 구역들의 압축에 의해 형성되었다. 인력과 원심력은 각각의 연속적인 행성의 궤도를 유지하기에 충분했다.

행성들을 구성하게 되는 냉각되고 수축된 물질들로부터 더 작은 구역들과 고리들이 형성되었다. 토성의 경우 환상(環狀) 형태가 유지되는 고리들에 그러한 규칙성이 있다. 본체의 부분들에서 나타나는 기온과 밀도의 차이들은 궤도의 이심률과 적도면으로부터 벗어난 것을 설명한다.

라플라스는 《천체역학》(1825)에서 허셜(Herschel 1738~1822)의 관찰에 따라 토성의 자전은 고리들의 자전보다 미세하게 빠르다는 것을 밝힌다. 이것은 《우주체계 해설》의 가설을 확증하는 것처럼 보인다.

라플라스가 이 초기 작업의 초판본을 나폴레옹*(Napoleon 1세 1769~1821; 프랑스 군인. 1799년 쿠데타를 감행하여 체제를 전복시키고 통령정부 체제를 수립했다. 프랑스의 황제가 되어 유럽을 제패했다)에게 바쳤을 때, 그는 이렇게 말했다.

'뉴턴은 그의 책에서 신을 이야기했다. 내가 이미 너의 책을 다 읽어 보았지만 그 이름을 단 한번도 발견하지 못했다.' 그 말에 라플라스는 이렇게 대답했다고 한다. '제1시민통령님, 저에게는 그런 가설이 필요하지 않습니다.'

하지만 이 천문학자는 무신론을 고백하지 않았다. 칸트처럼 태양계의 발달을 자신이 바라본 관점에서 물리적인 원칙에 근거해 충분히 설명할 수 있다고 생각했던 것이다.

훗날 그는 오해하기 쉬운 이 일화가 널리 알려지지 않기를 원했다. 자만심과 독단주의에 빠지지 않았던 그의 마지막 발언은 가장 위대한 지성일지라도 한계가 있어야 한다는 주장이었다. '우리가 알고 있는 것은 지극히 적지만, 우리가 모르는 것은 무한하다.'

라플라스. 뉴턴 이후 천체역학을 집대성하여 '프랑스의 뉴턴'으로 불린다.

허셜이 발견한 성운과 성단

여러 해 동안 지속되었던 윌리엄 허셜(William Herschel 1738~1822) 경의 관찰들은 성운 가설과 별들의 체계적인 배치 이론을 모두 확인시켜 주었다. 그는 20~40피트의 초점 거리와 18.7~48인치 구경의 망원경을 활용했으며, 그것으로 훔볼트가 말했던 것처럼 항성들 사이에 측연(測鉛)을 내려놓을 수 있게 되었으며, 그 자신의 표현에 따르자면 하늘을 측정할 수 있게 되었다.

'천체의 구조'는 언제나 관찰의 궁극적인 목표였다. 1787년에 영국왕립학회에 제출했던 이 주제에 관한 논문에서 그는 466개의 새로운 성운과 성단을 발견했다고 발표했다. 항성의 하늘은 그 중심에서 관찰자가 바라볼 것으로 여겨지는 천구의 오목한 면으로 여겨져서는 안 되며 오히려 지질학자가 다양한 물질로 구성된 지층들을 많이 발견하게 되는 광범위하게 펼쳐진 대지 또는 연속적인 산맥과 비슷하다고 생각해야 한다. 은하수

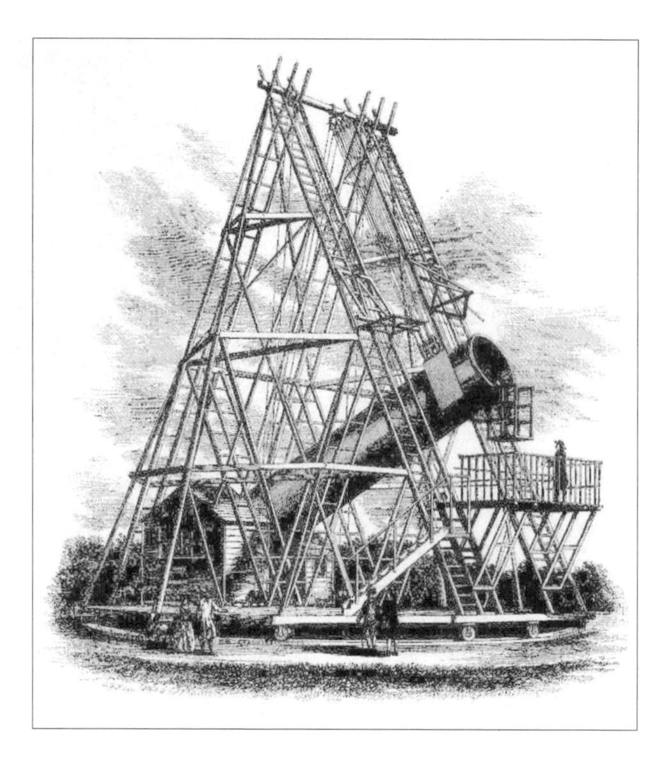

허셜의 40피트 망원경(1789년)

는 하나의 층으로 비록 그 두꺼운 중심부는 아닐지라도 그 층 안에 우리들의 태양이 위치한다.

1811년까지 그는 성운에 대한 관찰을 엄청나게 늘려 그 범위와 응축상태, 밝기, 일반적인 형태, 핵들의 보유, 위치 그리고 혜성이나 별과의 유사성 등에서 차이가 있는 계열들로 정리할 수 있었다. 그것들은 광대하게 흩어진 성운 상태에서부터 흐린 하늘의 단순한 흔적을 지닌 성운 모양의 별까지 분류되었다.

허셜은 그 계열들을 매우 완벽하게 분류할 수 있었으므로 그것들 사이의 차이점은 한 아이가 태어나서 성인이 될 때까지 촬영해놓은 일련의 사진들에서 확인할 수 있는 것과 다를 바 없었다.

흩어져 있는 성운물질과 별 사이의 차이점은 너무나도 뚜렷해서 한 가지로부터 다른 한 가지로 전환한다는 생각은 중간 과정들에 대한 증거 없이는 누구도 쉽사리 떠올릴 수 없었다. 각각의 연속적인 상태는 중력의 활동에 의한 결과라는 것이 거의 틀림이 없는 것으로 보인다.

1818년의 마지막 설명에서 그는 자신의 망원경으로 은하수는 헤아릴 수 없는 것으로 입증되었다고 인정했지만 '중력의 공통된 중심 주변으로 끊임없이 움직인다고 추측할 수 있는 이 별들의 집단 양쪽 면에서 허셜은 분리된 성운 덩어리들로 이루어진 천공(天空)을 발견했으며, 그것들이 응축되어 나타난 것들로부터 전체적인 별의 우주가 형성된다고 가정했다.'

칸트와 라플라스 그리고 허셜이 설명했듯이 천체의 진화이론에서 지구를 구성하고 있는 요소들은 태양계와 우주의 다른 곳에서도 발견될 것이라고 추정된다. 이러한 가정의 타당성은 최종적으로 스펙트럼 분석에 의해 정립되었다.

하지만 이러한 입증은 18세기의 초에 운석들의 분석에 의해 어느 정도 예상된 것이었다. 운석에서는 코발트, 구리, 규소, 인, 탄소, 마그네슘, 아연 그리고 망간뿐만이 아니라 다량의 철과 상당한 비율의 니켈이 발견되었다.

Chapter 12

법칙의 지배

존 돌턴, 줄

산소의 발견

18세기 중반에 램버트와 칸트가 천체의 체계와 설계를 알아보고 있을 때 물질의 구조를 발견하거나 물체의 숨겨진 운동의 법칙을 밝히려는 노력은 거의 이루어지지 않고 있었다. 사실상, 보일이 공기의 탄성에 대한 연구뿐만이 아니라 원소와 화합물의 구별 그리고 화학을 물질의 구성에 대한 과학이라고 정의하면서 그 첫걸음을 내딛게 되었다.

하지만 1620년에 베이컨이 검토했던 이른바 원소들 — 흙, 공기, 불, 물 — 은 1750년에도 여전히 분석되지 않고 있었다는 사실로부터 거의 발전이 없었다는 것은 알 수 있다. 또한 열의 특성에 대한 그의 개념을 뛰어넘는 진전은 없었으며, 실제로 학자 세계의 대다수는 열은 운동의 한 형태라기보다 하나의 물질(황, 탄소 또는 수소와 다양하게 관련된)이라는 생각을 견지하고 있었다.

과학적 사고가 100년 동안 이어지면서 특히 19세기 초에 혼동과 카오스를 벗어나 질서를 갖추는데 성공했던 것은 바로 다음과 같은 문제들, 즉

연소, 에너지의 한 형태로서의 열, 대기의 성분 그리고 물과 토양의 화학적 성질에 대한 연구에 의해 적절하게 설명될 수 있다.

블랙(Joseph Black 1728~1799)의 탄산(炭酸)의 발견 그리고 그가 잠열(潛熱)에 기인한다고 했던 현상들의 발견에 대해서는 앞에서 언급했다. 최초의 발견(1754)은 의약실험에서 생석회 조제의 결과였으며, 얼음이 녹고, 물이 끓고, 증기가 되는 온도에 대한 실험을 포함하는 두 번째 발견(1761)은 증기기관을 개선하려던 와트에게 자극제가 되었다.

1766년에 조지프 프리스틀리(Joseph Priestley 1733~1804)는 공기 또는 기체에 대한 연구를 시작했다. 다음 해에 양조장의 작업을 관찰한 그는 탄산과 관련된 호기심을 갖게 되었다.

1772년에 그는 산화질소로 실험을 했다. 앞 세기에 존 메이요(Mayow)는 철을 질산으로 처리하여 산화질소를 얻어냈다. 당시에 그는 이 기체를 물 위에 가둬놓은 보통의 공기 속으로 끌어들여 그 화합물의 부피가 줄어든다는 것을 발견했다.

프리스틀리는 이 과정을 일반 공기의 분석에 적용하여 그것이 단순하지 않고 복잡하다는 것을 발견했다. 1774년에 볼록 렌즈를 이용해 산화수은을 가열하여 일반공기보다 연소를 잘 시키는 기체를 얻어냈다.

그는 그 기체를 흡입하면 들뜬 기분이 된다는 것을 경험했다. 그는 '이 순수한 기체가 조만간 유행하는 품목이 될 것이라고 누가 예상할 수 있을까? 지금까지는 생쥐 두 마리와 나만이 이것을 들이마시는 특권을 누렸다.'라고 말했다.

하지만 스웨덴의 연구자 셸레(Karl Scheele)는 이와 동일한 성분을 1773년 이전에 발견했다. 그는 대기가 적어도 두 가지 기체로 이루어진 것이 분명하다고 생각했으며 탄산은 연소의 결과라는 것을 증명했다. 1772년에 프랑스의 위대한 과학자인 라부아지에(Antoine Lavoisier 1743~1794)는 황을 태우면 가벼워지는 대신 무거워진다는 것을 밝혀냈으며, 5년 후에 공기는 불타는 물체들에 의해 흡수될 수 있는 것과 연소를 도와 줄 수 없는 두 가지 기체로 이루어져 있다는 결론을 내렸다. 그는 앞의 것을 '산소'라고 불렀다.

라부아지에는 《화학의 요소》에서 자신의 화학체계와 다른 유럽 화학자들의 발견들에 대해 명확하게 해설했다. 그의 연구들 이후로 대기는 더 이상 신비하고 무질서한 것으로 여겨지지 않았다. 대기는 대부분이 산소와 질소로 이루어져 있으며 수증기와 탄산 그리고 비에 의해 지구로 오게 될 수 있는 암모니아를 포함하고 있는 것으로 알려졌다.

돌턴의 원자이론

캐번디시(Cavendish)는 질산을 이용해 산소를 제거하여 공기로부터 질소를 얻어냈으며 공기는 약 79%의 질소와 약 21%의 산소로 이루어졌다는 것을 밝혀냈다. 또한 전기 불꽃을 이용해 공기 중의 산소와 질소가 결합하여 질산을 형성하도록 했다.

질소가 소진되고 여분의 산소가 제거되면 '단지 공기의 작은 기포가 흡수되지 않고 남아 있다'. 이와 비슷하게 캐번디시는 물이 산소와 수소의 화합에서 비롯된다는 것을 알아냈다.

마찬가지로 와트는 물은 원소가 아니며 두 가지 기초적인 물질의 화합물이라고 주장했다. 그러므로 아주 오래 전부터 많은 철학자들이 단일하다고 여겨온 중요한 덩어리들인 땅, 공기, 불, 물은 그것들의 성분을 이루는 요소들로 분해되었다. 동시에 다른 문제들에 대한 해결책도 요구되었다. 화학적 결합의 법칙은 무엇일까? 다른 형태의 에너지와 열의 관계는 무엇일까?

이러한 질문들에 대한 답변에는 커다란 제조업 중심지들의 역할이 컸으며, 돌턴(John Dalton 1766~1844)과 그의 제자이며 추종자인 제임스 프레스콧 줄 (Jaes F. Joule 1818~1889)에게는 맨체스터보다 더 유용한 도시는 없었다.

화학원소들과 화합물

존 돌턴은 컴벌랜드에서 태어나 15세에 교편을 잡기 위해 켄달로 갔으며, 1793년까지 영국의 호수 지방에 머물렀다. 연간 강수량이 40인치가 넘으며 일부 지역은 거의 열대성 기후인 이곳에서 이 어린 학생의 관심은 일찍부터 기상학에 집중되어 있었다.

그의 실험도구는 집에서 만든 투박한 우량계와 온도계 그리고 기압계였다. 열과 습기 그리고 대기의 성분에 대한 그의 관심은 평생 동안 지속되었으며 돌턴의 기상학적 관찰은 모두 200,000건에 이른다.

우리는 이러한 연구에 대한 동기를 스물두 살 때 작성했던 한 편지로부터 알게 되었다. 편지에서 그는 우리가 정확하게 기상상태를 예측할 수 있다면, 농부와 선원 그리고 인류 전체에게 생길 수 있는 이점들을 설명했다.

존 돌턴. 근대적인 원자설을 수립했다.

1793년에 돌턴은 맨체스터 시에 영구 정착했으며, 그 해에 첫 번째 저서인 《기상학상의 관찰과 논문》이 발간되었다. 여기에서 그는 다른 무엇보다 강수량, 구름의 형성, 증발 작용 그리고 대기 수증기의 분포와 특징을 다루었다. 수증기는 언제나 대기 중의 다른 유동체들 사이에서 본질을 유지하며 구별되는, 특정한 유동체로 존재한다고 보았다.

그는 대기 중의 습기를 물의 미세한 방울들이거나 산소와 질소의 작은 방울들 사이에 있는 작은 물방울들이라고 생각했다. 그는 물질이 '신이 만들어낸 목적에 가장 도움이 되는 크기와 형상 그리고 그 밖의 특성을 지닌 튼튼하고, 무거우며, 단단하고, 헤아릴 수 없으며, 움직일 수 있는 입자들'로 구성되어 있다고 생각했던 뉴턴의 신봉자였다.

물리적인 우주는 이러한 분할할 수 없는 입자들 혹은 원자들로 구성되어 있다는 생각에 크게 영향을 받고 있던 돌턴에 대해 그의 전기작가는 '미립자적으로' 생각하는 사람이라고 설명했다. 아마도 그의 상상력은 사물을 생생하게 마음속에 그려보는 유형이었을 것이며, 스스로가 기초적이며 합성된 물질들 속에서 원자의 배열을 그려볼 수 있었을 것이다.

지금까지 돌턴의 스승은 기체(탄성 유체) 속에 있는 물질의 원자들은 거리가 줄어드는 것에 비례해서 늘어나는 힘에 의해 서로서로 반발한다고 가르쳤다.

이러한 가르침이 어떻게 해서 프리스틀리를 비롯한 사람들이 세 가지 또는 그 이상의 기체들로 이루어져 있다고 증명했던 대기에 적용될 수 있었을까? 이러한 혼합이 왜 단순하고 균질하게 보였을까? 공기는 왜 아래쪽이 산소이고, 위쪽이 질소인 층을 형성하지 않았을까?

돌턴 자신이 나중에 증명했지만, 캐번디시는 보통의 공기가 어디에서 검사하든 지극히 일정한 비율로 산소와 질소를 포함하고 있다는 것을 밝혀냈다.

프랑스의 화학자들은 '화학 친화력'의 원리를 대기의 균질성을 설명하는데 적용하려고 시도했다. 그들은 산소와 질소가 하나의 원소가 다른 원소를 용해하는 화학적 결합을 시작한다고 전제했다.

다음에는 합성된 화합물이 물을 용해하며, 그로부터 증발현상이 일어난다. 돌턴은 물질의 원자적 특성에 대한 믿음을 이 전제와 일치시키려 경솔하게 시도했다. 그는 하나의 산소 원자가 하나의 질소 원자 및 수증기 원자와 결합하는 모사도를 그렸다.

대기 전체는 그런 세 가지 원자들의 그룹으로 구성될 수 없다. 물 입자는 단지 전체 대기의 작은 부분일 뿐이므로 그가 그린 어떤 모사도에는 산소 원자 하나가 질소 원자 하나와 결합되어 있지만, 이 경우에 산소는 대기 중의 모든 질소와의 결합을 충족시키기에는 부족하다.

만약 공기가 순수한 질소와 질소와 산소의 화합물 그리고 질소, 산소와 수증기의 화합물로 이루어져 있다면, 무거워진 이 3중의 화합물은 지표면을 향해 모일 것이며 2중 화합물과 단일한 물질은 위쪽에 두 개의 층을 형성하게 될 것이다.

만약 그 화합물들에 층으로 되어 있지 않은 화합물을 기대하여 화합물에 열을 가하면 대기는 질소 기체의 비중을 얻게 된다. 돌턴은 '간단히 말해, 나는 대기의 화학적 구성이라는 가설을 현상들과 모순되는 것으로서 모두 단념해야만 했다.'고 했다.

그는 반발작용의 중심인 산소와 질소 그리고 물의 개별적인 입자들이라는 개념으로 돌아가야만 했다. 여전히 그는 산소가 왜 가장 낮은 위치로 하강하고, 질소가 위쪽에 층을 형성하고 수증기가 가장 위에서 떠돌지 않는지를 설명할 수 없었다.

하지만 1801년에 돌턴은 기체들이 서로에게 '진공'으로 작용한다는 생각을 떠올렸다. 즉, 기체들은 서로 반발하는 입자들과 같아서 이 기체들이 대기 속에서 혼합될 때, 마치 산소와 질소가 혼합되지 않는 상태에서 하듯이, 산소의 원자들은 산소의 원자들을 쫓아내고, 질소의 원자들은 질소의 원자들을 쫓아낸다는 것이다.

'이것에 따라 우리는 한 가지 종류의 원자들은 다른 종류의 원자들을 쫓아내지 않으며 오직 동일한 종류의 원자들만 쫓아낸다고 가정하게 되었다.' 혼합된 대기는 마치 실제로 동종인 것처럼 층화(層化)를 이루지 않게 된다.

돌턴은 공기의 분석에서 오래된 산화질소(NO) 검출방법을 활용했다. 1802년에 이 방법은 흥미로운 발견으로 이어졌다. 만약 0.3인치 폭의 관 속에 보통의 공기 100과 산화질소 36을 섞는다면 공기 중의 산소는 산화질소와 결합하며 대기 중 질소는 79가 남게 된다.

그리고 만약 보통 공기 100과 산화질소 72를 물 위의 넓은 용기에 섞는다면,(이 조건에서는 결합이 보다 더 빠르게 일어난다) 공기 중의 산소는 다시 산화질소와 결합하며 질소는 79가 다시 남게 된다.

하지만 나중의 실험에서 만약 산화질소가 72 이하로 적용되면, 질소뿐 아니라 산소도 남게 된다. 그리고 만약 72 이상이 적용되면 질소 외에 산화질소도 남게 된다. 돌턴의 설명에 의하면, '산소는 질소기체(그는 산화질소를 이렇게 불렀다)의 일정한 부분과 결합하거나 그 부분의 두 배와 결합하지만 중간은 없다.'

이러한 실험적 사실들은 자연스럽게 다양한 기체들을 구성하는 궁극적인 입자들로 설명될 것이다. 다음 해에 돌턴은 화학 원소들과 화합물의 원자 구성에 대한 자신의 생각을 도표로 표현했다.

돌턴의 의지와는 전혀 달리 화학원소들과 그것들의 화합물들을 나타내는 방법은 스웨덴의 위대한 화학자인 베르셀리우스(Berzelius)가 도입한 방법을 뛰어넘을 수는 없었다.

1837년에 돌턴은 이렇게 썼다. '베르셀리우스의 기호들은 소름끼치는 것이다. 화학을 공부하는 어린 학생들이 그 기호들을 익히게 된다는 것은, 마치 헤브라이어를 배우는 것과 같은 일이다. 그것들은 원자들의 카오스처럼 보이며… 동시에 과학 전문가들을 혼란에 빠뜨리고, 원자이론의 아름다움과 수수함을 더럽힐 뿐만 아니라 초심자들의 의욕을 꺾을 것이다.'

그러는 동안 돌턴은 서로간 조합의 요소가 되는 다양한 원소들의 상대적인 크기와 무게에 관심을 돌렸다. 만약 주어진 공기의 부피에 산소 원자의 수와 동일한 부피에 있는 질소 원자의 수가 정확하게 일치하지 않는다면 산소 입자의 크기는 질소 입자의 크기와 달라야만 한다고 주장했다.

화학적 결합 현상들은 물론 물에 의한 기체들의 흡수와 기체들의 상호확산에 대한 그의 관심은 다양한 원소들의 원자들이 갖는 '상대적인' 크기와 무게를 결정하는 것으로 이어졌다.

돌턴은 원자의 '절대적인' 무게에 대해서는 전혀 말하지 않았다. 하지만 두 개의 원소로 이루어진 오직 한 가지의 화합물만이 존재한다면, 그 화합물의 분자는 이 각각의 원소들의 하나의 원자로 이루어져 있다는 가정 아래 그는 동등한 수의 두 가지 종류의 원자들이 갖는 상대적인 무게에 대한 연구를 진행했다.

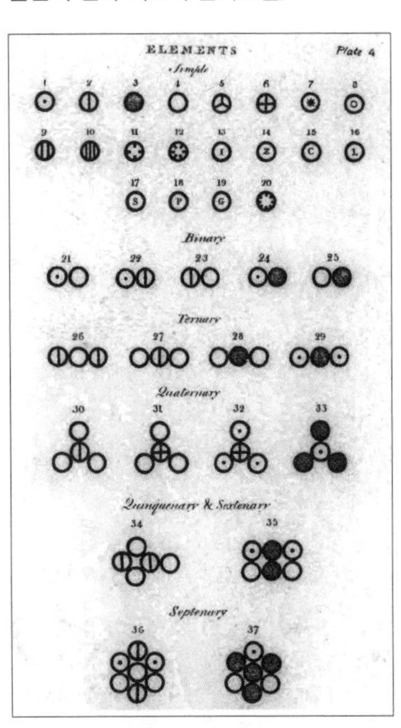

돌턴의 원자 기호와 분자모델.

1803년에 그는 이 연구에서 주목할 만한 성공을 거두고 수소를 단일개체로서 받아들이면서 산소, 질소, 탄소 등의 원자가 갖는 상대적인 무게에 대한 설명을 할 수 있게 되었다.

그렇게 해서 돌턴은 화학결합의 연구에 정량적인 관계에 대한 대단히 확고한 개념을 도입했다. 그에 의해 물질의 구성에 대한 원자 이론이 명확해졌으며 화학에서 알려진 모든 현상들에 적용할 수 있게 되었다.

그후 몇 달 동안 그는 동일한 원소들이 한 가지 이상의 화합물을 형성하는 사례들에 대한 연구로 돌아갔다. 우리는 산소가 산화질소와 결합하여 두 가지 화합물을 형성한다는 것을 알고 있으며, 그 한 가지 화합물에는 다른 화합물에 들어가는 산화질소(무게에 의해)의 두 배가 들어간다는 것을 알고 있다. 이와 유사한 관계가 두 가지 화합물인 일산화탄소와 탄산 내의 탄소와 결합한 산소의 무게에서 발견되었다.

1804년 여름에 그는 수소와 탄소의 두 가지 화합물인 습지 기체(메탄)와 기름이 나는 기체(에틸렌)의 성분을 연구했으며, 첫 번째 것이 두 번째 화합물이 포함하고 있는 탄소와 비교하여 두 배의 수소를 포함하고 있다는 것을 발견했다.

동일한 두 가지 원소들의 일련의 화합물에서 하나의 원자가 하나, 둘, 셋 또는 그 이상의 다른 원자들과 결합하는 즉, 두 번째 원소가 첫 번째 원소와 화합하는 무게들 사이에는 단일한 비례가 존재한다. 배수비례의 법칙은 돌턴의 원자이론 또는 일정 비율의 화학이론을 확립시켰다.

헨리 로스코(Henry Roscoe) 경은 '그런 이론이 없었다면 현대 화학은 카오스에 머물게 되었을 것이다. 그 이론으로 최상의 질서가 지켜지고, 지극히 모순되는 모든 발견은 단지 돌턴의 작업의 가치와 중요성을 보다 분명하게 두드러지도록 할 뿐이다.'라고 했다.

1826년에 험프리 데이비(Humphry Davy) 경은 과학에 대한 돌턴의 공헌을 다음과 같은 말로 인정했다.

'기체의 일정한 화합물에서 동일한 원소는 언제나 똑같은 비례로 결합하며, 한 가지 이상의 화합이 있을 때 원소의 양은 언제나 일정한 비례 — 1:2 또는 1:3 또는 1:4와 같은 — 를 갖는다는 것을 발견하여, 그는 이러한 사실을 분할할 수 없는 원자라는 뉴턴파 학설로 설명했다.

그리고 알려진 다른 어떤 원자의 무게와 한 가지 원자의 상대적인 무게와, 그것들의 조합에서 비율이거나 무게를 확인할 수 있다고 주장하여 화학의 정역학을 뺄셈과 곱셈의 단순한 질문에 의존하도록 했으며, 학생들은 몇 개의 잘 입증된 실험적인 결과들로부터 무한한 수의 사실들을 추론해낼 수 있도록 했다.

돌턴은 화학의 사실들에 널리 적용할 수 있는 간명한 원칙을 발견한 것으로 영원한 명성을 얻게 될 것이며, 결합된 물질들의 비율을 확정하고 그럼으로써 미립자적 운동의 과학에 대한 숭고하고 초월적인(선험적인) 부분들과 관련된 미래의 연구를 위한 기초를 확립했다. 이러한 면에서 그의 공적은 천문학에서 케플러의 공적과 닮았다.'

1808년에 돌턴의 원자이론은 프랑스의 과학자인 게이뤼삭(Gay-Lussac)의 연구를 통해 결정적으로 확인되었다. 게이뤼삭은 온도와 압력이 비슷한 환경 하에서 서로에게 작용할 때 기체들은 언제나 '부피'에 의해 단순한 비율로 결합하며, 그 결합의 결과가 기체일 때 그 부피 역시 구성요소들의 부피와 단순한 비율을 이룬다는 것을 증명했다.

돌턴의 친구들 중의 한 명은 게이뤼삭의 연구 결과를 간명하게 요약했다. '그의 논문은 기체들의 결합에 관한 것이다. 그는 모든 기체가 동일한 부피로 결합하거나, 한 가지 기체의 두 배의 부피가 다른 기체의 한 가지로 또는 한 가지 기체의 세 배의 부피가 다른 기체의 한 가지로 결합한다는 것을 찾아낸 것이다.'

돌턴이 원소들이 결합하는 상대적인 무게를 연구했을 때, 그는 원자 무게와 원자 무게 사이의 단순한 산술적 관계를 찾아내지 못했다. 하지만 동일한 원자로 두 개 또는 그 이상의 화합물이 형성될 때, 돌턴은 우리가 보았듯이, 두 번째나 세 번째 화합물을 형성하기 위해 추가되는 원소의

습지에서 기체를 모으는 돌턴.

비율은 첫 번째 분량의 무게에 의해 배수가 된다는 것을 발견했다.

게이뤼삭은 이제 기체들이 '어떤 비율로 결합되든 상관없이 언제나 부피에 의해 화합이 일어나는 원소들은 서로의 배수가 된다'는 것을 증명했다.

1811년에 아보가드로(Avogadro)는 원자들의 상대적인 부피에 관한 논문에서 돌턴의 이론을 한층 더 확실하게 증명하고, 화학적 화합물의 형성에서 단순한 부피 관계에 대한 게이뤼삭의 발견의 원자적 근거를 설명하는 데 성공했다.

이 이탈리아 과학자에 따르면 온도와 압력이 각각의 기체에 동등하다고 가정하면 모든 기체 속의 분자들의 수는 언제나 동등한 부피들과 같거나 언제나 그 부피들과 비례를 이룬다.

돌턴은 물이 수소와 산소가 원자 간의 결합에 의해 형성된다고 가정했다. 게이뤼삭은 수소 2부피가 산소 1부피와 결합하여 수증기 2부피를 만들어낸다는 것을 발견했다. 아보가드로에 따르면 수증기는 산소 원자의 두 배인 수소 원자를 포함하고 있다. 수소 1부피는 산소 1부피가 지니고 있는 것과 동일한 수의 분자들을 갖고 있다.

이 두 가지 부피가 하나로 결합될 때, 그 화합은 돌턴이 생각했던 것처럼 원자 대 원자로 발생하지는 않지만, 각각의 산소 1/2분자가 수소 분자와 결합한다. 그러므로 물을 나타내는 기호는 HO가 아닌 H_2O가 된다.

법칙의 활용

지금까지 돌턴이 화학의 위대한 입법자로 불릴 자격이 있음을 충분히 설명했다. 여기에서는 명확하게 공식화된 물리 현상들에 대한 지식의 발달에 끼친 그의 영향은 단지 부분적으로 보여줄 수 있을 뿐이다.

1800년에 그는 〈기계적인 액화와 희박한 공기에 의해 발생하는 열과 냉기에 대하여〉라는 논문을 작성했다. 돌턴의 전기작가에 따르면, 이 논문에는 압축에 의해 방출되는 열과 팽창에 의해 방출되는 열에 대한 최초의 정량적인 설명이 포함되어 있었다. 열에 관한 이론에 대한 그의 공헌은 이렇게 설명되어 있다.

'어떤 종류의 기체이든 일정한 압력 하에서 끓는 온도로 올라가면 기체의 부피는 그 자체의 동일한 분율 만큼 팽창한다.'

1798년에 럼포드(Rumford 1753~1814) 백작은 영국왕립학회에 〈마찰에 의해 일어나는 열의 원인에 관한 연구〉를 공표했다. 이 논문을 위한 자료는 뮌헨에서 수집한 것이었다. 도시 빈민 가정을 위한 난방공급이라는 실용적인 문제에 관심이 있었던 럼포드는 병기고에서 대포의 구경(口徑)에서 발생하는 엄청난 열에 충격을 받았다.

그는 무한한 마찰의 과정에 의해 만들어질 수 있는 그 어떠한 것도 황이나 수소와 같은 물질일 수는 없으며 운동의 형태여야만 한다는 결론을 내렸다. 같은 해에 젊은 데이비는 독자적으로 진공 속에서 두 조각의 얼음을 규칙적으로 함께 마찰시키는 것으로 이 연구 과정을 따랐다. 비록 이 실험은 화씨 29°의 온도에서 실시되었지만 마찰은 얼음을 녹게 만들었다.

하지만 양조업 가문의 출신이며 일찍부터 양조산업에 몸담고 있던 제임스 프레스콧 줄에게는 열과 기계적인 에너지 사이의 정확한 관계를 발견할 수 있는 특출함이 준비되어 있었다. 맨체스터에서 돌턴에게 화학을 배운 후에 그는 물리실험에 열중했다. 1843년에 그는 〈자기전기의 발열효과와 열의 기계학적 가치에 대하여〉라는 논문을 준비했다.

이 논문에서 그는 열과 기계력의 통상적인 형태 사이의 관계를 다루면서 '자기전기의 기계를 회전시키는데 소비되는 기계 에너지는 열로 전환되며 코일을 통해 유도된 전류의 흐름에 의해 방출된다. 반면에 전기자기 엔진의 동력은 작동시키는 배터리의 화학적 반응으로 인한 열의 소비에서 얻어진다.'는 것을 증명했다.

1844년에 그는 기체의 밀도에서 일어나는 변화와 관련된 온도의 변화에 대한 자신의 과거의 연구에서 유지했던 원리들을 적용시키는 작업을 진행했다. 그는 이 연구의 이론적인 중요성만큼이나 실용적인 중요성을 인식하고 있었다. 실제로 돌턴의 유명한 제자인 그는 나중에 기체의 압축에 의해 발생하는 열의 양에 대한 측정을 통해 증기기관의 가장 위대한 개량들 중의 한 가지를 완수했다.

줄은 자신의 연구가 베이컨에서 시작된 열의 동력이론을 확인하는 것이기도 하다는 것을 알았으며, 이어지는 시기에 럼포드와 데이비를 비롯한 사람들의 실험들에 의해 매우 훌륭하게 입증되었다.

1844년 6월에 발표한 이 논문에서 줄은 이미 물리학에서 중요하게 요구하는 열의 기계학적 등가를 정확하게 확인하겠다는 희망을 표명했다. 그는 거듭해서 이 문제를 다루었다.

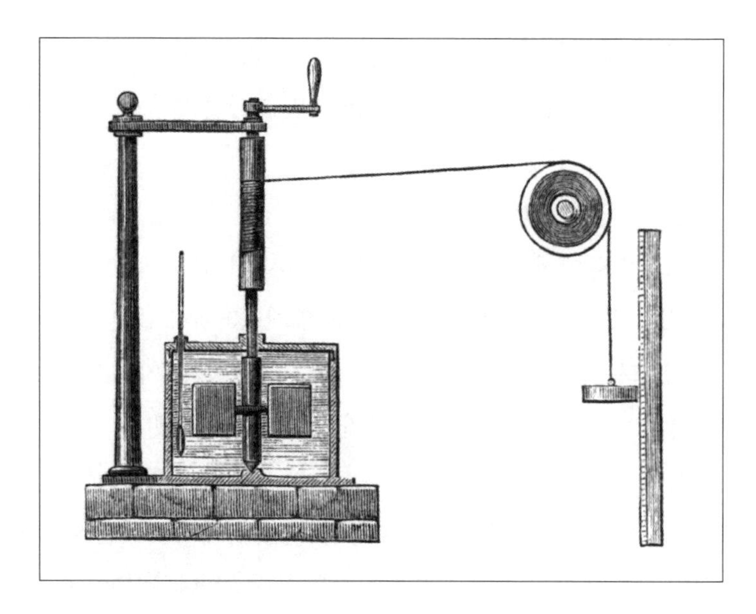

줄의 기계적 등가측정장치

그의 최종적인 결과에 따르면 1파운드의 물의 온도를 화씨 1° 올리는데 요구되는 열의 양은 1피트 거리를 통해 772.55파운드를 끌어올리는데 요구되는 기계 에너지와 동등하다.

그렇게 해서 열은 에너지의 한 형태이며 열과 기계에너지 사이에는 일정한 관계가 있다는 것이 증명되었다. 기계에너지는 열로 변환될 수 있을 것이다. 만약 열이 사라진다면 열과 양이 동등한 다른 형태의 일정한 에너지가 그것을 대체해야만 한다.

열의 일정한 양은 언제나 기계에너지의 일정한 양과 동등하다는 원칙은 1847년에 줄과 헬름홀츠(Helmholtz)에 의해 처음으로 명확하게 발표된 에너지 보존의 법칙 하나의 특별한 예이며 일반적으로 19세기의 가장 중요한 과학 발견으로 인정받고 있다.

로스코(Roscoe)는 맨체스터 타운홀에 서로 마주보고 있는 실물 크기의 대리석상 두 개를 언급하면서 충만한 자부심으로 이렇게 말했다.

'그러므로 영광은 두 명의 위대한 맨체스터의 아들들에게 주어졌다. 돌턴은 현대 화학과 원자이론의 창시자이며 화학결합 비례의 법칙을 발견한 사람이며, 줄은 현대 물리학의 창시자이며 에너지 보존의 법칙을 발견한 사람이다.'

Chapter 13

전기화학의 창시자

험프리 데이비

열아홉 살 청년 과학자

험프리 데이비(Humphry Davy 1778~1829)는 매우 온화한 기후와 아름답고 장엄한 풍경이 어우러진 영국의 콘월에서 태어났다. 반도의 양쪽에는 여름의 태양 아래 다양한 분위기의 대서양이 펼쳐지고, 그곳의 안개 장막으로부터 검은 해안의 낭떠러지와 시간이 조각해놓은 사암들 위로 천둥이 친다.

해안으로부터 길게 뻗은 내륙의 꽃들이 만발한 오솔길과 산울타리 사이로 짙은 녹색의 굽이치는 목초지는 짙은 갈색을 띤 경작지에 의해 한층 더 생생해진다.

데이비는 300여 명의 주민이 살던 펜잔스의 그림 같은 풍광 속에서 어린 시절을 보냈다. 만의 건너편에는 밀턴의 시에서 언급되는 보호받는 산(성 미카엘)의 장엄한 경관이 우뚝 솟아오른다. 동쪽 끝으로는 영국 최남단의 곶인 리자드 헤드가 있고 북쪽으로 몇 마일 떨어진 곳에는 모래 해변의 해안선과 함께 성 아이브스가 있다.

험프리 데이비. 전기분해에 의해 칼륨, 나트륨, 염소 등을 분리해 냈다.

펜잔스의 땅끝 마을에서 서쪽으로 그리 멀지 않은 곳에 '무한한 두 바다의 사이'에 파수꾼이 서 있다.

어린 데이비는 주변 환경의 매력을 생생하게 느꼈으며 그의 천재성은 상상력 풍부한 켈트인의 초자연적 대리자에 대한 타고난 믿음에 민감했다. 다섯 살의 조숙했던 어린이로서 그는 즉흥시를 읊었으며, 청년으로서 마운트 베이의 영광을 뛰어난 시구로 표현했다.

"무엇보다 장엄한 하늘색 바다,
그 한가운데에서 태어났다는 것이 나는 기뻤다."

데이비는 펜잔스에서 9년 그리고 트루로 중학교에서 1년 동안 이른바 일반교양 교육을 받았다. 그는 고전작품들을 영시로 번역하는 것을 가장 잘했다. 어느 정도 게으른 편이었던 그는 낚시(평생 낚시를 즐겼다)와 사냥을 좋아했으며 선생님들보다 학교의 친구들로부터 더 많은 인정과 사랑을 받았다.

친구들을 그의 뛰어난 능력을 인정했으며 라틴 작문에서 그의 도움을 구했으며(읽기와 쓰기는 물론 연애편지를 쓰는데) 그가 들려주는 상상력 넘치는 불가사의한 일이나 공포스러운 이야기를 열심히 들었다.

나중에 그는 어머니에게 이렇게 편지를 썼다. '결과적으로, 라틴어와 그리스어를 배웠던 방식은 우리들 정신의 중요한 구조에 그다지 영향을 끼치진 못한 것 같아요. 어릴 때 많은 시간을 혼자 지내면서 특별한 학습 계획 없이 코리톤 선생님의 학교에서 충분히 게으르게 생활했던 것이 다행이었다고 생각해요. 제가 가지고 있는 대수롭지 않은 재능들을 특별하게 적용했던 환경에 고마움을 느끼고 있거든요.'

데이비가 16세일 때 아버지가 죽었다. 미망인과 다섯 명의 자녀, 그리고 남은 재산이 거의 없는 가정의 장남이었던 그는 아들과 형제로서 자신의 역할을 다 할 것이라는 결심을 밝혔다. 그리고 훌륭하게 그 결심을 실행했다. 몇 주가 지나지 않아 약제사이기도 한 의사의 도제가 되었다.

그렇게 해서 자신의 천직을 찾게 된 그는 자기 교육이라는 자신만의 특별한 계획을 작성했으며 그것을 굳건히 지켰다. 그의 동생인 존 데이비(John Davy) 박사는 험프리의 수첩에 적혀 있던 그 계획을 직접 확인했다. 그가 도제가 되던 그 해에(1795) 작성된 것이었다.

1. 신학 또는 종교: 자연의 가르침
   윤리학 또는 덕: 계시의 가르침
2. 지리학
3. 나의 직업 :
   1) 식물학 2) 약학 3) 질병 분류학 4) 해부학 5) 외과의술 6) 화학
4. 논리학
5. 언어 등

자기수양의 계획을 수행하면서 데이비가 작성했던 일련의 에세이들은 그의 정신이 당대의 대중들을 특징짓는 미신들로부터 얼마나 빠르게 벗어나 있는지를 보여준다. 그는 당시의 모든 계급들이 쉽사리 믿던 괴물과 마녀들에 대한 공포에 사로잡혀 있던 소년이었다.

그의 수첩은 그가 그 시기의 종교적, 정치적 견해들을 검토하고 있었다는 것을 보여준다. 그는 불멸과 영혼의 비실체성, 정부, 인간의 경신성(輕信性), 신체의 구성에 대한 사고력의 의존성, 존재의 궁극적인 목적, 행복 그리고 도덕적인 의무에 대한 에세이들을 작성했다.

그는 로크, 하틀리(Hartley), 버클리(Berkeley), 흄(Hume), 엘베시우스(Helvetius), 콩도르세(Condorcet) 그리고 리드(Reid)의 작품들을 공부했으며 독일 철학에 대해서도 알고 있었다. 데이비가 화학의 실험적 연구를 시작했던 것은 19세가 되기 전의 일이었다.

라부아지에의 《화학원론》에 이끌리고, 그레고리 와트*(Gregory Watt: 증기기관차를 만든 제임스 와트의 아들)의 우정과 대학 교육을 받은 또 다른 신사의 격려를 받고, 콘월 지역의 광업에 자극받은 데이비는 이 새로운 학문을 열정적으로 추구하여 몇 달이 지나지 않아 물리학에 관한 과감한 일반화로 가득 채운 두 편의 에세이를 작성했다. 이 작품들은 1799년 초에 출간되었다.

부분적으로 앞의 장에서 언급되었던 독창적인 실험을 근거로 그는 이러한 결론에 도달했다. '열 또는 물체들을 구성하는 작은 입자들의 실질적인 접촉을 방해하는 힘이면서, 우리들의 열과 냉기에 대한 특별한 감각의 원인인 그 힘은, 작은 입자들을 서로 분리시키려는 특별한 움직임인 진동으로 정의될 수 있을 것이다.'

이 에세이에서 재능 있는 열아홉 살 청년이 앞으로 이어질 수십 년 동안의 과학을 어떻게 예측했는가를 보여주는 또 다른 문장들도 인용할 수 있다. 하지만 주요한 부분들에 나타나는 섣부른 노력들은 과도한 성찰과 불완전한 검증으로 인한 결함이 두드러졌다.

그는 곧 자기 연구를 너무 성급하게 발표했던 것을 후회했다. 그는 '한두 가지의 빈약한 사실들로 구성된 다양한 이론들을 검토하면서 그것들을 모두 피해야 하는 것이 진정한 과학자의 일이라고 확신했다. 그것들에 대해 추론하는 것보다 사실들을 축적하는 것이 더 힘든 일이었다. 하지만 훌륭한 하나의 실험이 뉴턴이 지닌 창의력 있는 뇌보다 더 가치가 있는 것이었다.'고 밝혔다.

그러는 동안 데이비는 브리스톨에 있는 기체연구소의 설립자인 베도스(Beddoes) 박사에 의해 소장으로 발탁되었다. 이 연구소는 토마스 웨지우드를 비롯한 유명인사들의 기부금을 지원받았으며, 실험을 통해 흡입되는 다양한 기체들 또는 그들이 명명했던 '인위적인 공기'의 생리학적 효과를 발견하려는 목적을 갖고 있었다.

그런 단체의 설립은 과학적 탈선이라고 불렸지만, 현재 의료현장에서 산소, 아산화질소, 클로로포름 등을 비롯한 흡입제들이 활용되고 있는 것은 그곳에서 시작된 것과 같은 종류의 연구가 건전하였다는 것을 보여주는 것이다.

브리스톨에 가기 전에 이미 데이비는 어떤 의사가 '감염의 주체'일 것이라고 주장했음에도 불구하고 공기와 혼합된 적은 양의 아산화질소를 흡입했다. 그는 일련의 검사들을 수행했으며 최종적으로 의사의 도움을 받아 더욱 광범위한 실험을 실행했다.

밀폐된 곳 또는 상자 안에서 그는 위험하다고 여겨지는 상당량의 기체를 들이마셨다. 상자 안에서 1시간 15분 동안 머문 후에 그는 순수한 아산화질소를 흡입했다. 그는 당시의 경험을 이렇게 설명했다.

"가슴으로부터 손과 발로 퍼져나가는 오싹한 느낌이 거의 즉각적으로 일어났다. 팔과 다리의 모든 곳에서 대단히 기분 좋은 감각이 확산되는 것을 느꼈다. 시각적인 느낌은 현란했으며 분명하게 확대되어 보였다. 그 방안에서 일어나는 모든 소리를 들었으며 내가 처해 있던 상황을 완벽하게 의식하고 있었다.

점점 그 기분 좋은 감각이 증가하면서 나는 외부적인 일들과의 모든 연결이 끊어졌다. 내 머리 속으로는 생생한 이미지들이 연속해서 빠르게 스쳐 지나갔고 완벽하게 새로운 지각작용들이 만들어지는 것과 같은 방식으로 단어들과 연결되었다.

나는 새롭게 연결되고 새롭게 변형된 생각들의 세상에 존재했다. 내가 발견해냈다는 이론을 세우고 마음속으로 상상했다. 킹레이크(Kinglake) 박사에 의해 반쯤은 정신착란의 황홀에서 깨어났을 때, 내 주변의 사람들을 보면서 처음으로 느꼈던 것은 분노와 자부심이었다. 나의 감정은 열광적이며 장엄한 것이었으며, 내게 건네지는 말들을 전혀 개의치 않고 잠시 동안 방 안을 서성거렸다.

다시 원래의 상태로 돌아왔을 때, 나는 실험하는 동안에 내가 찾아낸 것들을 알리고 싶었다. 나는 그 생각들을 떠올리려고 노력했다. 그것들은 희미하고 불분명했다. 하지만 한 묶음의 용어들이 저절로 나타났다.

지극히 강렬한 믿음과 예언적인 태도로 나는 킹레이크 박사에게 큰소리로 외쳤다. '생각들 외에는 아무것도 존재하지 않아요! 이 우주는 느낌과 생각, 기쁨과 고통으로 이루어져 있어요!'"

열정적인 과학 강연자

데이비는 그를 만나는 모든 사람들의 존경을 받으며 관심을 불러일으켰다. 그가 브리스톨에 도착한 직후 그를 소개받았던 어떤 작가는 그 청년의 얼굴에서 지적인 특징을 보았다고 했다. 그의 두 눈은 날카로웠으며, 그가 대화에 참여할 때 마치 외부대상들의 방해를 거의 받지 않고 엄격한 생각을 추구하고 있는 것처럼 그의 말투는 추상적인 것들을 드러냈다. 이 작가는 이렇게 덧붙였다.

'그의 정신적인 탁월함만큼이나 그의 솔직함이 깊은 인상을 주었다.' 명랑하고 재치 있는 우아한 여성이며 이 젊은 과학자의 열렬한 찬미자인 베도스(Beddoes) 부인은 마리아 에지워스*(Maria Edgeworth; 18세기 영국계 아일랜드 작가)의 동생이었다.

데이비의 열의에 대한 이 소설가의 관대한 평가는 곧이어 그의 압도적인 천재성에 대한 인정으로 이어졌다. 베도스 박사의 집에서 만났던 콜리지(Coleridge), 사우디(Southey)를 비롯한 문인 친구들은 모두 그의 정신적, 사회적 재능에 대해 존경심을 나타냈다. 사우디는 그를 불가사의한 청년이라 말하며 그의 재능에 경탄할 수밖에 없다고 했다.

런던을 방문해서 만났던 가장 똑똑한 사람들과 데이비를 비교해달라는 요청을 받은 콜리지는 단호하게 이렇게 말했다. '뭐라구요? 데이비는 그들 모두를 뛰어넘어요! 그의 정신에는 에너지와 탄력이 있어서 모든 문제들을 파악하고 분석해서 합리적인 결론으로 이끌어갈 수 있어요. 데이비의 정신 속에 있는 모든 주제들은 활력이 넘쳐요. 살아 있는 생각들이 그의 발밑에서 잔디처럼 솟아오릅니다.'

그는 데이비가 화학자가 되지 않았다면 그 시대 최고의 시인이 되었을 것이라고 생각했다. 그들이 주고받았던 서신들은 너무나도 달랐지만 공통점이 아주 많았던 이 두 명의 천재들이 긴밀하게 교환했던 생각들과 감정을 여실히 보여준다.

1801년에 데이비는 1799년에 럼포드(Rumford) 경이 박애주의적인 목적으로 설립한 (런던의 앨버말에 위치한) 영국과학연구소의 화학강사로 임명되었다. 이 연구소의 목적은 일상생활의 일반적인 용도에 과학의 적용을 장려하는 것이었다. 설립자는 가난한 사람들에게 혜택을 주기 위해 상류사회의 공감을 얻고자 했다.

데이비는 박애정신에서 비롯된 열정과 기술 산업을 비롯한 일상적인 직업에서 화학 지식의 가치에 대한 명확한 인식으로 설립자의 계획에 기꺼이 참여했다.

대중적인 과학 강연자로서 그의 성공은 곧이어 이 새로운 연구소의 화학교수가 되도록 이끌었으며, 그의 영향력을 통해 과학 연구에 대한 관심은 런던 사교계의 유행이 되었다. 강사로서 그의 명성은 굉장한 것이어서 그와 가장 친한 친구들은 22세의 뛰어난 지방 출신 청년의 머리가 그를 향한 아첨으로 인해 이상해지지는 않을까를 걱정해야 했다.

그의 동생은 이런 글을 남겼다. '당시에 형에게 전달된 몇 편의 시를 읽었다. 익명으로 감정을 그대로 드러낸 표현으로, 그것들 중의 일부는 글쓰기의 열정만큼이나 시적인 취향을 드러내는 것이었으며, 모두 다 그의 외모와 태도가 청중들에게 보다 더 많은 영향을 끼쳤다는 것을 보여주는 것이었다.'

제혁산업에 대한 연구(1801~1802)와 농예화학에 대한 강연(1803~1813)은 영국과학연구소의 초기 목표와 데이비가 평생 지켜온 성향을 직접적으로 보여주는 것이었다. 하지만 그의 과학적 관심사는 화학 분석에 대한 갈바니(Galvani)와 볼타(Volta)의 전기 연구들의 적용을 증진시키는데 초점이 맞추어져 있었다.

1800년에 영국과학연구소의 소장에게 보낸 편지에서 볼타는 습식의 전도체에 의해 분리된 연속적인 한 쌍의 아연과 구리판으로 구성된 볼타 전지를 설명했으며, 그해 연말이 되기 전에 니콜슨(Nicholson)과 칼라일(Carlisle)은 물을 그 구성 분자들로 분해하는데 새롭게 고안된 이 장치에서 생성된 전류(電流)를 적용했다.

그 다음 해에 〈철학 잡지〉는 이렇게 전한다.

'또한 우리는 이제 막 연구소에서 공지한 철학의 새로운 분야를 다루는 연속강의를 알려드린다. 바로 갈바니의 전기현상이다. 이 흥미진진한 분야에 대해 (브리스톨 연구소)데이비 씨가 4월 25일에 첫 번째 강의를 한다. 동전기학(Galvanism)의 역사로부터 시작하여 그 이후의 발견들을 상세히 설명하고 감응을 축적하는 다양한 방법들을 해설한다.

그는 개구리의 다리에서 동전기의 효과를 보여주고 산 속에서 금속의 용해법에 끼치는 동전기적 효과에 관한 흥미로운 실험들을 공개할 것이다.'

전기분해와 화학의 대중화

1806년에 영국왕립학회에 보낸 논문인 〈전기의 화학적 매개물에 대하여〉에서 데이비는 수년간에 걸친 실험의 결과를 기록했다. 예를 들어, 그의 전기작가가 설명했듯이, 그는 석고 한 컵을 석면을 이용해 마노(瑪瑙) 한 컵과 연결하고 각각 맑은 물을 채운 다음 전지의 음극선을 마노 컵에 삽입하고 양극선은 석회의 황산염에 삽입한다. 약 4시간 후에 그는 마노 컵에서는 강한 석회용액을, 석고 컵에서는 황산을 발견했다.

이 배치를 반대로 하고 비슷한 시간 동안 이 과정을 실행하자 황산이 마노 컵에 나타났으며 반대편에서는 석회용액이 나타났다. 이렇게 해서 그는 전기 작용에 의해 일정한 물질의 성분을 옮기는 것을 연구했던 것이다.

데이비는 "반발하고 끌어당기는 에너지는 동일한 종류의 한 미립자에서 다른 미립자로 전달되어 액체 내에서 전도하는 '사슬'을 확립하려 한다고 가정하는 것은 매우 자연스럽다. 전기분해가 완전히 이루어지기 전에 분해와 재합성이 연속된다고 할 수 있다."고 했다.

1806년에 출판된 이 논문은 외국에서 커다란 관심을 끌었으며, 당시에 영국과 프랑스가 전쟁 중이었음에도 불구하고, 전기라는 주제에 관한 최고의 실험적인 연구로서 몇 년 전에 나폴레옹이 제정했던 훈장을 받게 되었다.

데이비는 이렇게 말했다. '어떤 사람들은 내가 그 상을 받아서는 안 된다고 했습니다. 그리고 신문에는 그것의 의미에 대한 멍청한 기사도 있었죠. 하지만 만약 두 나라 혹은 정부가 전쟁 중이라 해도 과학자는 그렇지 않습니다. 실제로 그것이 가장 나쁜 종류의 내란일 수도 있겠지만, 오히려 우리는 과학자라는 수단을 통해 국가적인 적대감을 완화시킬 수도 있습니다.'

그 다음 해에 데이비는 전기에 의한 또 다른 화학적 변화를 보고했다. 그는 응고한 알칼리를 분해하고 칼륨과 나트륨 성분을 발견하는데 성공했다. 대기로부터 약간 축축해진 소량의 순수한 알칼리를 분석하기 위해 그는 절연된 백금판을 볼타전지의 음극 면에 연결했다.

양극 면에 연결된 백금선은 알칼리의 위쪽 표면에 접촉시켰다. '알칼리는 전기를 통하게 한 양쪽 끝에서 융합되기 시작했다.' 아래쪽(음극)의 표면에서 높은 금속광택을 지닌 수은과 같은 작은 물방울(소구체)들이 나타났으며, 그것들 중의 일부는 폭발과 더불어 불꽃을 일으키며 탔지만 다른 것들은 그대로 남아 변색되었다.

데이비는 그때까지는 알려지지 않았던 금속이었던 이 작은 물방울들을 보았을 때, 흥분에 휩싸여 실험실을 돌며 춤을 추었으며, 얼마 동안은 자신의 실험들을 계속할 수 없을 정도로 흥분에 휩싸여 있었다.

심하게 병을 앓고 회복된 후에 실험 과학에 대해 어느 정도는 지나친 응용이라는 판단과 뉴게이트 교도소를 방문해 그곳의 위생상태를 개선시키겠다는 개인적인 판단에 따라 데이비는 알칼리 토금속에 대한 연구를 진행했다.

이 재료들로부터 순수한 금속물질을 얻어내려는 그의 노력은 성공을 거두지 못했다. 하지만 그는 알칼리 토금속이 알칼리와 수산화나트륨처럼 금속산화물이라는 추론으로 바륨, 스트론튬, 칼슘 그리고 마그네슘을 발견했다.

또한 데이비는 실리콘, 알루미늄, 지르코늄의 분리를 기대했다. 알칼리의 연구에 특별한 열성을 보였던 것은 분명하게도 산소가 모든 산성의 필수적인 원소라는 프랑스 화학자의 학설을 뒤집고 싶었기 때문이었다. 실제로 라부아지에는 그런 가설에 근거해 산소(acid-producer, 산을 발생시키는)라는 명칭을 사용했다. 하지만 데이비는 이 원소는 많은 알칼리의 구성 성분이라는 것을 밝혀냈다.

1810년에 그는 염소의 특성을 설명하는 것으로 자신의 논의를 진전시켰다. 포기할 줄 모르는 셸레에 의해 오래 전에 발견된 염소는 19세기 초에 염산이라는 명칭을 갖고 있었다.

데이비는 이것이 산소나 염화수소의 산을 포함하지 않고 있다는 것을 증명했다.(비록 우리가 알고 있듯이 이것은 수소와 함께 염화수소산을 구성하고 있지만) 그는 이 기체의 색깔(엷은 녹색) 때문에 염소라는 명칭을 부여했다. 나중에 데이비는 플루오르의 화합물을 연구했으며, 비록 그 원소를 분리시킬 수는 없었지만 염소와 유사하다고 추론했다.

1810년과 그 다음 해에 그는 더블린 학회에서 강연을 했으며, 두 번째 방문했을 때 트리니티 칼리지로부터 박사학위를 수여받았다. 1812년 봄에 기사 작위를 받았으며 아름답고 지적이며 부자인 여성과 결혼했다. 그는 영국과학연구소에서 화학 명예교수로 임명되었다. 그의 새로운 자립은 자신의 과학적 관심사들을 마음껏 추구할 자유를 제공해 주었다. 1812년이 끝나갈 무렵 그는 부인에게 이렇게 편지를 썼다.

'어제는 대단히 흥미로운 발견과 사소한 사고를 끝내기 위한 새로운 실험들을 시작했소. 어쩌면 언젠가는 전쟁의 양태를 바꾸고 사회의 상태에 영향을 끼치게 될 화약보다 훨씬 더 강력한 화합물을 이용했소. 폭발이 일어났는데, 오늘 작업을 더 이상 하지 못한다는 정도의 피해만 있어 그 결과는 내일 전해지겠지만 난 전혀 언급하지 않을 것이오. 다만 당신이 그 실험에 대한 어리석고 과장된 설명을 듣게 되겠지만 사실 그 실험은 언급할 만한 가치가 없기 때문이라오.'

당시에 그가 실행했던 연구에 이용된 화합물은 지금 삼염화질소로 알려진 것이었다.

전쟁이 지속되고 있음에도 불구하고 1813년 가을에 험프리 경과 그의 부인은 마이클 패러데이(Michael Faraday)와 함께 유럽 대륙으로 여행을 떠났다. 패러데이는 그 해에 데이비의 추천으로 영국과학연구소에 근무하고 있었다. 험프리 경은 파리에서 프랑스의 과학자들로부터 특별한 환대를 받았다.

2년 전에 비누제조업자와 질산칼륨의 생산자가 해초의 회분(灰分, 나트륨)에서 발견한 물질이 화학 검사를 위해 데이비에게 전달되었다. 데이비가 도착할 때까지 파리에서는 그 물질의 실제 특성을 측정하려는 시도가 거의 이루어지지 않고 있었다.

12월 6일에 게이뤼삭은 그 새로운 물질에 대한 간략한 보고서를 제출했다. 그곳에서 그는 '아이오드(iode)'라 명명하면서 염소와 유사한 것이라고 밝혔다. 경쟁자의 등장으로 데이비는 거의 믿을 수 없는 속도로 작업을 진행하여 한 주 후에 현재 그가 명명한 요오드로 알려져 있는 새로운 원소의 주요한 특징들을 개략적으로 설명했다.

여기에서 붕산과 질산암모늄을 비롯한 다른 화합물들에 대한 그의 연구에 대해서는 다루지 않았다. 우리는 단지 언급하는 김에 다이아몬드와 그 밖의 카본의 형태, 고대인들이 사용했던 안료의 화학적 성분, 전기가오리에 대한 연구 그리고 아크 전등에 대한 그의 공헌을 언급하는 정도로 넘어가려 한다.

험프리 데이비 경은 광산의 안전등을 발명한 사람으로 널리 기억되는 것이 타당할 것으로 보인다. 19세기 초에 철 산업의 발달로 대체로 증기 엔진과 기계의 활용이 늘어나면서 탄광 사업이 활발하게 이루어졌다. 폭발성 메탄가스로 인한 탄갱의 폭발은 특히 영국의 북부에서 놀랄 만큼 자주 발생했다.

탄광의 주인들이 그런 재난들이 외부로 알려지는 것을 막으려고 하는 경우도 있었다. 하지만 가스 폭발로 인한 광부들의 부상을 막기 위한 단체가 구성되었고 데이비에게 자문을 구했다.

1815년에 대륙에서 돌아온 그는 의욕적으로 그 문제에 매달렸다. 그는 광산을 방문하고 가스를 분석했다. 그는 폭발성 메탄가스는 오직 고온에서만 폭발하며 이 폭발하는 혼합물의 불꽃은 작은 구멍들을 통과하지 못한다는 것을 알아냈다. 그러므로 광부의 램프는 불꽃을 둘러싼 연소를 위한 공기가 들어갈 수 있는 쇠그물망으로 만들었다.

쇠그물망으로 들어가는 폭발성 메탄가스는 안에서 조용히 타지만 쇠그물망 때문에 대량으로 폭발할 정도로 충분히 높은 온도를 가질 수는 없었다.

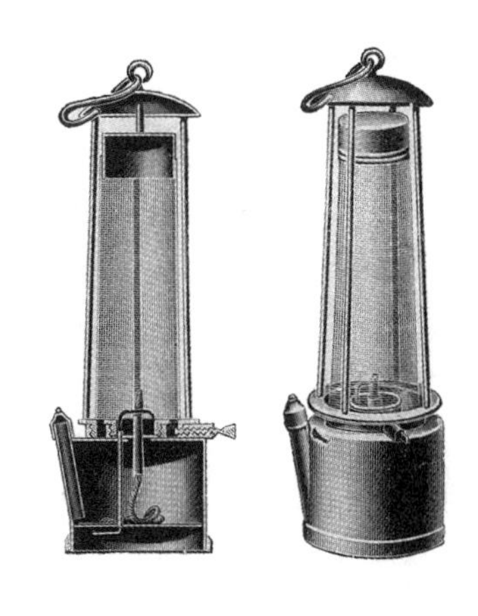

광산에서 사용된 데이비의 안전 램프.

자신에게 도움을 청했던 자선단체의 회원들 중의 한 사람에게 데이비는 이렇게 편지를 썼다.

'저의 화학 연구의 결과로부터 이처럼 커다란 기쁨을 누렸던 적은 한번도 없었습니다. 인간애에서 비롯된 일은 좋은 성과를 얻게 될 것이라 믿고 있습니다.'

1820년에 데이비는 영국과학연구소의 소장으로 선출되었으며 1827년에 건강이 나빠 사임할 때까지 그 직책을 수행했다. 그의 동생은 이렇게 전했다.

'형은 영국과학연구소가 베이컨이 《새로운 아틀란티스》에서 구상하고 계획했던 대학처럼 과학의 실용적인 모든 목적들을 위한 효율적인 기관으로 자리 잡는 것을 보고 싶어 했습니다. 이 연구소의 산하에 천문학을 위한 그리니치 왕립 천문대, 자연사를 위한 대영박물관이 자리 잡을 수 있기를 원했습니다.'

험프리 데이비는 훌륭한 성과들을 이루었지만, 아직 이루지 못한 고귀한 꿈들을 남겨둔 채 1829년에 제네바에서 사망했다. 다행스럽게도 데이비가 '자신의 발견들 중에서도 가장 중요하다'고 언급하곤 했던 마이클 패러데이가 그의 비범한 재능으로 착수했던 다양한 연구들을 더욱 진전시키는 과업에 가장 적합한 후계자가 되었다. 대부분의 지식인들은 콘월의 과학자이며 시인이며 철학자인 데이비 못지않게 패러데이를 주목했다.

Chapter 14

과학적 예언

해왕성의 발견

천왕성 너머에 있는 미지의 행성

이 제목 하에서 우리는 1846년에 해왕성에 대한 예언과 발견이라는 한 가지 일화에 주목할 것이다. 이 사건은 뉴턴 가설의 신빙성에 대한 증거를 제공하고, 천체의 움직임에 대한 계산에 도달하는 정확성을 과시하면서 대중은 물론 과학자들 사이에서도 열광적인 반응을 불러일으켰다.

과학 법칙은 단순히 관찰된 현상들에 대한 공식화와 설명이 아니라 새로운 진실의 발견을 위한 수단으로 등장했다. 1835년에 발즈(Valz)는 아라고(Arago)에게 편지를 보냈다.

'이렇게 해서 이해할 수 없었던 천체의 존재에 대한 지식에 도달했다는 것은 참으로 감탄할 만한 일이 아니겠소?'

많은 과학자들이 공헌했으며, 그 시대의 운동으로서 올바름의 구현이라 설명되었던 해왕성에 대한 예측과 발견은 1781년에 윌리엄 허셜에 의한 천왕성의 발견에서 비롯되었다.

그 사건 이후에 보드(Bode)는 다른 천문학자들도 천왕성을 발견했지만 행성으로 인식하지 못했을 가능성을 제기했다. 항성 목록의 연구에 의해 이 추론은 오래지 않아 입증되었으며, 현재 천왕성이라 불리는 천체에 대한 관측은 1690년에 플램스티드가 가장 먼저 했다는 것이 밝혀졌다. 최종적으로는 1781년 이전에 적어도 17번의 유사한 관측이 있었다는 것도 밝혀졌다.

이른바 고대의 관측들은 자연스럽게 행성의 궤도, 질량, 평균 거리, 태양과 관련된 황경(黃經) 등의 즉각적인 결정으로 이어졌을 것으로 추측된다. 그러나 실제로는 그와는 정반대였던 것으로 보인다.

라플라스의 동료인 알렉시 부바르(Alexis Bouvard 1767~1848)가 1821년에 천체역학*(물리학에서 역학의 원리를 천문학에 응용하여 천체의 운동을 연구하는 분야)의 법칙에 근거해 천왕성, 목성 그리고 토성의 운행표를 준비하고 있을 때, 천왕성의 궤도를 고대와 현대 관측들의 원자료와 일치하도록 고정시킬 수 없었던 것이다. 즉, 1781년 허셜의 발견 이전의 것과 이후의 것을 일치시킬 수 없었던 것이다.

그가 두 가지 원자료를 결합하여 궤도를 계산하면 이전의 관측들은 지극히 잘 맞았지만 나중의 관측들은 충분한 정확도를 나타내지 않았던 것이다. 반면에 현대의 원자료만을 참작하면 표는 1781년 이후의 모든 관측들과 일치했지만 그 이전의 관측들과는 맞지 않았다.

일치하는 결과는 오직 현대나 고대의 관측들 중 한 가지를 포기했을 때만 얻어질 수 있었다. 부바르는 이렇게 말했다. '나는 진실을 위해 더 많은 확률을 결합시키는 것으로서 두 번째 대안을 따르는 것이 더 나을 것이라고 생각했다. 그리고 그 두 가지 체계의 일치가 어려운 것이 고대 관측들의 부정확성에서 비롯된 것이든, 행성에 작용하는 어떤 외부적이며 미지의 영향에서 비롯된 것이든 미래에 밝혀지도록 남겨두는 것이 더 낫다고 생각했다.'

1821년에 알렉시 부바르가 어느 정도는 암시적으로 제시했던 외부적인 영향은 그의 사망 3년 후에 완전하게 드러나게 되었다.

하지만 그 운행표가 발표되자마자 계산과 관측 사이의 새로운 불일치가 제기되었다. 1832년에 영국과학연구소의 첫 번째 회의에서 에어리(Airy) 교수는 〈천문학의 발달〉에 관한 논문에서 천왕성과 관련된 관측자료가 1821년의 표에서 광범위하게 다르다는 것을 밝혔다. 그의 영향을 통해 1833년에 '1750년부터 그리니치에서 이루어진 모든 행성 관측의 오차 수정'이 실시되었다.

에어리는 1835년에 왕실 천문학자가 되었으며 줄곧 천왕성에 특별한 관심을 갖고서 그 표에 이 행성에 할당된 동경(動徑)이 너무 작다는 사실을 특별히 강조했다.

1834년에 아마추어 천문학자인 핫세(T. J. Hussey) 목사는 천왕성의 궤도에 나타나는 불규칙성과 관련된 편지를 에어리에게 보냈다. '고대와 현대의 관측들 사이의 분명하게 설명할 수 없는 불일치는 천왕성 너머에 알려지지 않았기 때문에 고려해보지 않았던 방해하는 어떤 천체가 있을 가능성을 생각하게 합니다. 그 후로도 나는 부바르와 대화하면서 그런 경우는 아닐지를 물어보았습니다.'

부바르도 그런 생각을 했다고 대답했다. 실제로 1829년에 그는 행성의 섭동(攝動)에 관한 권위자인 한센(Hansen)과 그 문제와 관련된 서신을 주고받기도 했다.

그 다음 해에 니콜라이(Nicolai)는 (발즈와 마찬가지로) 혼란스러운 목성의 영향 하에 다시 나타난 핼리 혜성(1758년의 놀라운 과학적 예측의 주제였던)의 궤도와 관련하여 초-천왕성 행성의 문제에 관심을 갖고 있었다. 실제로, 다가올 새로운 행성 발견의 개연성은 얼마 되지 않아 천문학에 관한 대중적인 논문들에 나타났다.

소머빌(Somerville) 여사는 자신의 책 《물리학의 연결》(1836)에서 천왕성에 대한 기록의 불일치는 심지어 '가시권 너머에 위치하는 어떤 천체의 질량과 궤도'가 존재한다는 것을 보여주는 것일 수도 있다고 했다.

마찬가지로 매들러(Madler)는 자신의 《대중 천문학》에서 천왕성은 토성의 궤도에서 생성된 섭동의 연구에서 예측된 것일 수도 있다는 견해를 피력했다. 천왕성 너머의 천체에 이 결론을 적용하면 우리는 '실제로 그 분석이 언젠가는 우리의 현실적인 상황에서는 꿰뚫어볼 수 없는 곳에서 정신의 눈으로 이루어낸 최고의 성공적인 발견들을 엄숙하게 축하할 것이라는 희망을 표명하게 될 것이다.'라고 했다.

이 설명에서 알렉시의 조카인 외젠 부바르(Eugene Bouvard)의 노력을 간과해서는 안 된다. 그는 천왕성의 궤도에 나타나는 변칙적인 것들(근점 이각近點離角)을 줄곧 기록했으며 해왕성이 발견되기 직전까지 새로운 행성표를 그려왔다.

1837년에 그는 에어리에게 천왕성의 관측과 계산 사이의 차이가 크며 점점 더 커지고 있다는 편지를 보냈다. '이 행성 너머에 위치하는 어떤 행성에 의해 이 행성 주변에서 일어난 섭동으로 인한 것일까요? 저는 알 수가 없지만, 이건 제 삼촌의 견해입니다.'

1840년에 유명한 천문학자인 베셀(Bessel)은 그 불일치를 설명하려는 시도는 '어떤 미지의 행성에 대한 궤도와 질량을 발견하기 위한 노력에 근거해야만 한다. 천왕성의 섭동을 일으키는 성질을 지닌 그 행성은 관측들에서 나타나는 현재의 불일치를 조정하게 될 것이다.'라고 선언했다.

2년 후에 그는 확실하게 존재한다고 생각하고 있던 새로운 행성과 관련된 연구에 착수했다. 하지만 그의 노력은 그의 조수인 플레밍의 사망과 그 자신의 병으로 인해 중단되었다. 1846년 해왕성의 실질적인 발견이 이루어지기 몇 달 전에 그의 병은 치명적인 것으로 밝혀졌다.

새로운 행성을 찾으려는 노력이 일반적인 일이 되고 있었다는 것은 명확하다. 천왕성의 오류는 여전히 2분이 채 되지 않는 것이었다.

르 베리에. 수학적 계산으로 해왕성을 발견한 프랑스의 천문학자. '펜 끝으로 행성을 발견한 사람'으로 불린다.

계산한 위치와 다른 이러한 일탈은 육안으로는 감지할 수 없었지만 과학계에서는 뉴턴 이론의 유효성에 도전하는 것으로 여겨지거나 여전히 태양계에 또 다른 행성의 추가를 예시하는 것이기도 했다.

1841년 7월에 에어리의 논문인 《천문학의 발달》을 읽고 관심을 갖게 된 세인트존스 대학의 재학생인 카우치 애덤스(Couch Adams)는 대학 졸업 후에 당시의 많은 사람들이 모여들고 있던 그 문제의 해결을 위해 자신이 시도하기로 결심했다. 학사학위를 받은 후인 1843년 초에 수석 일급 합격자로서 애덤스는 '천왕성에 영향을 끼치는 혼란스러운 천체의 가장 개연성이 있는 궤도와 질량을 찾아내기 위한' 연구에 착수했다.

행성의 섭동에서 일반적인 문제는 알려진 질량과 운동의 천체에 의해 알려진 궤도에 끼치는 영향을 결정하는 것이 필요했다. 이것은 반대의 문제였다. 주어진 섭동은 혼란을 일으키는 행성의 위치, 질량 그리고 궤도를 찾아낼 필요가 있었다. 주어진 행성인 천왕성의 요소들 자체가 의심스럽다는 것에서 원자료는 더욱 애매모호했다. 사실 그것의 행성표를 신뢰할 수 없다는 것이 현재 진행되고 있는 연구가 처해 있는 상황이었다. 13가지의 미지수가 포함되어 있다는 것은 이 문제의 어려움을 나타내기에 충분한 것이었다.

새로운 행성의 위치를 계산하다

애덤스는 미지의 행성의 궤도는 원이며, 어쩌면 태양으로부터 떨어진 거리는 천왕성의 두 배일 것이라는 가설에서 시작했다. 뒤의 가설은 이른바 '보드의 법칙'과 일치하는 것이었다. 그것은 단순한 수적인 관계가 행성의 거리들(4, 7, 10, 16, 28, 52, 100, 196) 사이에 존재한다는 것이었다. 그리고 태양으로부터 더욱 멀리 떨어져 있는 행성들은 그 전전 행성 거리의 거의 두 배 이상인 경향이 있었다. 그의 첫 번째 시도에서 애덤스는 보다 더 정확한 측정을 실행할 용기를 얻게 되었다.

그를 대신하여 케임브리지의 찰리스(Challis) 교수는 1750년부터 1830년까지 그리니치에서 〈행성 관측의 수정〉을 제공했던 왕궁 천문학자인 에어리에게 문의했다.

애덤스는 자신의 두 번째 작업에서 미지의 행성은 타원형의 궤도를 갖고 있다고 가정했다. 그는 그 해결책에 점진적으로 접근했으며, 보다 많은 섭동의 조건들을 고려했다. 1845년에 그는 그 결과들을 찰리스에게 제출했고 찰리스는 그 달 22일에 에어리에게 편지를 썼으며, 애덤스는 개인적으로 왕궁 천문학자에게 해결책을 제출할 기회를 얻게 되었다.

1845년 10월 21일, 에어리를 만나려는 두 번의 시도를 이루지 못했던 이 젊은 수학자는 왕궁 천문대에 새로운 행성의 요소들을 담고 있는 논문을 남겨 놓았다. 그 행성에 지정된 위치는 실제 위치의 약 1° 내에 있는 것이었다.

11월 5일 에어리는 애덤스에게 편지를 보내 그 해결책이 태양 중심의 황경(黃經)과 마찬가지로 동경(動徑)의 오류를 설명하는 것인지의 여부를 물었다. 에어리에게는 이것이 결정적인 질문이었지만, 애덤스에게는 중요하지 않은 것으로 보였으며 그는 대답을 하지 못했다.

그 무렵에 이 분야에 만만치 않은 경쟁자가 나타났다. 르 베리에(Le Verrier 1811~1877)는 아라고(Arago)의 요청으로 천왕성의 불규칙성을 연구하고 있었다. 같은 해 9월에 외젠 부바르는 그 행성의 새로운 표를 제시했다. 르 베리에는 매우 신속하고 체계적으로 행동했다. 이 문제를 다룬 그의 첫 번째 논문은 1845년 11월 10일에 파리 아카데미의 '콩트 랑뒤'*(1666년부터 발행된 프랑스 과학 저널)에 게재되었다.

그는 천왕성의 궤도에 혼란스러운 영향을 끼치는 목성과 토성에 관련된 원자료를 면밀하게 검토했다. 1846년 6월 1일, 자신의 두 번째 논문에서 르 베리에는 천왕성에 대한 고대와 현대의 관측 기록들을(모두 279건이었다) 평가하면서 부바르의 표를 가혹하게 비판했다. 그리고 천왕성의 궤도에 관측의 오류로 인해 설명될 수 없는 근점 이각(近點離角)이 존재한다고 단정했다.

지금까지 천문학자들에게 알려지지 않은 외부로부터의 영향이 일정하게 존재한다는 것은 분명했다. 일부 과학자들은 태양계의 범위에 중력의 법칙이 유지되지 않는다고 생각했지만(다른 과학자들은 다른 계(系)들의 인력이 요인을 입증할 것이라고 생각했다) 르 베리에는 그러한 생각을 받

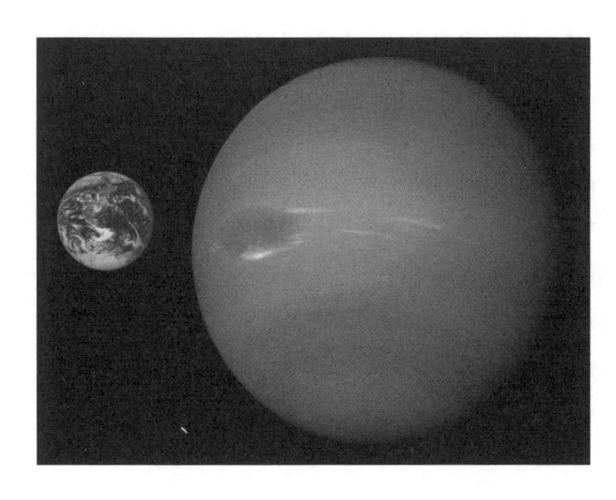

지구와 해왕성의 크기 비교

아들이지 않았다.

다른 이론들을 모두 폐기하면서 그는 이렇게 질문했다. '천왕성의 불규칙성이 천왕성의 두 배의 평균거리에 있는 황도에 위치하면서 교란시키는 행성의 작용 때문이라는 것이 가능할까? 그리고 만약 그렇다면, 이 행성은 어떤 지점에 위치하는 것인가? 그것의 질량은 얼마인가? 그것이 설명하고 있는 궤도의 요소들은 어떤 것인가?'

이 두 번째 논문에 기록된 계산에 의해 도달한 결론은 천왕성의 관측에서 소위 근점 이각은 모두 1800년 1월 1일 252°의 태양 중심 횡경인 행성으로부터 야기된 섭동으로 설명될 수 있다. 이것은 1847년 1월 1일의 325°와 일치할 것이다.

6월 23일에 르 베리에의 두 번째 논문을 받았던 에어리는 이 프랑스 수학자가 지난 10월에 애덤스가 새로운 행성으로 지목했던 것과 똑같은 위치를 지정했다는 사실에 충격을 받았다. 그는 르 베리에에게 동경의 오류를 문의하는 편지를 보냈으며, 만족스럽고 충분히 납득할 만한 대답을 받을 수 있었다. 한때 이 왕궁 천문학자는 자신의 노력으로 촉진시켰던 그 발견의 가능성에 대해 대단히 회의적이었다.

약간은 애매모호한 그의 설명을 인용하자면, 그는 언제나 오래된 수학적 결과의 정확성은 수학적인 증거이기보다 오히려 도덕의 문제일 것이라고 생각해왔다.

이제 애덤스의 결과에 대한 확증적인 사실이 나타났으니 그는 애덤스와 르 베리에의 이론적인 조사 결과가 가리키고 있는 천체의 그 부분에 대해 망원경으로 검사해보는 것이 시급하다고 생각했다. 그에 따라 그는 7월 9일에 찰리스 교수에게 케임브리지 관측소의 노섬벌랜드 적도의를 활용해 줄 것을 요청하는 편지를 보냈다.

그의 말을 그대로 옮기자면, 찰리스 교수는 단순히 이론적인 추론에 의

존해 관측을 실행한다는 것은 너무나도 기발한 것이어서 엄청난 노력이 필요할 것이 분명하지만 성공은 대단히 회의적일 것이라고 생각했다. 그럼에도 불구하고 그 새로운 행성의 이론적인 위치와 관련된 새로운 설명서를 받게 된 그는 6월 29일에 관측을 시작했다.

8월 4일에 일정한 평가기준을 고정하면서 그는 항성을 새로운 행성으로 잘못 알아보았다. 8월 12일, 애덤스의 설명서에 따라 망원경의 방향을 잡으면서 그는 다시 동일한 천체를 항성으로 알아차렸다.

찰리스가 8월 12일의 관측 결과를 7월 30일에 있었던 똑같은 구역에 대한 관측과 비교해보기 전에 후자의 관측에는 없었던 문제의 그 천체가 항성이 아닌 행성이라는 결론에 도달했다면 그 발견의 공은 다른 관측자의 손으로 떨어졌을 것이다.

8월 31일에 르 베리에의 세 번째 논문이 발표되었다. 여기에는 새로운 행성의 궤도, 질량, 태양으로부터의 거리, 이심률(離心率) 그리고 황경이 설명되어 있었다. 1847년 1월 1일의 실질적인 태양 중심의 황경은 326°로 제시되었다.

이러한 확정은 그 행성을 염소자리의 δ 항성의 동쪽으로 약 5°로 위치시켰다. 르 베리에는 그 행성의 평원형의 표면에 의해 인식될 것이며 더 나아가 일정한 각도를 이룰 것이라고 했다.

가장 위대한 과학 아카데미의 한 곳에 제출된 르 베리에의 연구가 지닌 체계적이며 확정적인 성격은 천문학자들의 마음에 확신을 심어주었다. 학계는 위대한 발견이 다가와 있다는 것을 느꼈다.

9월 10일에 영국왕립학회에서 행한 연설에서 존 허셜 경은 지난 해에는 새로운 행성에 대한 기대가 있었다고 말했다. '우리는 이것을 마치 콜럼버스가 스페인의 해변에서 아메리카를 보았던 것처럼 생각했습니다. 그 움직임은 눈으로 실측한 것에 전혀 뒤지지 않는 확실성으로 우리들의 분석

의 광범위한 경계선을 따라 전율을 느끼게 했습니다.'

9월 18일에 르 베리에는 베를린 관측소의 갈레(Galle) 박사에게 편지를 보냈다. 편지에는 베셀(Bessel)의 제의로 준비된 일련의 별자리표가 제시되어 있었다.

일주일 후에 갈레는 답장을 썼다. '당신이 지시한 그 위치에 그 행성이 실제로 존재합니다. 편지를 받았던 그 날(9월 23일) 나는 8등급의 별 하나를 발견했으며, 그것은 베를린의 왕립 아카데미의 별자리표 모음집에 속하는(브레미커Bremiker 박사가 마련했던) 그 훌륭한 지도에는 등록되지 않은 것이었습니다. 그 다음날의 관측에서도 명확하게 그것이 찾고 있던 행성이라는 것이 증명되었습니다.' 그것은 예측했던 지점에서 단지 57'이 벗어나 있었다.

아르고는 르 베리에가 이루어낸 발견은 현대 천문학이 이룬 정확성의 가장 훌륭한 표명들 중의 한 가지라고 했다. 그것은 최고의 기하학자들에게 새로운 열정으로, 플리니(Pliny)의 표현으로 하자면, 이론의 권위에 숨어 있는 영원한 진실을 찾아내도록 용기를 주는 것이었다.

애덤스와 르 베리에의 업적

찰리스 교수는 9월 29일에 르 베리에의 세 번째 논문을 받았으며 그날 저녁에 자신의 훌륭한 굴절 망원경을 르 베리에가 그토록 확실하고 그토록 자신만만하게 지시한 천체의 구역으로 향했던 것이다. 관측했던 300개의 별들 중에서 찰리스는 8등급의 밝기로 평원형의 표면을 드러내는 별의 등장에 충격을 받았다. 10월 1일에 찰리스는 독일의 관측자가 그를 앞질렀다는 소식을 듣게 되었다.

애덤스가 훌륭한 계산을 해냈다는 것을 인식하고 있었던 아라고는 그

젊은 수학자가 자신의 연구 결과를 발표하지 못했다는 사실이 새로운 행성의 발견이라는 영광에서 그의 몫을 박탈하게 될 것이며 역사는 그러한 판단을 굳히게 될 것이라고 생각했다.

아라고는 새로운 행성을 이 프랑스 발견자의 이름을 따라 명명했지만 얼마 지나지 않아 해왕성이라는 이름을 마지못해 따르게 되었고 그 이후로 해왕성으로 널리 사용되었다.

수개월 동안 발표하지 않아 주목받지 못한 애덤스의 열구결과를 갖고 있던 에어리는 르 베리에에게 편지를 썼다. '당신은 의심의 여지 없이 이 행성의 위치를 예언한 사람으로 인정받을 것입니다.'

그 자신도 단호한 공무원이었던 에어리는 그 프랑스 수학자의 차분한 단호함과 명확한 설명에 깊은 인상을 받았다. '내가 잘못한 것이 아니라면, 여기에서 우리는 능력 있고, 또는 진취적이며 또는 부지런한 수학자를 훨씬 뛰어넘는 인물을 보고 있는 것입니다. 여기에서 우리는 철학자를 보고 있는 것입니다.'

이것은 오래된 수학적인 결과는 수학적인 증명이기보다 오히려 도덕적인 증명의 문제라는 그의 견해를 설명하는 것이었다.

애덤스의 친구들은 그가 연구결과를 위탁했던 천문학자들로부터 마땅히 받아야 할 도움이나 조언을 전혀 받지 못했다고 생각했다. 찰리스는 이해심이 많았지만 주도하는 힘이 부족했다. 비록 그는 굉장한 노섬벌랜드 망원경의 지휘자였지만 1845년에는 탐색을 개시할 생각조차 없었다. 그 행성의 존재를 제시하는 이론의 증거를 의심하지 않았다면, 그것의 위치가 대략적이지만 확실하고 그것을 찾는 것은 당연하게도 길고 고생스러울 것이라고 생각하는 것이 합리적일 것이기 때문이다.

사이먼 뉴콤(Newcomb)의 견해로는, 1845년 10월 21일 그리니치 천문대에 전달된 애덤스의 연구결과는 불과 몇 시간의 탐색만으로도 그 행성을 찾아낼 수 있을 정도로 목표물에 근접한 것이었다.

애덤스와 르 베리에는 모두 새로운 행성의 궤도는 원형이며, 보드(Bode)의 법칙에 따라 그것의 거리는 천왕성의 두 배라는 개략적인 추정으로 시작했다. 워싱턴 스미소니언 연구소의 워커(S. C.Walker)는 1847년에 해왕성 궤도의 활동 영역을 정확하게 결정할 수 있었다.

같은 해 2월에 그는 1795년 5월에 라랜드(Lalande)가 해왕성을 발견했지만 그것을 항성으로 오인했다는 것을 알게 되었다. (그 무렵에 알토나의 페테슨이 그랬듯이) 파리에 있는 라랜드의 기록들을 연구할 때, 그가 5월 8일과 10일에 두 번에 걸쳐 해왕성을 관측했다는 것을 알게 되었다.

그것들이 일치하지 않는다는 것이 관측자로 하여금 한 가지를 버리고 다른 한 가지를 의심스러운 것으로 생각하도록 만들었다. 만약 그가 관측을 반복했다면 그는 그 항성이 움직이며 실제로는 행성이라는 것을 알아차렸을 것이다.

해왕성의 궤도는 금성을 제외한 주요한 행성들의 궤적에 비해 보다 더 원형에 가까운 것이다. 보드의 법칙이 요구하듯이, 거리는 태양으로부터 지구의 거리보다 39배가 아닌 30배이다. 그 일반화는 발견으로 이어진 계산의 가설이었다. 당시에는 의심스러운 사다리처럼 기각되었다.

우리 태양계에서 알려진 가장 먼 행성은 태양으로부터 약 2,796,000,000마일이며 한번 공전하는데 약 165년이 걸린다는 생각으로 우주에 대한 인간의 이해는 넓어졌다.

하버드 대학의 피어스(Peirce) 박사는 르 베리에의 계산과 사실들 사이의 차이점을 지적하면서 갈레가 발견한 것을 운 좋은 사건이라고 여겨야만 한다는 견해를 밝혔다. 하지만 이러한 견해는 지지를 얻지 못했다.

Chapter 15

과학과 여행

다윈의 비글호 항해

탐사 여행에서 밝혀진 진리

찰스 라이엘(Charles Lyell)은 1830~1833년에 펴낸 《지질학 원리》 초판본에서 '대중 웅변가에게 강연이 가장 필수적인 것이라면, 우리 지구의 구조에 관한 올바르고 포괄적인 견해를 만들어내기를 갈망하는 사람에게는 여행이 가장 중요하다.'고 했다.

전반적인 과학에서 여행의 가치는 프랑스의 산악지대에 대한 연구, 나이아가라 폭포의 침식과 미시시피 강의 퇴적물 계산, 노바스코샤의 석탄층과 버지니아의 디즈멀 대습지의 구성물 관측 등을 했던 라이엘 자신의 생애로 가장 잘 입증될 수 있을 것이다.

비록 여기에서 라이엘의 업적을 위주로 다루지는 않겠지만, 지표면에서 일어났던 과거의 모든 변화들을 밝히려는 그의 연구의 주된 목적이 지금도 실행되고 있는 큰 목적들과 관련이 없다고 할 수는 없다.

지열에 의한 지표면의 변화들에 대해서는 제임스 허턴과 의견이 달랐지만, 지질학적 변형은 '현존하는 원인들의 완만한 작용'에 기인한다는 것

찰스 라이엘. 영국의 지질학자. 다윈의 진화론에 영향을 주었다.

에는 동의했다. 사실 그는 대표적인 동일과정론자*(지질학적 변화가 현재와 과거가 같은 방식으로 일어난다는 가설)였으며 지표면은 최근의 역사에서는 비교할 만한 것이 없는 엄청난 자연의 힘인 일련의 지각변동으로 인해 현재의 상태가 되었다고 주장하는 지질학자(격변론자)들의 의견에 반대했다.

또한 그는 성층암에 남아 있는 유기물의 중요성에 대해 익히 잘 알고 있었다. 1830년에 라이엘은 화석에 등장하는 동식물과 현존하는 동물군과 식물군의 관계와 관련된 더 많은 지식이 필요하다고 생각했다.

하지만 포괄적인 과학적 일반화를 위한 여행의 가치를 보여주는 주요한 실례로서 우리들의 관심을 끌게 된 것은 라이엘의 제자인 찰스 다윈(Charles Darwin 1809~1882)이었다. 다른 위대한 해방자*(에이브러햄 링컨을 가리킨다)와 마찬가지로 1809년 2월 12일에 태어난 다윈은 데이븐포트에서 항해를 떠나게 될 HMS 비글호(Beagles)에 박물학자로 임명될 때 겨우 스물두 살이었다.

다윈보다 서너 살이 많은 젊은 선장인 피츠로이(Fitzroy)가 지휘했던 그 탐험의 주된 목적은 남미와 태평양 연안의 섬들에 있는 몇몇 해안을 조사하고 크로노미터로 측량을 실시하는 것이었다.

1876년에 이 기념비적인 탐험을 회상하면서 그는 이런 기록을 남겼다. '비글호의 항해는 내 인생에서 단연 가장 중요한 사건이었으며 내 인생 행로를 모두 결정해버렸다.' 그가 중고등학교와 대학에서 보냈던 시간에도 불구하고 그는 이 경험을 최초의 진정한 학습 또는 교육이라고 생각했다.

다윈은 에든버러에서 의학을 공부했지만 자신이 수술을 싫어한다는 것을 알게 되었다. 그는 케임브리지로 옮겨 영국국교회의 목회자가 되려고 했다. 어린 시절에 그는 조지아 웨지우드*(Josiah Wedgwood; 18세기 영국의 도자기 사업가)의 딸인 어머니와 함께 유니테리언 예배에 참석했었다. 1831년 초에 그는 별다른 일 없이 케임브리지 대학을 졸업했다. 하지만 전통적인 학습이 그의 정신에는 어울리지 않았다는 것만은 말해야 한다. 그는 나태하지 않았으며, 특히 수집자로서 과학의 다른 분야에서 특별히 노력했다.

키는 6피트이고 사냥을 좋아했으며 말을 타고 75~80마일을 거뜬하게 돌파할 수 있었다. 대학교에서는 친구들을 좋아했으며 약간의 낭비벽이 있었다. 운동을 좋아했지만 지극히 인간적인 사람이었다. 남에게 고통을 주는 것을 끔찍하게 생각했으며 노예제도와 같은 생각에 강한 반감을 갖고 있어 피츠로이 선장이 혐오행위를 용서해주었을 때 격렬하게 논쟁을 했다. 하지만 다윈은 거친 성품을 지닌 사람이 아니었다.

중위로서 그 탐험에 동반했던 제임스 설리반(James Sulivan) 경은 여러 해가 지난 후에 이렇게 말했다. '비글호에서 5년을 보내는 동안 그는 절대로 화를 내지 않았으며 또한 다른 사람들에게 매정하거나 경솔한 언사를 단 한마디도 하지 않았다고 분명하게 말할 수 있다.'

다윈의 아버지는 관측 능력으로 유명했으며 그의 할아버지인 에라스무스 다윈은 심사숙고하는 성품으로 널리 알려진 사람이었다. 찰스 다윈은 이러한 정신적인 특성들을 모두 훌륭하게 간직하고 있었다. 그와 대화를 나누었던 어떤 사람은 그 위대한 박물학자와 만났을 때 가장 인상 깊었던 것은 거의 망원경과 같은 시각을 갖고 있는 것처럼 보이던 그의 맑고 푸른 눈이었다고 했다.

실제로 다윈의 가장 뛰어난 면모는 다른 사람들보다 더 많은 것을 본다는 것이었다고 한다. 동시에 그의 시각은 주의 깊은 관찰만큼이나 통찰력이 있었다는 것은 거의 부정되지 않는다.

그의 추론은 논리적이며 기묘하게 집요했으며 그의 상상력은 왕성했다. 그 5년간의 항해 기간 동안 지상의 생명체들이 펼치는 파노라마는 이처럼 최고의 선각자 앞에 펼쳐졌던 것이다.

자연의 다양한 분위기에 대한 그의 심미적인 감각과 시적인 감상에 대해 의심하면서 비글호의 항해를 묘사한 〈항해기〉를 즐길 수 있는 사람은 없다. 그에게는 항해 전체에 걸쳐 펼쳐지는 풍경이 변하지 않는 즐거움의 원천이었다.

그의 감정은 브라질 삼림에 펼쳐지는 열대식물의 장관 그리고 파타고니아*(남아메리카 대륙의 남쪽 끝) 황무지와 티에라델푸에고 섬*(남아메리카 대륙 마젤란 해협 남쪽)의 숲으로 둘러싸인 언덕의 장엄함에 예민하게 반응했다.

이 재능 많은 청년은 이렇게 썼다. '장엄한 경치에서 개별적인 경탄의 대상을 열거하는 것은 쉽다. 하지만 고양된 정신을 가득 채우는 경이와 경탄 그리고 헌신이라는 숭고한 느낌을 적절하게 제시하는 것은 가능하지 않다.'

이와 비슷하게, 안데스 산맥의 정상에서 산맥의 급류에 의해 밤낮으로 바다 쪽으로 휩쓸려가는 바위들이 부딪치는 소리를 들으며 다윈은 이렇게 말했다. '그 소리는 지질학자에게 웅변하듯 말하고 있었다. 수천수만 개의 바위들이 서로에게 부딪치며 둔탁하고 일정한 한 가지 소리를 만들어내고 있었다. 그 소리는 모두 한 가지 방향을 향해 급히 나아가고 있었다. 그것은 마치 지금 돌이킬 수 없이 미끄러져 지나치는 순간이라는 시간을 생각하고 있는 것 같았다. 그렇게 해서 이 바위들과 함께 대양은 영원히 존재하며 그 거친 음악의 개별적인 음표는 그들의 운명을 향해 한

걸음 더 나아가고 있다는 것을 말해주고 있다.'

비글호와 종의 기원

1831년 12월 27일, 비글호가 데본포트*(Devonport: 18세기 영국의 강력한 해군 기지가 있던 곳)를 떠났을 때, 이 젊은 박물학자에게는 아무런 이론도 없었으며 1836년 10월 2일에 배가 펄마우스(Falmouth) 항구에 들어설 때, 비록 다양한 종의 식물과 동물의 관계와 관련된 이론의 필요성을 느꼈지만 아직 명확하게 내세우지는 못했다.

1859년에 그의 유명한 작품인 《종의 기원》이 등장하기 전까지 그에게는 아무런 이론도 없었다. 그는 단순히 수집가로서 항해를 떠났던 것이며 항해하는 동안 자주 자신의 수집품들이 케임브리지 교수들과 다른 박식한 과학자들에게 가치가 있는 것일지에 대해 불안해하고 있었다.

다윈에게 그 원정에 동반할 기회를 주었던 식물학자인 헨슬로(Henslow) 교수는 자신의 제자에게 라이엘이 쓴 《지질학의 원리들》 초판본을 선물했다. (어쩌면 라이엘 다음으로 당시의 다윈에게 가장 큰 영향을 끼쳤던 것은 훔볼트를 비롯한 유명한 탐험가들이었을 것이다. 다윈은 그들의 작품을 탐독했다.)

베르데(Verde) 섬의 곶*(아프리카 최서단 세네갈)에서 그는 해안을 따라 수 마일에 걸쳐 수면 위 45피트의 높이로 펼쳐져 있는 하얀 석회층을 흥미롭게 관찰했다.

화산암 위에 놓여 있는 석회층 자체는 바다 밑에서 결정화된 용암인 현무암으로 뒤덮여 있었다. 현무암의 형성에 뒤이어 하얀 석회층을 포함하고 있는 해안의 일부분이 들어 올려졌다는 것이 분명했다. 단층 속의 조개껍질은 최근의 것으로 즉, 여전히 인근의 해안에서 발견되고 있는 것과 일치했다.

그것을 본 다윈은 이 항해가 지질학에 관한 책에 필요한 자료들을 제공할 수 있을 것이라고 생각했다. 항해의 후반부에 자신의 〈일지〉의 일부분을 피츠로이 선장에게 읽어주면서 다윈은 이것 또한 출간할 가치가 있다고 믿게 되는 용기를 얻었다.

자신의 모험과 잡다한 관찰들에 대한 다윈의 서술은 요약을 하기 어려울 만큼 지극히 비형식적이며 너무나도 상세한 것이었다. 그의 눈은 무척이나 다양한 현상들과, 바다나 강의 색깔, 나비떼와 메뚜기떼, 어린 아들과 함께 사납게 날뛰는 말의 옆구리에 매달려 있는 추장, 칠레 해안에서 일어난 엄청난 지진, 동식물의 끝없는 다양성, 야만인과 '신부(神父)'의 미신, 타히티의 매력, 1만 1,000피트의 고도에서 '감자를 삶지 못하는 빌어먹을 냄비(새로운 것이었지만)'를 탓하는 산악 안내인이 무심코 던진 유머 등 모든 것들에 다윈의 열린 정신은 감응했다. 모든 것들이 그의 맷돌에 갈리게 될 곡물이었다.

원본의 풍부한 내용으로부터 일부분을 발췌한다면 〈일지〉에는 분명하게 드러나지 않는 특정한 의도를 보여주게 될 것이 거의 분명하다. 반면에, 〈일지〉가 반영하고 있듯이 질서를 지키는 모든 사람들이 원인과 해석을 추구하도록 만드는 것은 그처럼 다양한 현상들이다. 인간의 지성은 거친 사실의 카오스에 법칙이 형식을 부여할 때까지 멈추지 못할 것이다.

라이엘의 제자들 중 지표면을 형성하려면 이루 헤아릴 수 없는 시간이 필요하다는 것을 확신하지 못하는 사람은 아무도 없었다. 이러한 원리에 따라 다윈은 남미에서 보낸 몇 년 동안 풍부한 증거들을 찾아냈다. 안데스 산 정상에서는 바다의 조개껍질 화석을 해발 14만 피트의 높이에서 발견했다.

그러한 해저지층의 고도가 여전히 자연의 지배를 받는 힘에 의해 이루어진다는 것은 가장 열정적인 제자의 믿음을 시험할 만한 것이었다. 다윈은 그러한 힘들이 얼마나 엄청난 것인지를 1835년에 칠레의 해안에서 직접 확인했다.

2월 12일자에 그는 이렇게 썼다. '오늘은 가장 나이 많은 주민이 경험한 것들 중에서도 발디비아*(Valdivia; 칠레 남부)의 역사에서 가장 가혹한 지진으로 기록될 만한 날이다. 끔찍한 지진은 우리들의 가장 오래된 결합을 파괴했다. 단단함의 상징인 땅은 우리들의 발밑에서 유동체 위의 얇은 판처럼 움직였다.'

찰스 다윈. 해군 측량선 비글호에서의 관찰을 기록하여 생물진화론을 펼쳤다.

그는 이 지진의 가장 놀랄 만한 효과는 대지의 영원한 융기였다는 것에 주목했다. 컨셉시온 만*(Bay of Concepcion; 칠레 중남부 비오비오주) 주변의 대지는 2~3피트 가량 솟아올랐고, 산타 마리아*(Santa Maria; 아조로스 제도 최남단) 섬에서는 그 융기가 훨씬 더 심했다. "어떤 지역에서는 피츠로이 선장이 부패한 홍합 껍데기의 지층이 최고 수위보다 10피트 위에서 '여전히 바위들에 부착되어 있는' 것을 발견했다."

같은 날 남미의 화산들이 활동 중이었다. 분출된 화산물질로 뒤덮인 지역은 한쪽 방향이 720마일, 그 지역의 오른쪽 방향은 400마일이었다. 활동 중인 그 힘은 대륙을 종단하는 커다란 산맥을 만들어내는데 필요한 시간만큼이나 엄청난 것이었으며, 더 나아가 그 과정은 일정하지 않았으며 침강과 융기가 번갈아 일어났다. 태평양 지층의 점진적인 침강(그리고 융기)의 원리에서 다윈은 산호초의 형성을 설명했다. 어떤 것도 '이 지구 표면의 평원만큼 지극히 불안정한 것은 없다.'

화산활동의 막대한 영향력에 의한 증거와 무한히 경과된 시간을 긴밀하게 결합하여 다윈은 다수의 식물과 동물 종의 증거를 엄청나게 큰 것과 극히 작은 것들, 현존하는 것과 멸종된 것의 증거를 갖고 있었다.

우리는 그의 생각이 우루과이와 파타고니아에서 멸종된 포유동물들의 화석의 발견에서 커다란 영향을 받았다는 것을 알고 있다. 게다가 그것들이 현존하는 특정한 종들과 관계가 있는 것으로 보이며 동시에 다른 종들과의 유사성을 보이기 때문에 더욱 그러했다.

예를 들어, 거대한 설치류인 톡소돈(활모양의 이빨)의 화석은 다윈이 돼지만큼이나 큰 설치류인 살아 있는 카피바라를 발견했던 동일한 지역에서 발견되었다. 동시에 멸종된 종들이 그 구조에 있어 빈치목(나무늘보, 개미핥기, 아르마딜로)과 일정한 유사성을 보여주었다.

다른 화석들은 빈치류와 케이프 개미핥기 그리고 왕아르마딜로와 비교되는 거대한 형태를 뚜렷하게 나타냈다. 또한 남미 반추동물의 현생종인 '과나코'가 속한 낙타과와 구조적으로 유사한, 가죽이 두꺼운 비반추동물의 화석이 발견되었다.

어떤 이유로 일정한 종들은 존재하지 못하게 된 것일까? 개체들이 병들고 죽어가면서 일정한 종들은 점점 희귀해지고 멸종하게 된다. 다윈은 북부 파타고니아에서 멸종된 토착 아메리카 말인 '에쿠스 쿠르비덴스(Equus curvidens)'의 증거를 발견했다. 어떤 원인으로 이 종들이 사라져버린 것일까? 1537년에 수입된 말들이 부에노스 아이레스에 도입되었으며 1580년에는 야생의 상태로 번식하여 마젤란 해협과 같은 남부에서도 발견되었다.

생존의 조건을 낱낱이 기록하다

다윈은 자신의 관찰에 대한 포괄적인 이해로 멸종과 생존의 다양한 요인들을 다룰 준비가 잘되어 있었다. 그는 여러 생물종들을 자연환경과 서식장소 그리고 분포구역에 따라 그리고 습성과 다양한 영양물에 따라 연구했다.

남미대륙의 북부와 남부를 3년 반 동안 여행하면서 그는 하나의 종이 형편에 따라 가까운 동종을 대체한다는 것에 주목했다. 썩은 고기를 먹는 매들 중에서 콘도르는 굉장히 넓게 분포하지만 깎아지른 듯한 절벽을 편애한다는 것을 보여준다. 만약 어떤 동물이 평원에서 죽는다면 폴리보러스*(매과의 일종)가 가장 먼저 먹는 특권을 누리며 터키 말똥가리와 갈리나조*(독수리 종류)가 그 뒤를 잇는다.

갈라파고스(콜론 제도). 다윈을 기념하여 '다윈 섬'이라고도 한다.

포클랜드 제도*(남대서양의 군도)에서 야생으로 뛰노는 유럽의 말과 소들은 약간 변형되었다. 즉, 말은 퇴화하는 종이 되었으며 소는 점점 더 크기가 커지고 다양한 색을 형성하게 되었다. 토질이 부드러워 말들의 발굽은 점점 길어졌으며 절룩거리게 되었다.

또한 플라타(Plata)의 남쪽에서 인디언들 사이에서 비롯된 것으로 추측되는 소의 한 품종은 아래턱의 돌출로 인해 다른 종들에 비해 효과적으로 어린잎을 먹을 수가 없었다. 그로 인해 그 종들은 가뭄이 닥쳤을 때 쉽사리 멸종되었다. 구조에 있어 이와 유사한 변종은 인도에서 멸종된 반추동물의 종들에서도 특징적으로 나타난다.

엄청난 가뭄이 팜파스의 소에게 얼마나 파괴적인지는 1825년과 1830년의 기록에 의해 입증될 수 있다. 비가 너무나 적게 내렸으므로 식물의 성장이 완벽하게 이루어지지 않았다. 어느 한 주에서만 백만 두에 달하는 소가 죽었다. 2만 마리의 소떼들 중에서 단 한 마리도 살아남지 못했다.

다윈은 자연의 참화가 벌어지는 다른 많은 예들을 지켜보았다. 비글호가 1833년 12월 6일에 플라타로부터 항해를 시작한 후로 엄청나게 많은 나비들이 셀 수 없을 정도의 무리를 이루며 날아다니는 것을 종종 볼 수 있었다.

'해가 지기 전에 강력한 된바람이 북쪽에서 불어왔으며 그로 인해 수십만 마리의 나비들과 그 외의 곤충들이 소멸되었다.' 그 일이 있기 2~3개월 전에는 매우 한정된 지역에 쏟아져 내리는 우박으로 인해 20마리의 사슴과 15마리의 타조, 많은 수의 오리, 매 그리고 메추라기들이 죽는 것을 눈으로 직접 확인했다. 남미에서 이 위대한 박물학자의 눈앞에서 펼쳐진 몰살의 현장에서 어떤 한 종의 생존에 유리한 것과 멸종을 결정하는 것은 무엇이었을까?

그 생존경쟁은 동물과 비동물계, 식물과 비동물계, 식물과 동물, 경쟁하는 동물들 그리고 경쟁하는 식물들 사이뿐만이 아니라 인간과 환경 사이에서 그리고 인간과 인간 사이에서 매우 격렬하게 진행된다.

다윈은 동부해안의 노예제도와 서부해안의 노동자들에 대한 가혹한 학대에 격렬한 분노를 느꼈다. 그는 남미의 피비린내 나는 정치투쟁과 인디언을 말살시키려던 전쟁을 가까이에서 겪어보았다.

그는 그러한 충격에 대해 언급했지만, "의심의 여지도 없는 사실은 (후자의 경우) 20세가 넘는 것으로 보이는 모든 여성들이 냉혹하게 대량학살

되었다!는 것이었다. 내가 너무나도 비인간적인 일이라고 주장했을 때, 그는(자료 제공자) '왜죠? 어떻게 할 수 있을까요? 그들은 아이를 낳거든요!'라고 대답했다."

그의 여행 전체에서 다윈의 예민한 정신에 원시인보다 더 깊은 인상을 남겼던 것은 없었다. '개별적인 대상들 중에서, 아마도 자연 거주지에서 미개인을 처음으로 보았을 때보다 더 놀랄만한 일은 아무것도 없을 것이다. 최하의 그리고 가장 야만적인 상태의 인간이다. 지난 몇 세기를 급히 되돌아보게 되며 그리고는 이렇게 묻게 된다. 우리의 선조들도 이런 사람들과 똑같았던 것일까? …… 나는 야만인과 문명인 사이의 차이점을 묘사하거나 그림으로 그릴 수 있을 것이라 믿지 않는다.'

그가 특별히 충격을 받았던 일은 티에라델푸에고에서 일어났다. 그는 타히티 섬의 사람들을 칭찬했으며, 야생동물들처럼 우리에 넣어 강제로 이주당했던 태즈메이니아의 원주민들을 안타까워했다.

그는 오스트레일리아의 흑인 원주민들이 과소평가되고 있다고 생각했으며 그들의 인구수가 문명인들과의 교류와 시대정신의 도입, 갈수록 식량을 얻는데 어려움을 겪으며 유럽의 질병들과 접촉하는 것을 통해 줄어들고 있는 것에 안타까움을 표현했다.

멸종에 이르게 하는 질병의 경우에는 설명할 수 없는 요인이 있었다. 칠레에서 그의 과학적 통찰력은 낯설고 끔찍한 질병인 광견병의 침해를 설명하는데 곤혹스러움을 겪어야 했다.

오스트레일리아에서 다양한 질병들이 심지어는 외견상으로는 건강한 유럽인들에 의해 원주민들에게 전이되는 문제는 그의 지성에 반하는 것이었다. '다양한 인간은 서로 다른 동물 종들과 마찬가지 방식으로 서로에게 영향을 끼치는 것으로 보인다. 즉, 더욱 강한 종이 언제나 약한 종을 절멸시키는 것이다.'

하지만 다윈이 미개인이 열악한 생존조건에서 극한상황을 견디고 있는 것을 확인한 것은 케이프 혼*(Cape Horn; 남아메리카 최남단) 인근의 월라스톤 섬의 해안이었다.

그들에게는 식량도 보금자리도 심지어 옷도 없었다. 완전히 벗은 채 서 있는 그들의 몸 위로 진눈깨비가 내려와 녹았다. 밤이 되면 '벌거벗은 채로 사나운 비바람이 부는 이곳 기후의 바람과 비를 막지도 못하고' 그들은 축축한 땅바닥에서 동물들처럼 몸을 웅크리고 잠을 잤다. 그들은 갑각류와 부패한 고래의 지방층 또는 아무런 맛도 없는 베리와 버섯을 먹고 살았다. 전쟁 중에는 다른 부족들은 서로를 잡아먹었다.

다윈은 이렇게 썼다. '이것은 분명한 사실이다. 겨울에 굶주리게 되면 그들은 개를 잡아먹기 전에 자신들의 늙은 여성들을 죽여 먹어치웠다.' 어떤 여행자가 왜 그런 짓을 하는지 물어보자, 원주민 소년은 이렇게 대답했다. '개들은 수달을 잡아오지만, 노파들은 그렇게 하지 못하잖아요.'

그런 열악한 조건 속에서 개인이거나 부족의 생존을 결정하는 특성들은 무엇일까? 거의 단정적으로 신체적 강인함을 강조하려는 사람이 있겠지만, 6~7년 동안 정확하고 분별력 있는 정신을 갖추게 된 다윈은 그렇게 대답하기에는 너무나도 현명했다.

갈라파고스 군도

태평양의 서쪽으로 향해 가던 비글호는 대륙에서 5~6백 마일 떨어진 적도 아래의 갈라파고스 군도에 한 달간 머물렀다. '대부분의 유기적 산물들은 다른 어떤 곳에서도 찾아볼 수 없는 원생의 창조물이었다. 심지어 서로 다른 섬들의 주민들 사이에도 차이점이 있었다. 하지만 모두 아메리카의 주민들과 뚜렷한 친족 관계를 보여주었다.' 섬들의 식물과 동물이 대

다윈의 핀치. 다윈은 핀치새의 부리가 여러 형태인 것은 어떤 종의 생물이 살아남기 위해 자신의 환경 조건에 맞게 변이한다는 것을 알게 되었다.

륙의 그것들과 닮은 이유는 무엇일까? 또는 어느 한 섬의 주민들은 이웃한 섬의 주민들과 왜 다른 것일까? 다윈은 언제나 종들은 불변의 상태로 창조되며 어느 한 종이 다른 종을 생기도록 하는 것은 불가능하다고 생각했다.

갈라파고스 군도에서 그는 오직 한 종의 지상생(生) 포유동물인 새로운 종의 쥐를 여러 섬들 중에서 오직 가장 동쪽의 섬에서만 발견했다. 남미대륙에는 적어도 40종의 쥐가 있었다. 안데스 산맥 동쪽의 쥐들은 서쪽 해안의 쥐들과는 명확히 구분되었다.

그가 입수한 26가지의 육지 새들(land-birds) 중에서 25종은 다른 곳에서는 전혀 찾아볼 수 없었다. 그것들 중에서 어떤 매는 그 구조에 있어 마치 변종되어 남미의 썩은 고기를 먹는 매의 기능을 이어받게 된 말똥가리와 폴리보러스 사이의 중간인 것으로 보였다.

3종의 앵무-개똥지빠귀가 있었으며, 그것들 중 두 종은 각각 하나의 섬에 국한되어 있었다. 13종의 핀치새*(다윈은 핀치새의 부리가 각양각색인 것은, 환경에 맞게 변형되어 다른 종으로 바뀔 수 있다고 생각했다)가 있었으며, 모두가 군도의 고유한 것이었다. 다양한 종의 핀치새들은 오직 표본이거나 그것들의 그림을 확인해야만 판단할 수 있는 부리의 크기에서 완벽한 등급이 있었다.

화려한 천연색을 지닌 새들은 없었다. 식물들과 곤충들의 경우에도 마찬가지였다. 다윈은 화려한 꽃은 한 가지도 찾을 수 없었다. 이것은 남미 열대지역의 동물군과 식물군과는 뚜렷하게 대조되는 것이었다. 종들의 천연색은 파타고니아의 식물과 동물의 그것과 비교되는 것이었다. 화려한 열대식물들 중에는 화려한 이파리가 짝을 확보하는 요소인 것만큼이나 은폐의 수단을 제공하는 것이기도 하다.

다윈은 파충류가 이 섬들의 동물학에서 가장 두드러진 특징이라는 것을 발견했다. 그것들은 초식성의 포유동물을 대체한 것처럼 보였다. 군도의 토착종인 거대한 거북이*('갈라파고스거북'이라고 한다. 이 거북에 대한 관찰은 '진화론'의 근간이 되었다)는 6~8명이 들어야 할 정도로 무거웠다.

신의 의해 인간이 창조되었다고 생각했던 당시 사람들은 진화론을 펼친 다윈을 조롱하고 풍자했다.

(이 젊은 박물학자는 종종 그 거북이의 등에 올라탔지만, 그가 이끌어 주는 대로 앞으로 움직일 때 균형 잡는 것을 대단히 어려워 한다는 것을 발견했다.)

종은 아닐지라도 다양한 변종들은 다양한 섬들의 특색을 이루고 있었다. 다른 파충류들 중에서 두 가지 종의 도마뱀은 갈라파고스 섬들에 한정시켜 주목해야 한다. 물속에 사는 한 종은 1야드의 길이에 15파운드의 무게를 지녔으며 해초를 먹기 위해 '다리와 강한 발톱은 울퉁불퉁하고 갈라진 용암 덩어리를 네 발로 기어다니기에 뛰어나게 적합했다.' 깜짝 놀랐을 때 이 도마뱀은 마치 특별히 물속에 사는 적들을 두려워한다는 듯이 본능적으로 물을 피했다. 군도의 중심부에 한정되어 있는 지상의 종은 물속에 사는 종보다는 작았으며 선인장과 나뭇잎 그리고 베리를 먹고 살았다.

15가지의 새로운 바다물고기 종이 입수되었으며 12속으로 분류되었다. 곤충들이 많지는 않았지만 군도에는 각각의 섬이 특징적인 종류의 새로운 속들이 있었다.

갈라파고스 섬의 식물군은 한결같이 독특했다. 꽃나무의 반 이상이 토종이었으며 다양한 섬의 종들은 놀랄만한 차이점을 보여주었다. 예를 들어, 제임스 섬에서 발견된 71종 중에서 38종이 군도에 한정되어 있었으며 30종이 이 섬에만 한정되어 있었다.

10월에 비글호는 타이티와 뉴질랜드, 오스트레일리아, 킬링 또는 코코스 섬, 모리셔스, 세인트헬레나, 어센션 섬을 향해 서쪽으로 항해해 1836년 8월 1일 브라질의 바하이에 도착했다.

그리고 마침내 브라질에서 영국으로 나아갔다. 그의 많은 관찰들 중에서 다윈은 오스트레일리아의 독특한 동물인 캥거루쥐와 '유명한 오리청구 너구리*(조류인지, 포유류인지 혼동되어 '오르니토린쿠스 파라독수스 Ornithorhynchus paradoxus; 새 같은 입이 있는 동물의 모순을 의미하는 학명이 붙여졌다') 또는 오리너구리에 주목했다.

코코스(킬링)제도*(인도양의 2개 환초와 27개 산호섬으로 이뤄진 오스트레일리아 영토)의 주요한 식물성 생산물은 코코넛이었다. 여기에서 다윈은 코코넛을 열 수 있을 정도의 집게가 있는 엄청나게 큰 게를 관찰했다. 그것들은 그렇게 식량을 확보했으며 '코코넛 껍질에서 잡아 뜯어낸 엄청난 양의 섬유질을 모아 마치 침대인 것처럼 그 위에서 휴식을 취했다.'

진화, 자연선택의 과정

1836년 가을에 〈(연구)일지〉 출간을 준비하면서 이 젊은 박물학자는 얼마나 많은 사실들이 종들의 공통적인 혈통을 가리키는지를 알게 되었다. 야생이거나 길들인 것이거나 식물과 동물의 변종들을 간직하고 있는 모든 사실들을 수집하는 것으로 전체적인 주제에 빛을 비출 수 있을 것이라고 생각했다.

'나는 진정한 베이컨식의 원리들에 따라 작업했으며 아무런 이론 없이 전반적인 범위에서 사실들을 수집했다.' 그는 비둘기사육자와 목축업자들이 원하는 특성을 지닌 변종들을 보존하는 방식으로 일정한 유형을 발달시킨다는 것을 보았다. 이것은 인공적인 선택의 과정이다. 자연에 의한 선택은 어떻게 이루어지는 것일까?

1838년에 그는 전쟁이나 질병과 같은 방해요인 없이 인구수가 얼마나 빠르게 늘어나는가를 보여주는 맬서스(Malthus 1766~1834)의 《인구론》을 읽었다. 그는 자신의 여행에서 생존수단을 위한 경쟁을 확인했다.

앨프레드 러셀 월리스.

그는 이제 '이러한 환경 하에서 유리한 변종들이 보존되는 경향이 있으며 불리한 것들은 멸종된다. 이것의 결과는 새로운 종의 형성일 것이다.' 특별한 종들이 인위적인 선택에 의해 발달하므로, 새로운 종들은 자연선택의 과정에 의해 진화한다. 새로운 생존조건에 적응한 종들을 생기도록 하는 속(屬)들이 살아남게 되는 것이다.

다윈이 자신의 이론을 발표하기 전인

1858년에 또 다른 위대한 여행자인 앨프레드 러셀 월리스*(Alfred Russel Wallace 1823~1913: 영국의 지리학자, 탐험가)로부터 논문의 필사본을 전달받았다. 당시에 몰루카스*(Moluccas; 인도네시아 군도. 향신료가 많았다)에 있는 테르나테(Ternate) 섬에서 생존경쟁에 가장 적합한 것의 생존을 통해 새로운 종이 발달한다는 거의 똑같은 견해를 담고 있는 것이었다.*(실제로 '자연선택'에 대한 이 논문은 다윈의 생각을 앞지른 것이었다. 두 사람은 공동으로 논문을 발표했다. 그리고 훗날 책으로 발표된 것이 다윈의 《종의 기원》이다. '자연선택'은 진화론의 가장 중심 사상이다.)

Chapter 16

과학과 전쟁

파스퇴르, 리스터

파스퇴르의 와인 찌꺼기

과학의 역사에서 전쟁은 인간의 자유에 직간접적인 영향을 끼치고, 기술자와 제작자의 활동을 활발하게 만들었으며, 유용하고 실용적인 학문들에 대한 요구를 증가시키면서 단순한 방해요인이 아닌 커다란 영향을 끼치는 자극제가 되었다.

해군과 육군의 병기와 조직의 활동들에서 이 영향력은 뚜렷한 것이었다. 전쟁에 대한 반응에서 평화를 위한 기술과 산업에 새로운 열정을 갖도록 하고 문화와 문명의 발달을 지향하는 모든 것들을 소중히 여기도록 이끌었던 것은 엄연한 사실이다.

드물지 않았던 전쟁은 새로운 교육적 이상뿐만이 아니라 과학의 발달에 도움이 되는 새로운 형태의 학회가 생기도록 했다. 이미 살펴보았듯이, 영국왕립학회와 밀턴의 학술원은 청교도혁명에 힘입어 설립되었다.

이와 비슷하게 다양한 과학 발견의 산실인 에콜 폴리테크니크*(프랑스 고등교육기관)는 프랑스 혁명(1789~1794)의 요구에 맞춰 설립되었다.

실험실에서 연구 중인 파스퇴르.

천성이 실용적인 나폴레옹 1세*(나폴레옹 보나파르트. 유럽을 전쟁으로 몰아간 그는 과학에 대한 지식이 상당히 높았다)의 치하에서 프랑스 국(局)의 학술원 편입, 고등학교의 설립, 고등사범학교(the great Ecole Normale)의 재설립 그리고 렌과 릴리를 비롯한 지역에 새로운 과학강좌와 새로운 지방학부를 갖춘 제국대학의 조직 등과 같은 교육의 부흥은 주목할 만한 일이다. 이처럼 다양한 조직들과 더불어 전쟁의 영향은 과학의 발달과 세균학의 창시자인 루이 파스퇴르(Louis Pasteur 1822~1895)의 삶과 이력에서 긴밀하게 결합되어 나타났다.

그는 돌*(프랑스 부르고뉴 지역)에서 태어났지만, 가족은 몇 년 후에 아르부아(Arbois)에 정착했다. 파스퇴르 가문은 3대에 걸쳐 쥐라(Jura)에서 활동한 가죽 가공업자였으며, 그들은 자연스럽게 해방으로서 혁명을 환영했던 사람들을 지지했다.

증조부는 파스퇴르의 선조들 중에서 처음으로 농노의 신분에서 해방된 자유인이었다. 1811년에 20세의 나이였던 아버지는 나폴레옹의 징집병이었으며 1814년에 용맹함과 충성심을 인정받아 황제로부터 레종 도뇌르 훈장을 받았다.

단련된 노병의 올곧음과 인내심이 재능 있는 아들에게 끼친 영향은 수많은 사건들에서 입증되었다. 유럽 군주제에서 반란의 해인 1848년에 이 젊은 과학자는 근위대에 입대했으며, 어느 날 팡테옹 광장에서 국토 제단*(autel de la patrie; 조국의 위대한 사람들에게 사의를 표한다)이라고 새겨져 있는 구조물을 보고 그때 자신이 가지고 있던 돈(150프랑)을 모두 그 위에 올려놓았다.

같은 해에 파스퇴르는 라세미산의 성질에 대한 발견을 기록으로 남겼다. 이것은 과학에 대한 그의 첫 번째 공헌으로 이것으로부터 다른 모든 공헌들이 이어졌다.

소년으로서 그는 아르부아에 있는 콜라주에 입학했으며, 그곳의 선생님이 고등사범학교(Ecole Normale) 입학이라는 큰뜻을 품게 했다. 그러한 목표를 이루기 전에 그는 브장송대학에서 미술과 과학 학위를 받았다. 파리에서 그는 과학계의 선도자들인 클로드 베르나르(Claude Bernard), 발라드(Balard), 뒤마(Dumas), 비오(Jean Baptiste Biot 1774~1862)와 만나게 된다.

장 바티스트 비오는 에콜 폴리테크니크와 포병 복무를 통해 과학계에 입문한 사람이었다. 1819년에 그는 편광의 평면 — 예를 들어, 석영의 결정체를 통과하는 광선 — 은 다양한 화학물질들에 의해 오른쪽이거나 왼쪽으로 굴절된다는 것을 발표했다. 그것들 중에는 와인의 찌꺼기에서 얻을 수 있는 일반적인 타르타르산(포도과즙의 산)이 있다. 하지만 화학적 성분이 타르타르산과 일치하는 라세미산은 광학적으로 활동을 하지 않아(불선광성不旋光性이어서) 편광의 평면을 오른쪽이나 왼쪽으로 회전시키지 않는다.

파스퇴르는 이 물질에 대한 특별한 연구에 돌입했다. 그는 수용액(水溶液)으로부터 얻은 나트륨 암모늄 라세산염의 결정체를 면밀하게 조사했다. 그는 결정체들이 미러 이미지(거울에 비친 좌우 반대의 상)로 구별되는 두 종류가 있다는 것을 관찰했다.

형태의 차이에 따라 결정체를 분리함으로써 그는 각각의 그룹으로부터 용액을 만들었다. 편광기구를 이용하여 실험한 하나의 용액은 평면을 오른쪽으로 돌렸으며, 다른 용액은 왼쪽으로 돌렸다.

그는 광범위한 중요성을 지닌 주요한 발견을 했다. 즉, 라세미산은 우측선회 타르타르산과 좌측선회 타르타르산으로 이루어진 화합물이라는 것이었다.

비오는 단지 초심자에 불과한 그가 그런 업적을 거둔 것을 인정하지 않으려 했다. 그 실험은 그가 참가한 가운데 다시 실시되었고, 눈으로 직접 확인하고 확신하게 된 그는 감정을 추스르지 못할 정도였다. '참으로 소중한 소년이여, 나는 가슴을 뛰게 하는 바로 그런 일을 통해 과학을 너무나도 사랑하게 되었다네.'라며 감탄했다.

파스퇴르는 디종 고등학교에서 물리학 선생으로 정식 경력을 시작했지만 곧 스트라스부르 대학(1849)으로 자리를 옮겼다. 그곳에서 아카데미 교장의 딸과 결혼했으며 3년 후에는 화학교수가 되었다. 1

854년에 그는 당시에 공식적으로 프랑스 북부 산업활동의 가장 활발한 중심지로 불리던 릴(Lille)에 있는 과학계열 단과 대학의 학장으로 임명되었다. 개학연설에서 그는 실용적인 연구의 가치와 매력을 보여주었다. 교육자로서 그는 연구실과 공장의 긴밀한 협력을 믿고 있었다. 언제나 실용성이 목적이 되어야만 하지만 과학적 원리의 확고하고 단단한 기반 위에 근거해야 하는 것은 이론만이 발명의 정신을 이끌어내고 발전시켜 나아

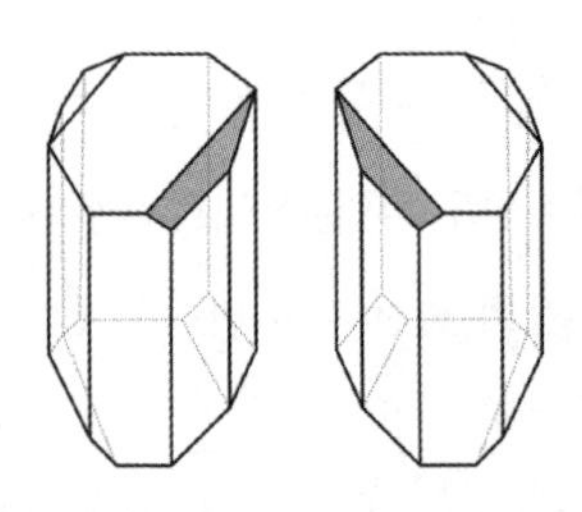

파스퇴르의 좌우분리 결정

갈 수 있기 때문이다.

파리의 실험실에서 시작하여 라이프치히와 프라하 그리고 비엔나의 공장에서 이어갔던 그 자신의 라세미산에 대한 연구는 현대 입체화학의 시작점이 된 그의 분자 비대칭 이론으로 이어졌다. 이 이론은 이제 파스퇴르에게는 새로운 연구와 새롭게 산업에 적용할 동기가 되었다.

그는 무척이나 변덕스러운 것처럼 보이는 실험을 실시했다. 평상적인 발효의 조건 하에 암모늄 라세미산 화합물을 놓고 오직 한 부분만 — 우회전성하는 — 을 발효하는지 또는 썩게 되는지를 관찰했다. 왜 그랬을까? '그 발효작용의 효소가 좌회전성 분자들보다 우회전성 분자들을 보다 쉽게 먹기 때문이었다.'

그는 가장 평범한 곰팡이 중의 한 가지를 회(灰)와 라세미산의 표면 위에 활동하도록 하는데 성공했으며, 좌측선회의 타르타르산이 나타나는 것을 확인했다. 이렇게 하여 그는 결정(crystals)에 대한 연구로부터 효소에 관한 연구로 넘어가게 되었다.

발효과학과 미생물

19세기 중반에는 비록 다양한 질병과 부패의 원인을 발효라는 충분히 이해되지 못한 과정으로 설명하려던 사람들은 있었지만 발효의 본질에 대해서 알려진 바가 거의 없었다. 과일즙은 왜 알코올을 만들어내며, 와인은 왜 식초가 되며, 우유는 왜 시큼해지고, 버터는 왜 고약한 냄새가 나는 것일까?

이러한 발효의 문제에 대한 파스퇴르의 관심은 릴의 제조업체들 중 한 곳에서 비롯되었다. 그는 학생들과 함께 그 지역의 공장들은 물론 프랑스와 벨기에 인근의 도시들도 자주 방문했다. 그의 학생들 중 한 명의 아버지는 비트 뿌리 설탕으로부터 알코올을 제조하고 있었으며 파스퇴르는 그 제조공정에서 어려움이 발생했을 때 조언을 하기 위해 방문했던 것이었다.

그는 효모의 증식과 발효의 성공 또는 실패 사이의 관계를 발견했다. 효모균의 입자를 현미경으로 살펴보면 발효가 만족스럽게 진행되지 않았을 때 형태의 변형이 나타났다. 1857년에 파스퇴르는 이 연구에 근거하여 알코올 발효, 즉 세포가 대기 중에 널리 퍼져 있는 효모균의 작용에 의해 당질이 알코올과 탄산 그리고 그 밖의 화합물로 변환하는 것을 설명할 수 있었다.

자신의 두 번째 업적을 이룬 그 해에 파스퇴르는 1847년에 졸업했던 고등사범학교의 과학연구 책임자로 임명되었다. 2년 후에 전염병(장티푸스)으로 인한 딸의 사망은 그의 예민하고 사려 깊은 정신에 커다란 영향을 끼쳤다. 실제로 그의 많은 경쟁자들은 파스퇴르가 논쟁에서 무자비해졌다는 것을 발견했다.

확실히 그는 용기 있게 자신의 소신을 행동으로 옮겼으며, 인류의 행복을 위해 올바른 견해 — 그의 견해는 끊임없는 실험에 의해 만들어진 것이었다 — 가 널리 알려져야 한다는, 그의 믿음은 그에게 호전적인 사람이라는 이름을 얻게 했다.

하지만 사사로운 모든 관계에서 그의 본질적인 따뜻함은 뚜렷이 드러났다. 다윈처럼 그는 남에게 고통을 주는 것에 대한 두려움을 갖고 있었으며 실험실에서 동물을 대상으로 한 실험계획이 있을 때는 언제나 마취제의 사용을 고집했다. (마취제는 1847년에 심슨Simpson에 의해 크게 발달했다.) 에밀 루(Emile Roux)는 아주 사소한 고통이 가해지는 것을 지켜보는 파스퇴르의 흥분상태는 만약 감동이 없었다면 우스꽝스러운 일이 되었을 것이라고 했다.

자신의 딸이 죽고 몇 개월이 지났을 때 파스퇴르는 친구에게 이렇게 편지를 썼다. '발효에 관한 이 연구들을 최선을 다해 진행하고 있네. 발효는 삶과 죽음의 헤아릴 수 없는 불가사의와 연결되어 있는 중요한 문제이거든. 자연발생이라는 널리 알려진 의문을 명확하게 해결하는 것으로 이제 곧 결정적인 진전을 이룰 수 있기를 바라고 있다네.'

2년 전에 어떤 과학자가 동물과 식물은 인위적인 공기 또는 산소의 매개체에서 생겨날 수 있으며, 그로부터 대기 중의 모든 공기와 조직화된 모든 세균들을 막을 수 있다고 주장했다.

파스퇴르는 이제 대기 중의 공기를 면화나 석면의 마개를 통해 여과했으며(1854년에 다른 사람들에 의해 계속되었던 방법) 그렇게 처리된 공기 내에서는 발효가 발생하지 않는다는 것을 입증했다. 대기 내에서는 그것이 포함하고 있는 미생물 없이는 생명체를 일으키지 않는다. 심지어 그는 혈액과 같이 부패하기 쉬운 액체는 대기 먼지를 배제하기 위해 구성된 열린 용기(容器) 안에서는 변하지 않는다는 것을 증명했다.

파스퇴르를 비판하는 사람들은 만약 부패와 발효가 오직 미생물에 의해서만 일어난다면 모든 곳에서 발견되어야만 하며 공기를 방해할 정도의 양이어야만 한다고 주장했다.

그는 미생물들은 대기 중의 어떤 부분에서는 다른 곳들에 비해 그 수가 적다고 대답했다. 자신의 주장을 증명하기 위해 그는 아르부아로 가서 부패하기 쉬운 액체로 반쯤 채워진 아주 많은 유리 진공관들을 설치했다. 그 진공관의 내용물을 끓인 다음 밀봉했다. 진공관의 목이 부서진 경우에는(즉시 다시 밀봉되어) 공기가 안으로 유입되어 (만약 이것에 필수적인 미생물이 있다면) 부패를 위한 조건이 제공되었다.

실험할 때마다 일정한 수의 진공관은 언제나 변질되지 않는다는 것이 밝혀졌다. 사람들의 주거지가 없는 아르부아 근처에서 20개를 개봉했다.

20개 중의 8개가 부패의 징후를 보였다. 해발 850미터의 고도인 쥐라의 산등성이에서 20개를 공기에 노출시켰다.

그것들 중 5개의 내용물이 그 후에 부패했다. 다른 20개는 2000미터 고도의 몽블랑 인근에서 메르 드 글라스*(Mer de Glace; 프랑스 알프스의 몽블랑 산괴 북쪽 경사면에 위치한 계곡 빙하)로부터 바람이 불어오는 동안 열었다. 이 경우에 오직 1개의 내용물만이 부패가 진행되었다.

그를 반대하는 사람들이 여전히 근원이 없는 조직화된 존재들의 창조를 믿고 있다고 표명하고 있는 동안, 파스퇴르는 '어느 한 종이 느리게 점진적으로 변형되어 다른 종이 된다'는 이론의 영향 하에 있었다.

그리고 그때까지 불가사의 속에 감추어져 있던 생존경쟁의 단계들을 서서히 인식하고 있었다. 그는 이러한 연구들을 질병의 근원에 대한 진지한 연구를 위한 방법을 준비하는데 충분할 정도로 밀고 나가고 싶다고 이야기했다.

그는 젖산의 발효 연구로 돌아가, 버터의 발효는 산소가 없는 곳에 사는 미생물에 의해 발생하며 식초는 공기의 산소와 함께 자유롭게 공급되는 박테리아의 작용을 통해 와인으로부터 만들어진다는 것을 밝혀냈다.

파스퇴르는 자연의 유기적인 연계에서 극미하게 작은 것에 의해 작동하는 부분을 보다 더 명확하게 알고 있었다. 이러한 극히 작은 존재들 없이는 죽음은 불완전할 것이기 때문에 생명은 불가능할 것이다.

파스퇴르의 발효에 대한 연구인 분해작용은 살아 있는 미생물로 인한 것이며 생명의 미세한 형태들은 자신들과 같은 부모로부터 발생한다는 그의 논증을 기초로 하여 그의 제자인 조셉 리스터(Joseph Lister 1827~1912; 파스퇴르의 '미생물학'을 자신의 실험으로 확인하는 작업을 했다)는 1864년에 방부제를 사용한 수술을 개발하기 시작했다.

다음으로 파스퇴르의 관심은 당시에 연간 가치가 5억 프랑이었던 와인

공장으로 향했다. 프랑스 와인의 외국 판매를 위협하고 있던 신맛, 쓴맛, 부족한 풍미는 발효로 인한 것은 아니었을까?

리스터(1902년). 페놀을 응용한 소독법을 개발했다.

그는 실제로 그것이 문제였다는 것을 발견했으며 와인의 변질은 술을 섭씨 50~60도의 온도에서 잠시 동안 열을 가하는 단순한 임시방편으로 해결할 수 있었다. 상당히 큰 규모의 실험은 해군 당국의 명령에 의해 이루어졌다. 장 바트(Jean Bart) 호는 항해를 떠나기 전에 500리터의 와인이 선적되어 있었으며, 그것들 중 반을 파스퇴르의 지시에 따라 가열했다.

10개월 후에 '저온 살균된(pasteurized)' 와인은 잘 익어 훌륭한 색깔이었지만, 열을 가하지 않았던 것들은 거의 씁쓰레한 떫은맛을 나타냈다. 시빌(Sibylle) 프리깃 전함에서 실시된 보다 더 확장된 실험 — 7만 리터 중에서 6만 5000리터를 저온 살균한 — 도 만족스러운 결과를 나타냈다. 과거에는 알코올을 첨가하는 것으로 와인을 보관하여 더 비싸기도 하고 건강에 해로웠다.

1865년에 파스퇴르는 실크산업을 대신하여 자신의 과학적 통찰력을 발휘하게 되었다. 1845년에 누에들 사이에서 질병(미립자병)이 발생했다. 1849년에 그 질병이 프랑스 산업계에 끼친 영향은 엄청난 것이었다. 알레스(Alais) 한 지역만 해도 연간 1억 2000만 프랑의 수입이 그후 15년 동안 사라졌다.

세벤 지역의 뽕나무 재배는 더 이상 가능하지 않게 되었고 지역 전체가 황폐화되었다. 농업부장관의 부탁으로 파스퇴르는 연구를 수행했다.

4~5년 후에 거듭되는 가정의 불행과 자신의 건강 악화에도 불구하고

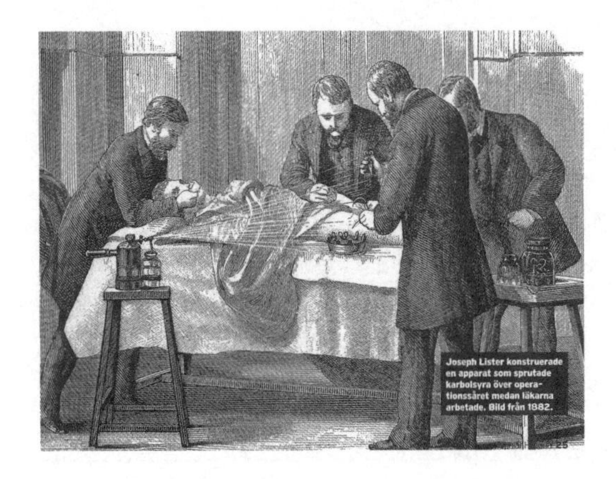

환자에게 페놀을 뿌리는 리스터. 리스터는 파스퇴르의 미생물학을 적용하여, 수술도구를 소독하고 상처를 치료하는 데 카르볼산(현재의 페놀)을 도입했다.

그는 성공적인 결론에 도달했다. 현미경으로 쉽게 발견되는 혈구(血球)로 인한 '미립자병'은 나방이 형성되는 순간에 알아차릴 수 있었다. 두 번째 질병인 '무름병'*(오염된 뽕나무 잎을 먹은 누에에게 생기는 병)은 나방의 소화강(腔)에서 발견되는 미생물 때문이었다. 조처 방법은 건강한 나방의 알을 선별하고 다른 것들은 폐기하는 것이었다.

이러한 연구들은 극도로 작은 살아 있는 조직파괴자의 존재를 알리고 그가 1863년에 나폴레옹 3세에게 말했듯이 '부패하고 전염되는 질병의 원인에 대한 지식에 도달하려는' 자신의 목표에 한층 더 다가서는 것이었다.

전쟁과 과학자들

1870년 7월에 뮌헨에서 리비히*(Liebig 1803~1873; 독일의 화학자)를 방문하고 돌아오던 파스퇴르는 스트라스부르에서 전쟁*(프로이센-프랑스 전쟁)이 임박했다는 소식을 듣게 되었다. 질병과 죽음을 정복하겠다는 그의 꿈은 사라져버리는 것처럼 보였다. 그는 급히 파리로 돌아갔다.

18세였던 그의 아들은 군대와 함께 출발했다. 에콜 노르말의 모든 학생들이 입대했다. 파스퇴르의 실험실에는 군인들이 주둔했다. 그 자신은 방위군에 입대하기를 원했지만 노쇠한 사람은 군 복무를 수행할 수 없다는 말을 들어야만 했다. 그는 무자비한 학살의 공포와 무장한 불의의 오만함에 대한 분노에 사로잡혔다.

자신의 조국에 그가 노력했던 오직 한 가지 방법으로 봉사하는데 익숙해져 있었던 그는 자신의 연구를 재개할 수 없었다. 그는 고향 마을인 아르부아로 돌아와 인간의 비열함에 대한 생각을 잊으려 노력했다. 1월에 아르부아에 전쟁의 일상적인 잔인함과 더불어 적군이 진입했다.

파스퇴르는 아내와 딸을 이끌고 퐁타리에(Pontarlier)에서 병에 걸린 아들을 찾기 위해 길을 떠났다. 아들은 병에서 회복되어 그 다음 달에 자신의 부대로 복귀했다.

이러한 위기 상황 속에서 파스퇴르와 그의 친구들은 1917년*(1914~1917년의 제1차 세계대전)에 많은 영국 과학자들이 그랬듯이 고위공직자의 무지를 절감했다. '우리는 50년 동안 과학과 과학 발달의 조건들을 망각하고 있었던 것에 대한 인과응보를 받고 있는 중이다.'

그는 오늘날의 영국인들이 공감하고 있듯이 특히 정밀과학 분야에 있는 위대한 지식인들에 대한 국가의 경시와 경멸에 대해 거듭 말하고 있는 것이었다. 그와 똑같은 위기 의식으로 그의 친구인 베르탱(Bertin)은 전쟁 후에는 머리끝에서 발끝까지 — 특히 머리 부분 — 모든 것이 재건되어야만 할 것이라고 했다.

파스퇴르는 1792년*(국민공회가 소집되어 프랑스 제1공화국이 성립)의 기간 동안 라부아지에, 베르톨레(Berthollet), 몽즈(Monge), 푸르크루아(Fourcroy), 기통 드 모르보(Guyton de Morveau), 찹탈(Chaptal), 클루에(Clouet)를 비롯한 과학자들이 부당한 침공을 물리치는 화약, 강철, 대포, 요새, 기구, 가죽을 비롯한 수단들을 프랑스에 제공했다는 것을 상기시켰다.

그 다음 날 군의관인 조셉 리스터(Lister)가 상처의 패혈성 입자를 파괴하기 위해 석탄산(페놀)의 수용액과 '외부로부터 부패시키는 발효작용을 막기 위한' 유성용액의 사용법을 발표했다. 그는 현장으로부터 그 사례가 더 빨리 나타났다면 성공에 대한 기대는 더욱 컸을 것이라 인정했다.

알사스(Alsace)에 있는 야전 의무부대의 지휘관이었던 찰스 세딜로*('미생물'이라는 용어의 창시자)는 전장으로부터 부상병을 신속하게 이송하는 작업의 선구자였다. 그는 육군병원에서 화농성 감염의 공포를 알고 있었으며 파스퇴르와 리스터의 원리들이 보다 완전하게 적용되지 않았던 것을 안타까워했다.

전쟁이 끝난 후 파스퇴르는 평생 동안 해왔던 간곡한 권유를 거듭해서 밝혔다. 우리는 '언제나 근면하게 일해야만 한다!(Travaillez, travaillez toujours!)' 그는 양조업의 연구에 열중했다. 그는 자연히 일어나는 변질을 믿지 않았지만, 맥주의 품질에서 뚜렷한 모든 변화는 미생물의 발육과 일치한다는 것을 발견했다.

그는 영국의 양조업자들에게 그들의 제품에서 나타나는 결함들을 이스트의 현미경적인 검사에 의해 말해줄 수 있었다. (그는 "우리가 사랑하는 프랑스를 위해 친구들을 만들어야만 합니다."라고 했다.) 병맥주는 섭씨 50~55°의 온도로 저온 살균할 수 있었다. 맥주가 효소를 포함하지 않고 있을 때는 언제든 변화가 없었다.

꼼꼼한 그의 정신은 그가 품고 있던 큰뜻에 더욱 더 가까이 다가가고 있었다. 맥주의 변질에 대한 이번 연구로 그는 감염에 대한 지식에 더욱 가까이 다가설 수 있었다. 많은 미생물들이 인간과 동물의 건강에 유해할 수도 있다는 것은 분명했다.

1874년에 정부는 파스퇴르에게 소르본 대학의 화학과 교수로서 받는 그의 봉급에 상당하는 12,000프랑의 종신연금을 수여했다.(그는 1867년에 임명되었지만 건강이 좋지 않아 대학에서의 직위를 포기해야만 했었다.)

그 언급은 모든 면에서 현명한 일이었다. 헉슬리(Thomas Huxley; 영국의 생물학자)는 파스퇴르의 발견들만으로도 1871년에 프랑스가 독일에게 지불한 50억의 전쟁배상금을 메우기에 충분한 것이라고 했다. 더 나아가 그의 모든 활동들은 애국적인 동기에 의해 이루어진 것이었다. 그는 과학에는 국적이 없으며 과학의 전리품은 인류에게 속하는 것이지만 과학자는 자기 조국에 공헌하는 애국자여야만 한다고 생각했다.

파스퇴르는 이제 그 자신의 앞선 연구의 원리들을 따라 전염성이 강한 질병들의 연구에 온힘을 기울였다. 그는 질병의 자연발생을 믿는 의사들과 대립했으며, 모든 유해한 미생물의 박멸을 위해 노력하기를 원했다.

1850년에 이미 다벤느(Davaine)와 라예르(Rayer)는 당시에 프랑스의 양과 소를 죽음으로 내몰고 있던 악성 부스럼(탄저균)으로 죽은 동물의 혈액 속에는 언제나 막대기 모양의 미생물이 있다는 것을 밝혀냈다.

프로이센-프랑스 전쟁에 복무했던 코흐 박사는 1876년에 이 박테리아의 순수한 배양균을 얻어내고 그 질병과의 관계를 규명하는데 성공했다.

파스퇴르의 예방접종

파스퇴르는 1877년에 악성 부스럼에 대한 연구를 시작하여 과거의 발견들을 검토했으며 우리가 알고 있듯이 이 페스트의 방역을 위한 방법들을 찾고 있었다. 그는 (주베르Joubert와 샹베를랑Chamberland과 함께) 악성 부종(浮腫)의 병원균을 발견했다.

그는 세균학의 원리들을 산욕열의 치료에 적용하여 1864년에는 파리의 산과병원에 있던 1350명의 임산부들 중에서 위급한 310건에 제공했다. 여기에서 그는 의료전문가들의 보수적인 성향에 맞서 싸워야 했으며, 격렬하게 싸우는 그에 대해 그의 제자들 중의 한 명은 생각 속에 열정을 주입하는 고결한 정신적 특징이라고 언급했다.

1879년에 미국에서 100만 마리의 돼지를 파멸시켰던 돼지 패혈증과 가금(家禽) 콜레라 역시 그의 관심을 끌었다.

가금 콜레라 바이러스의 배양균은 일정한 시간 동안 보관하면 활동이 줄어들었다. 우연히 약화된 바이러스가 주입된 닭은 그 질병에 걸렸지만 약간의 시간이 지난 후에 (이전의 천연두 접종 후의 환자들과 마찬가지로) 회복되었다.

그 다음에는 죽음을 유발시키기에 충분하다고 생각되는 신선한 배양균을 주입했다. 닭은 다시 회복되었다. 약화된 접종의 활용은 감염에 대한 저항력을 증진시켰다. 약화된 바이러스는 다수의 참새들을 통해 전달되었을 때 그 힘을 회복했으며, 최초의 것으로부터 바이러스에 접종된 두 번째 생물, 두 번째로부터 세 번째 등으로(이 종은 그 질병에 걸렸다) 가금 콜레라에 걸리지 않은 닭들은 서서히 강도가 강해지는 일련의 약화된 접종에 의해 전염될 수 있었다.

악성 부스럼의 경우 바이러스는 일정한 온도에 보관하는 것으로 약화시킬 수는 있었지만, 기니피그의 천이(遷移)를 통해 강화될 수도 있었다. 물론 병원성 박테리아가 한 가지 동물로부터 다른 동물로 전달되면서 독성을 잃게 되는 많은 경우들이 있다.

예를 들어 인간의 천연두 바이러스는 접종된 어린 암소에서 전형적인 우두를 발생시킨다. 이러한 사실들은 일정한 감염병이 역사의 과정 속에서 점점 전염성이 약화되는 이유를 설명하는데 도움이 되며 내성을 갖게 된 문명인의 감염원이 호주의 원주민들에게 전해졌을 때는 치명적인 이유를 밝혀준다.

악성 부스럼에 대한 파스퇴르의 예방접종은 1881년 6월에 멜렁(Melun)에서 극적인 환경 속에서 실험되었다. 60마리의 양과 몇 마리의 소들이 실험에 적용되었다. 예방 치료를 받은 양들은 치명적인 접종으로부터 한 마리도 죽지 않았지만, 사전 치료를 받지 않았던 양들은 모두 죽었다. 소들을 이용한 실험도 그와 마찬가지로 성공을 거두었다.

파스퇴르는 악성부스럼으로 죽은 양들이 묻혀 있는 곳의 세균들이 지렁이의 똥 속에서 지표면으로 옮겨졌을 것이라고 생각했다. 그러므로 그는 그 질병의 전염을 막는 몇 가지 지시사항을 발표했다. 또한 돼지 패혈증을 위한 백신을 발견하는 것으로 농업에 도움을 주었다.

파스퇴르는 열다섯 살 때 파리에 머물며 향수병을 앓으며 이렇게 한탄했다. '만약 옛날 무두질 공장 안마당의 바람을 한 번만 쐴 수 있다면 회복될 수 있을 텐데.' 분명하게도 그는 산업현장— 견직, 와인, 맥주, 양털—을 마주칠 때마다 안타이오스*(Antaeus: 그리스 신화에서 대지에 발이 닿을 때마다 강해지는 거인)와 같은 그의 과학적 통찰력이 다시 살아나는 것처럼 보였다.

그는 일생 동안 이론과 실천, 과학과 직업 사이의 상호 공헌이라는 신조를 널리 역설했다. 그가 이루어냈던 것은 그의 말보다 더 설득력이 있는 것이었다.

하나의 분자 속에 있는 원자들은 왼쪽이거나 오른쪽 나선 모양으로 정렬될 수 있거나, 비대칭 수정과 상응하는 다른 3차원의 형상이라는 분자 비대칭의 원리는 물질의 구성에 대한 난해한 질문에 가까이 다가서는 것이었다.

그의 예방치료법은 오래된 격언*(동종同種의 것은 동종의 것으로 치유된다는 산스크리트어 문구 – similia similibus curantur)에 새로운 생명을 불어넣는 것이었다. 그가 채택한 종의 점진적인 변형이라는 견해는 생명체와 생성 그리고 실체와 구상적 관념의 관계와 관련된 철학적 성찰에 새로운 해석을 제공하는 것이었다. 하지만 파스퇴르는 가장 단순한 양치기나 포도원의 일꾼으로부터 유용한 것들을 많이 배울 수 있었다고 생각했다.

그는 애정의 수수함에, 모든 고통을 위한 연민에, 종교적인 믿음의 따뜻함에 그리고 조국에 대한 헌신에 철두철미했다. 그는 프랑스가 과학적인 발전을 통해 세계의 평판을 되찾을 것이라고 생각했다. 그러므로 1881년 8월 런던에서 열린 국제의학회의에 등장했을 때 그를 반기는 천둥소리 같은 환호에 특별히 만족스러워 했다.

그곳에서 그는 웨일즈의 왕자에게 '프랑스의 친구를 맞이하는 기쁨을 전하며 인사드립니다'라고 소개되었다.

파스퇴르 연구소

파스퇴르의 광견병에 대한 연구는 같은 해에 시작되었다. 광견병 바이러스의 미생물을 분리하는데 어려움이 있었지만 미친개의 숨뇌로부터 접종된 것을 다른 개의 뇌막(dura mater) 중의 한 곳으로 주입하자 일정불변하게 광견병의 증상이 나타났다.

바이러스의 감소를 일으키기 위해서는 감염된 토끼로부터 얻어낸 골수를 말리는 것으로 충분했다. 약화된 바이러스는 일련의 토끼들에서 배양되었을 때 그 강도가 증가했다.

파스퇴르는 단계별 독성을 지닌 접종을 얻었으며 그것은 개에게 물린 후의 예방 수단으로서 피하에 공급할 수 있었다. 그는 백신에 의한 면역에서 바이러스는 미생물의 발육에 불리한 신경세포를 만들어내는 물질을 동반한다고 추론했다.

1885년까지 그는 공수병을 막기 위한 자신의 발견을 활용하려는 위험을 시도하지 않았다. 7월 6일 알사스의 조그마한 지역에서 조셉 마이스터라는 어린 소년이 엄마 손에 이끌려 치료를 받기 위해 파리로 왔다.

소년은 미친개에게 심하게 물렸다. 파스퇴르는 크게 당황했지만 평소의 연민의 정이 움직여 그 상황을 감당하기로 했다. 독성을 약하게 한 바이러스의 접종은 즉시 시작되었다. 소년은 약간의 불편함을 겪었지만 그 치료가 지속되던 열흘 동안 실험실 주변에서 뛰어 놀았다.

파스퇴르는 두려움과 희망을 번갈아 느껴야만 했으며, 그의 걱정은 접종의 독성이 증가할 때마다 점점 더 심해졌다. 하지만 8월 20일에는 그 치료법이 완벽하게 성공했다고 확신했다.

10월에는 양치는 청년이 왔는데, 그 자신도 심하게 물렸지만 어린아이들을 광견병에 걸린 개의 공격으로부터 구해냈다. 그는 이 위대한 발견의 두 번째 혜택을 입게 되었다. 그들이 집으로 돌아간 후 이 소년들과 주고받았던 파스퇴르의 편지들에는 상냥한 그의 성품이 잘 드러나 있다.

어린이들을 향한 그의 다정다감한 면모는 그들의 현재와 앞으로 되어야 할 것들에 모두 관심을 갖는 것이었다. 개에게 물린 후 37일이 지나 그를 찾아온 환자는 구할 수 없었다. 3월 1일까지 파스퇴르는 350건의 사례들 중에서 한 건을 제외하고 모두 치료했다고 보고했다.

파스퇴르 연구소의 설립과 기부를 위한 청약을 개설했을 때 총 2,586,680프랑이 세계의 구석구석에서 기부금으로 접수되었다. 기부자들 중에서 눈에 띄는 사람은 브라질의 황제, 러시아의 차르, 터키의 술탄 그리고 알사스의 농부들이 있었다.

1888년 11월 14일 카르노(Carnot) 회장이 연구소를 개소했으며, 얼마 지나지 않아 루(Roux), 예르생(Yersin), 메치니코프(Metchnikoff) 등 파스퇴르의 제자들의 뛰어난 업적을 확인하게 된다. 이 행사를 위해 준비한 연설에서 이 경험 많은 과학자는 이렇게 말했다.

'회장님께서 철학적인 소견으로 연설을 마치는 것을 허락하신다면, 이 연구의 보금자리에 참석해주신 것에 힘입어, 현재의 시대에는 두 가지 상반되는 법칙이 서로 힘겨루기를 하고 있는 것으로 보인다고 말하고 싶습니다. 한 가지는 피와 죽음, 파괴의 새로운 수단들을 궁리하고 국가들을 끊임없이 전쟁터를 위해 준비하도록 강요하는 법칙이며, 다른 한 가지는 평화와 연구 그리고 건강, 인간을 에워싸고 있는 천벌로부터 인간을 구원해내는 새로운 수단의 발달입니다.

한 가지는 폭력적인 정복을 추구하고, 다른 한 가지는 인간성의 구원을 추구합니다. 후자는 한 명의 생명을 모든 승리 위에 위치시킵니다. 반면에 전자는 한 명의 야망을 위해 수백 수천의 생명을 희생시킵니다. 우리를 수단으로 삼는 법칙은 살육의 한가운데일지라도 처참한 질병들을 치료하려 합니다.

우리들의 살균제를 활용한 치료법은 수천의 병사들을 지켜낼 수 있을 것입니다. 이 두 가지 법칙 중에 어떤 것이 궁극적으로 승리하게 될 것인지는 오직 신만이 알고 계실 것입니다. 하지만 프랑스의 과학은 인류애의 법칙에 복종하는 것으로 삶의 최전선을 확장시키려 노력할 것이라 주장합니다.'

Chapter 17

과학과 발명

랭글리의 비행기

날아다니는 기계와 활공역학

알프레드 러셀 월리스는 19세기를 찬미하면서 이 시기의 주요한 발명들을 열거했다. (1) 철도 (2) 증기선 운항 (3) 전신기 (4) 전화 (5) 딱성냥 (6) 가스등 (7) 전기등 (8) 사진 (9) 축음기 (10) 전력 전송 (11) 뢴트겐 광선 (12) 스펙트럼 분석 (13) 마취술 (14) 살균수술.

19세기에 비해 그다지 뛰어나지 않았던 그 이전의 모든 세기들에는 단지 7~8가지의 훌륭한 발명품이 있었을 뿐이었다. (1) 알파벳 작성 (2) 아라비아 숫자 (3) 선원들의 나침반 (4) 인쇄술 (5) 망원경 (6) 기압계와 온도계 (7) 증기기관.

이와 비슷하게 19세기에는 13가지의 중요한 이론적 발견이 이루어졌지만 18세기에는 오직 두 가지였으며 17세기에는 다섯 가지였다.

당연하게도 어느 한 세기의 성과를 다른 세기들과 비교하는 이러한 목록의 단순한 효과는 과거의 발명과 현재의 발명과의 관계는 무시하고 각각의 발명을 마치 별개의 현상인 것처럼 생각하도록 만드는 것이다. 발달과정을 연구해보면 증기선 운항은 증기기관의 한 가지 종류를 적용한 것일 뿐이며, 더 나아가 아주 오래 전부터 발달해온 운항술의 한 단계라고 보아야만 한다. 이것은 철도와 살균수술 또는 딱성냥에도 적용될 것이다.

19세기에 딱성냥을 발명한 사람은 (화학이 그에게 마음껏 사용해볼 수 있는 수단들을 마련해주었다는 것을 고려해본다면) 분명하게도 자신들만의 지식으로 불을 붙이고, 유지하고, 활용하는 방법들을 제공했던 많은 야만인들보다 더 독창적이었던 것은 아니었다.

사실, 우리가 유사 이전의 시대를 좀더 면밀하게 살펴보면 발명품과 점진적인 발달의 결과 — 야금술, 도구 제작, 건축, 도기 제조, 전투 도구, 직물, 요리, 동물 길들이기, 식물의 선택과 재배 — 를 구별하기 어렵다. 더 나아가 알파벳으로 글 쓰는 법을 익힌 것이나 아라비아 숫자를 사용한 것을 발명의 범주에 포함시키기에는 적절하지 않다.

이러한 것들과 더불어 폭약, 소화기, 종이 등과 같은 다른 여러 가지 대상들이 제외되어 있다는 것을 쉽게 알아차릴 수 있다. 그럼에도 불구하고, 이론적인 발견의 기록과 함께 나란히 배치되어 있는 이 목록들은 시간이 흐를수록 순수한 이론이 유용한 발명품들을 만들어내며, 이제부터는 자연에 대한 인간의 통제력 강화를 위해 운 좋은 사건보다는 과학적인 노력에 집중해야 한다는 믿음을 갖도록 한다.

적어도 19세기 중반까지는, 과학이 아닌 우연한 사건이 발명의 원천으로 인정받았으며, 사물의 원인과 비밀스러운 움직임에 대한 지식이 '만물의 변화를 가능하게 하는 인간 제국의 경계를 확장하도록' 이끈다는 생각은 공론가(空論家)의 헛된 꿈으로 조롱을 받았다.

1896년에 환경에 대한 인간의 지배력에서 세 가지 중요한 진전이 이루어졌다. 이것들은 마르코니(Marconi)와 베크렐(Becquerel) 그리고 랭글리(Samuel Pierpon Langley 1834~1906)라는 이름과 관련되어 있다.

그 해에 과학계에서 오랫동안 태양물리학 분야의 발견들로 알려져 있던 랭글리는 역량을 갖춘 증인들의 기계적인 비행의 실행 가능성을 증명했다. 9년에 걸친 실험의 결과였다. 그후 몇 년 동안 이어진 성공적인 실험은 랭글리를 신뢰의 눈으로 바라보게 만든 최종적인 대성공으로 이어졌다.

영어에는 두 날개를 약간 움직이거나 전혀 움직이지 않고 떠 있는 새를 의미하는 새로운 단어(plane, 비행기)가 필요하게 되었다. '날아오르다(soar)'는 위를 향해 날아가는 것에 적합하다면 '하늘에 멈춰 떠 있다(hover)'는 다른 의미를 포함하며 공중을 맴돈다는 뜻은 아니다.

지속적으로 거의 힘들이지 않고 움직이는 새의 비행이라는 기적은 — 태양의 발광과 마찬가지로 — 랭글리가 어린 시절부터 진지하게 관심을 갖고 있던 문제였다. (독수리가 공중에 떠 있는 것과 같은) 그 현상은 언제나 인간의 상상력을 매혹시켰으며 동시에 이해하기 어려운 것이기도 했다.

매끄러운 빙판 위에서 스케이트를 타는 사람과, 바다를 항해하는 배 또는 물속을 떠다니는 물고기도 단지 불완전한 유추만을 제공할 뿐이었다. 물고기는 헤쳐 나가는 물과 거의 똑같은 무게를 갖고 있지만, 반면에 2~3파운드 무게의 독수리는 단지 공기라는 희박한 매개물에 의해 날개를 움직이지 않으면서도 30분 동안 공중을 선회하기 때문이었다.

랭글리는 스미소니언 연구소의 간사로서 워싱턴으로 이사하기 전인 1887년에 앨러게니(현재는 피츠버그시의 일부)의 오래된 실험실에서 공기역학 실험을 시작했다.

그의 주요장비는 지름이 60피트이며 외측 속도가 시간 당 70마일인 회전탁자였다. 처음에 이것은 가스기관에 — 얄궂게도 '자동식'이라 불리던 — 의해 구동되었으며 다음 해에 증기기관으로 대체되었다.

랭글리는 회전탁자와 저항계기(동력계 크로노그래프)를 이용하여 다양한 길이와 넓이의 비행기를 다양한 각도로 설정하고 서로 다른 속도에서 수평으로 전달되는 공기의 효과를 연구했다. 때로는 금속 비행기 대신 박제된 새를 사용했으며 공기 압력 하에서 그것의 작동은 그의 과학적 추론의 기초가 되었다.

1891년에 그는 실험 결과를 발표했다. 이 결과들은 — 대단히 유명한 일부 과학자들의 가르침과는 반대로 — 공기를 통과하며 경사진 비행기를 수평운동으로 유지하기 위해 필요한 힘은 늘어난 속도와 더불어 감소한다는(최소한 실험의 범위 내에서는) 것을 증명했다.

여기에서 한편으로는 공중에서의 운동 그리고 다른 한편으로는 땅과 물에서의 운동 간의 뚜렷한 대비가 제시된다. '육지 또는 해양 수송에서 늘어난 속도는 동력의 불균형적인 소비량에 의해서만 유지되는데 반하여, 실험의 범위 내에서, 그러한 공중의 수평운송에서 높은 속도가 낮은 속도보다 더 많은 동력을 낭비하지는 않는다.'

그 밖에도 이 실험은 비행기와 모터로 구성된 기구를 고속으로 유지하는데 필요한 동력은 이미 활용할 수 있는 방법으로 만들 수 있다는 것을 증명했다.

예를 들어, 올바르게 적용된 1마력은 시간 당 45마일의 속도로 수평으로 나는 200파운드의 비행기를 유지하기에 충분하다는 것이 밝혀졌다. 랭글리는 공기보다 훨씬 무거운 물체의 공중운동이 가능하다는 실험적인 증거를 실질적으로 제시했다.

그는 장차 날아다니는 기계라고 부르게 될 것이라며, 활공역학의 문제인 외형, 상승, 수평상태의 유지 그리고 비행장에서의 하강 등 앞으로 더 실행해야 할 실험들은 남겨두었다.

하지만 이러한 것들을 진지하게 생각할 시간이 다가와 있다고 믿었으며, 그의 실험발표가 있기 전에는 항공운항에 대한 모든 계획들이 망상이라고 여겼던 물리학자들이 곧 자신의 믿음을 공유하게 될 것이라 믿었다.

시험 비행에 성공하다

옥타브 샤누트*(Octave Chanute; 미국 토목기술자이며 항공개척자)에 따르면 1889년에 유럽에서는 항공역학의 기본적인 문제들과 관련된 무조건적인 의견 충돌과 혼란이 있었다고 한다. 그는 랭글리가 공기저항과 반작용에 관한 확고한 근거를 제시했으며, 항공운항의 문제에 대한 해법은 공기역학에 대한 그의 실험들로부터 시작될 것이라고 생각했다.

연구 초기에 랭글리는 풍속계의 관찰을 통해 비행의 불가사의에 대한 실마리를 얻었다고 생각했다. 1887년에 피츠버그에서 시작되어 1893년에 워싱턴에서 계속 이어진 관찰은 바람의 행로는 '일련의 복잡하고 거의 알려지지 않은 현상'이며, 우리가 시간당 평균속도가 20~30마일이라 설정하는 바람은 대기층과 기류의 문제는 고려하지 않더라도 단순한 집단이동은 전혀 아니며 속도와 방향이 매초마다 달라지는 진동으로 구성되어 있다는 확신을 주었다.

만약 이런 복잡성이 고정된 풍속계에 의해 밝혀진다면 — 강풍의 한 가운데에서 시시각각의 잔잔함을 기록하게 될 — 엄청나게 다양한 압력이 대기 속에 광범위하게 존재해야만 하는 것이다. 이러한 바람의 내부적인 작용이 날아오르는 새를 때로는 더 높은 위치로 들어 올리고, 그곳으로부터 날개의 특별한 움직임 없이도 바람의 일반적인 경로를 거슬러 하강할 수 있게 한다.

하지만 랭글리는 실험의 초기부터 성공적으로 날아다니는 기계를 발명하려 했다. 1887년과 그 다음 해에 그는 실험과 수정을 거쳐 고무로 작동되는 약 40개의 모형들을 제작했다.

이 실험들로부터 그는 자유 공기 속에서 이루어지는 비행의 조건들에 대해 많은 것을 알게 되었다고 생각했다. 그것은 회전탁자 위에서 보다 더 확실하게 통제된 단순한 비행기들을 이용한 실험에서는 알 수 없었던 것이었다. 당연하게도 그의 근본적인 대상은 평형의 원리를 실천으로 옮기는 것이었다. 서로 다른 형태와 크기 외에도 그는 다양한 구성재료와 궁극적으로는 다양한 추진방법들을 시도했다.

대부분의 부품들은 강철로 만들고, 밀고 나갈 공기보다 약 1000배가 무거운 증기로 운행되는 더욱 커다란 모형들을 실험할 수 있기 전에 랭글리는 적합한 발진기구를 설계하고 만드는데 많은 시간을 들였다.

어느 정도까지는 연기해 두었던 비행 이후의 안전한 하강이라는 문제에 대한 해법은, 모형이 심각하게 손상되지 않고 떨어져 내릴 수 있는 포토맥(Potomac) 강 위의 요트에서 실험들을 집행하는 것이었다.

실험은 1896년 5월 6일(현재 랭글리의 날로 기념되고 있다)에 성공했으며, 그 실험을 직접 확인했던 사람들은 모두 기계 비행의 확실한 미래라고 생각했다. 기기 전체의 — 강철 뼈대, 소형 증기기관, 굴뚝, 압축공기실, 가솔린 저장 탱크, 나무 프로펠러, 날개들 — 무게는 약 24파운드였다. 약 115파운드의 증기압력을 발생시키며, 실제 동력은 거의 1마력이었다. 주어진 신호에 따라 비행기는 선상가옥의 상갑판 위에 있는 발진기구로부터 발사되었다. 비행기는 70~100피트의 높이까지 지속적으로 상승했다.

(한쪽 날개의 버팀줄이 느슨해져) 오른쪽으로 선회하던 비행기는 두 바퀴를 완전히 선회하고 세 번째 선회를 시작하면서 앞으로 나아가 전체 행로는 나선 강하를 형성했다. 1분 20초가 지나갈 즈음 연료가 소진되면서 프로펠러가 느려지기 시작했다. 비행기는 물 위에 착륙하려는 것처럼 천천히 우아하게 하강했다.

수상가옥에 설치된 랭글리의 실험 비행장.

기계적인 수단에 의한 공중비행의 가능성이 증명되었다는 것을 정확히 알지 못했던 알렉산더 그레이엄 벨에게는 완벽한 균형을 이루며 날아가는 기계의 흥미진진한 광경을 아무도 목격하지 못했던 것처럼 보였던 것 같다.

시험비행이 있던 바로 그 날 그는 프랑스 과학아카데미에 자신이 알고 있는 한, 독자적인 동력으로 몇 초 이상 공중에 떠 있을 수 있는 공기보다 무거운 날아가는 기계 또는 비행장치는 전혀 만들어진 적이 없다는 편지를 보냈다.

랭글리는 이제 정당하게 과학자로 인정받게 될 이 분야에서의 작업 — 기계 비행의 실행 가능성에 대한 증명 — 을 완벽히 해냈으며, 대중들은 이 작업의 발달과 상업적인 이용을 다른 과학자들에게 기대하게 되었다.

프랭클린과 데이비처럼 그는 특허권의 획득이나 과학 발견을 이용해 돈을 버는 것은 모두 거절했다. 그리고 (초기 전자기 기계의 발달에 공헌한) 스미소니언 연구소의 초대 소장인 헨리(Henry)처럼 그는 발명가보다는 과학자로서 널리 알려지기를 원했다.

하지만 사람이 조종하는 커다란 비행기를 만들고 싶었던 랭글리의 욕구는 결국 더 이상 참을 수 없는 상황이 되었다. 1898년의 스페인 전쟁이 터지기 바로 직전에 그는 긴급한 전쟁이 닥칠 경우 그러한 기계가 조국에 공헌할 수 있게 될 것이라고 생각했다.

이 문제가 맥킨리*(William McKinley 1843~1901; 제25대 미국 대통령) 대통령의 관심을 끌게 되었으며 육군과 해군 장교들의 합동위원회에 항공 운항에 대한 랭글리 교수의 실험결과를 검토하는 임무가 맡겨졌다.

위원회는 우호적인 보고서를 작성했으며, 군수품과 방어시설위원회는 후속연구를 위해 15,000달러의 경비 지불을 권고했다. 랭글리는 전투장비의 발달로 이어지게 될 기계의 구성을 실행하도록 요청받았으며 1898년에 그 작업을 정식으로 진행하는데 동의했다.

처음에 그는 사람이 조종할 수 있도록 충분히 가볍고 충분히 강력한 가솔린엔진을 제작자들로부터 공급받을 수 있게 되기를 원했다. 여러 번 실망한 끝에 당시에는 초기였던 자동차업계에서 52마력과 약 120파운드의 무게인 5기통 가솔린 모터를 만드는데 성공했다. 또한 새로운 발진장치도 만들었다.

1900년에는 랭글리가 무게와 관련하여 새들의 펼쳐진 날개 표면의 영역과 갈매기와 여러 종의 독수리에서 압력의 중심과 중력의 중심 사이의 수직 거리 등 날아오르는 새들의 비행에 대한 연구를 재개했다는 흥미로운 증거가 있다. 그는 다른 것들 중에서도 날개의 기울기가 방향의 완벽한 변화를 가져오기에 충분하다는 것에 주목했다.

1903년 여름에 두 가지의 새로운 기계가 현장 시운전을 위해 준비되었다. 시운전을 위해 특별히 만들어져 워싱턴에서 약 40마일 떨어진 포토맥강의 한가운데 정박되어 있던 커다란 선상가옥에서 실시되었다.

이 두 가지 기계들 중 커다란 것은 705파운드의 무게였으며, 모터를 조정하고 비행을 관리할 기술자 한 명을 태울 계획이었다. 동력은 앞서 언

랭글리(우)와 수석 기계공 및 조종사 찰스 맨리. 천문학자이며 물리학자였던 랭글리는 항공 산업의 선구자였다.

급했던 가볍고 강력한 가솔린엔진에 의해 공급되었다. 크기가 작은 비행기는 큰 것의 4분의 1 정도인 모형이었다. 무게가 58파운드이며 2.5~3마력 사이의 엔진을 장착하고 66제곱 피트의 표면을 지탱할 수 있었다.

이 작은 기계는 1896년의 증기동력 모형들에서 사용되었던 것과 동일한 발진기구에서 1903년 8월 8일에 실험되었다. 그 기계장치들 중의 하나가 고정핀을 회수하지 못해 기구의 파손이 발생했음에도 불구하고 비행기는 순조롭게 출발했으며 완벽한 평형상태를 유지하는 것으로 그 실험의 주된 목적을 완수했다.

직선 행로로 약 350피트를 이동한 다음 오른쪽으로 4분의 1 가량 선회했으며 동시에 엔진이 느려지면서 약간 하강했다. 그 후 상승하기 시작하여 곧장 300~400피트 앞으로 나아가던 프로펠러는 이전의 회전율을 회복했다.

다시 한 번 엔진이 약해졌지만 비행기가 물에 도착하기 전에 정상적인 속도를 회복한 것처럼 보였다. 엔진이 세 번째로 느려졌으며 회복되기 전에 비행기는 물에 닿았다. 비행기는 27초 동안 1000피트의 거리를 가로질렀다.

기술자들 중의 한 명은 탱크 안에 가솔린을 너무 많이 넣었다고 털어놓았다. 이것이 공기흡입구의 관 속으로 유출되는 원인이 되어 밸브의 작동을 방해했던 것이다.

기술자인 맨리(Manly)가 탑승한 커다란 비행기는 같은 해 10월 7일에 처음 실험되었지만 선상가옥으로부터 몇 피트 아래의 물속으로 곤두박질치고 말았다. 이런 실망스러운 불운에도 불구하고 기술자들과 그곳에 참석했던 사람들은 하늘을 날아가는 비행기의 동력에 대해 자신감을 갖게 되었다.

현재의 비행사라면 사소한 결함이라고 생각했을 것이 당시에는 끔찍한 실패처럼 보였다. 채 2년이 되기도 전에 5만 달러는 소진되었다. 랭글리 교수는 스미소니언 연구소가 마음대로 활용할 수 있도록 허용한 재원을 최대한 활용했다. 위대한 과학자의 탈선이 훌륭한 기사거리가 될 것이라고 생각했던 언론사의 젊은 기자들은 악의에 찬 비판기사들을 작성했다.

겨울이 다 가기 전에(1903년 12월 8일) 맨리는 우호적이지 않은 환경 속에서 영웅적인 시도를 한번 더 감행했다. 다시 한 번 추진기어에 문제가 발생했으며, 비행기가 제대로 날기 전에 뒷날개와 방향타가 부서졌다. 이 실험들은 이제 완전히 폐기되었으며, 발명가는 실패감에 휩싸였으며 대중들이 그의 노력에 보여준 회의론에 더욱 좌절하게 되었다.

마침내 하늘을 정복하다

1905년에 랭글리의 비행기에 관한 기사가 이탈리아 항공학회의 회보에 등장했다. 2년 후에 같은 회보에 수록된 블레리오*(Louis Blériot 1872~1936; 프랑스의 항공 기술자. 최초로 영국해협 횡단 비행에 성공)의 새로운 비행기에 관한 기사에서는 이렇게 언급했다.

1903년 포토맥 강. 비행 실험에 실패한 랭글리 비행기.

'새의 형상을 한 블레리오 4호는…… 좋은 결과를 낳은 것으로 보이지 않는다. 어쩌면 안정성의 부족 때문일 것이며 블레리오는 그러한 중대한 결함을 수정할 다른 새로운 변형을 시도하는 대신, 그것을 폐기하고 뛰어난 안정성을 제공하는 미국인 랭글리의 단순명료한 설비를 채택한 새로운 형태의 5호기를 즉시 제작하기 시작했다.'

1907년 여름에 블레리오는 이 기계로 깜짝 놀랄만한 결과를 얻어냈다. 비행기가 자체적인 구동력으로 지면을 따라 나아가도록 해주는 바퀴의 사용으로 발진의 문제는 그 전 해 — 랭글리가 사망한 — 에 해결되었다.

5호기의 초기 비행은 땅으로부터 몇 피트 위에서 실시되었으며, 영리한 프랑스 조종사는 자신의 위치를 약간 이동시키는 것으로 기계의 방향을 잡을 수 있었으며 단순히 몸을 앞으로 숙이는 것으로 하강시키는 기술도 갖추고 있었다.

조종기구의 활용으로 그는 새의 날개만큼이나 세련되게 오른쪽이나 왼쪽으로 선회했다. 1909년 7월 25일 블레리오가 자신의 단엽비행기로 영국 해협을 건넜을 때 전세계는 하늘에 대한 인간의 정복이 '기정사실'이 되었다는 것을 알게 되었다.

랭글리의 사망 후 약 3년이 되었을 때 스미소니언 연구소의 이사회는 항공기에 적용되는 비행안전역학의 연구를 장려하는 랭글리 훈장을 제정했다. 첫 번째 수상자는 윌버(Wilbur Wrigh)와 오빌 라이트(Orville Wrigh)(1909)였으며 두 번째 수상자는 글렌 커티스(Glenn Hammond Curtiss)와 구스타브 에펠(Gustave Eiffel)이었다(1913).

1913년 5월 6일, 두 번째 시상식이 열릴 때 스미소니언 빌딩의 현관에 설치된 랭글리 기념액자는 과학자의 오랜 친구인 존 브래시어(John Alfred Brashear) 박사가 제막식을 했다.

연구소의 현직 소장은 기념사에서 이 액자는 청명한 하늘을 바라볼 수 있는 테라스에 앉아 있는 랭글리 씨가 깊은 생각에 잠겨 새들의 비행을 관찰하면서 마음속으로는 그 새들 위로 날아오르는 자신의 비행기를 보고 있는 장면을 묘사한 것이라고 했다.

액자에 새겨진 글은 다음과 같다.

새뮤얼 피어포트 랭글리(1834~1906)

1887~1906 ; 스미소니언 연구소 소장

공중에서 움직일 때 표면의 들어 올리는 힘에 대한 기울기의 속도와 각도의 관계를 발견했다.

…

"특별히 나의 것으로 보이는 기계적인 비행의 실행 가능성의 증명이라는 작업의 일부를 끝냈다."

"머리 위에서 위대하고 보편적인 도로가 이제 곧 열리게 된다."

– 랭글리, 1897

2년 후에 성공적인 조종사*(라이트 형제를 가리킨다)가 위대한 발명가의 명성을 한층 더 빛나게 했다. 1914년 봄에 글렌 커티스는 랭글리의 날 기념식을 위해 워싱턴으로 비행기구(랭글리의 에어로드롬)를 발사하기 위해 초대되었다. 그는 랭글리 비행기 자체를 하늘에 올려놓기를 원한다고 했다. 그 기계는 뉴욕의 케우카(Keuka) 호수에 있는 커티스 비행장으로 옮겨졌다.

랭글리의 발진방법이 실용적이라는 것은 입증되었지만 커티스는 결국 물에서 출발하기로 결정했으며 그에 따라 비행기에는 수상비행기용 플로트(부주)를 장착했다.

자체 동력장치를 갖춘 랭글리 비행기는 잔물결 위를 스치고 나아가 호수에서 날아올라 평형상태를 유지하면서 우아하게 공중으로 치솟아 올랐다. 그것을 설계한 사람이 사망한지 8년이 지난 1914년 5월 28일의 일이었다. 늘어난 중량에 더욱 적합한 80마력의 모터를 장착한 비행기는 물 위를 쉽게 떠올라 더욱 멀리 날았다. 1914년 6월의 정기간행물에서는 감동적인 공고가 수록되었다.

"랭글리의 우직한 비행들."

Chapter 18

과학적 가설들

방사능 물질

베크렐의 가설

훈련되지 않은 사람은 이른바 사실은 믿지만 단순한 이론은 좀처럼 믿지 않으려 한다. 진실이 전진하는 것이 아닌 고정된 것이며, 동적인 것이 아닌 정적인 것이라고 생각하려는 경향이 있다. 확실성과 신뢰를 갈망하는 그들은 확고한 무과실성을 주장하지 않는 그 어떤 권위에도 인내심을 갖지 않는다.

세상의 많은 사람들이 뉴턴의 제자들이 스승의 가르침을 의지하거나 논박하며, 또한 다윈의 원리 그 자체도 변화와 발달의 보편적인 법칙에 지배받는다는 것을 알게 되면 당혹스러워 한다.

윤리학과 종교일지라도 낡은 질서는 변화하면서 새로운 질서에 자리를 내주며, 눈에는 눈 이에는 이라는 율법은 관용의 율법과 악에 대한 비저항으로 성취되고 완결되지만, 여전히 많은 사람들이 어떤 과학 이론의 폐기를 활력과 진보의 신호로 보지 않고 빠른 붕괴의 징조이거나 적어도 과학의 파탄으로 바라본다.

그러므로 대중이 과학적 가설을 일종의 경멸로 여기는 것은 놀랄 만한 일이 아니다. 가설(토대, 추측)은 필연적으로 단명하기 때문이다. 반증이 되었을 때, 잘못된 추측이었다는 것이 밝혀지지만, 옳다고 증명되었을 때 이것은 더 이상 가설이 아니다.

하지만 가설들이 실험 과학에서 중요한 역할을 하며 성과로 이어진다는 것을 보여주는 과학의 역사 속의 한 가지 사건은 사실의 열렬한 추종자로서 단순한 이론을 경멸하는 사람들도 무시할 수는 없을 것이다.

1894년에 대기 중에서 비활성기체인 아르곤(우라늄과 토륨을 포함하고 있는 무기물로부터 얻어낸)을 발견했던 윌리엄 램지(William Ramsay) 경은 1895년에 그 이전에 스펙트럼 분석에 의해 태양의 성분으로 밝혀졌던 두 번째 비활성기체인 헬륨*(고대 그리스어 helios; 태양sun)을 확인했다. 같은 해에 뢴트겐*(1845~1923; 독일의 물리학자)은 진공관 내의 음극에서 흘러나오는 광선들을 실험하면서 사진처럼 현상되는 놀라운 힘을 지닌 새로운 방사선(그는 이것을 엑스선이라 불렀다)을 발견했다.

앙리 베크렐. '베크렐선'이라고 불렸던 광선이 훗날 퀴리부인에 의해 '방사선'으로 불리게 된다.

1896년 초에 앙리 베크렐(Henri Becquerel)은 방사선의 방출은 발광성과 관련이 있다는 추측 또는 가설에 따라 실험하면서 몇 가지 인광성 물질들의 사진과 같은 효과를 시험했다. 그는 다른 화합물들 중에서 우라늄과 포타슘의 이중 설페이트 결정체를 햇빛에 노출시키고 다음에는 그 결정체 위에 두꺼운 검정 종이로 이중으로 감싼 사진건판을 놓아두었다. 그 인광성 물질의 윤곽은 사진판 위에 현상되었다. 우라늄염과 사진건판 사이에 놓아두었던 동전의 형상을 얻게 된 것이었다.

이 결과를 보고하고 난 2~3일 후에 베크렐은 우연히 (실험을 하기에는 햇빛이 너무 간헐적으로 비춘다고 생각하여) 사진건판과 이 인광성염을 나란히 놓은 채 동일한 서랍에 놓게 되었다. 놀랍게도 그는 그 건판을 현상했을 때 깨끗한 형상을 얻게 되었다. 그는 그제서야 눈에 보이지 않는 방사선의 존재가 엑스레이와 비슷하다고 추정하게 되었다. 그것들은 알루미늄과 구리의 얇은 판과 방전된 대전체(帶電體)를 통과할 수 있다는 것이 증명되었다.

방사의 뚜렷한 감소 없이 여러 날이 지나갔다. 방사선이 빛과 공통점이 있을 것이라는 가정에서 굴절시키고, 반사시키고, 분극화하는 실험을 했다. 하지만 이 가설은 러더퍼드(Rutherford)의 실험과 베크렐 자신의 실험에 의해 최종적으로 무너졌다. 그러는 동안 이 프랑스 과학자는 금속 우라늄과 우라늄염으로부터 방사를 얻어냈다. 우라늄염과 달리 이것들은 비인광성이었다. 그렇게 베크렐의 본래의 가설은 무너졌으며 방사는 우라늄 고유의 특성이며 빛이나 발광성과는 모두 관계없는 것이었다.

퀴리부인과 방사능 가설

4월 13일과 4월 23일에 퀴리부인(Marie Curie 1867~1934)과 슈미트(G. C. Schmidt 1865~1949)는 각각 토륨염의 방사에 대한 연구결과를 발표했다. 그들의 연구는 베크렐의 작업에 기반을 둔 것이었다. 퀴리부인은 동시에 우라늄염과 몇 가지의 우라늄광석을 연구했다.

우라늄광석들 중에서 그녀는 요하임스탈*(Joachimsthal; 체코, 우라늄광산으로 유명)을 비롯한 지역의 광산에서 가져온 복합 무기물 역청 우라늄석을 활용했으며 자연 광물에서 비롯된 방사는 순수 우라늄의 방사보다 훨씬 활발하다는 것을 발견했다.

역청 우라늄석은 한 가지 이상의 방사성 물질을 포함하고 있다는 가정에서 이 발견은 자연스럽게 그 이후의 연구로 이어졌다. 자신의 고국에 경의를 표하는 뜻에서 퀴리부인이 명명한 폴로늄은 앞으로 발견될 세 번째 방사성 원소였다.

퀴리부인이 실시했던 역청 우라늄석의 화학적 분석에서 폴로늄은 비스무트와 관련이 있다는 것이 밝혀졌다. 또한 1898년의 분석에서 발견된 라듐은 바륨과 관련된 것이었다. 퀴리부인은 순수 라듐 염화물을 얻어내고 그 새로운 원소의 원자량을 결정하는데 성공했다. (소디Soddy에 따르면) 최상의 역청 우라늄석 500만에는 약 1라듐이 있지만 새로운 원소에는 우라늄보다 약 100만 배가 넘는 방사능이 있다. 라듐 1그램의 에너지는 500톤의 무게를 1마일 높이로 끌어올리기에 충분하다고 계산되었다.

석탄 공급의 고갈 위기에서 방사능 발견의 의미에 대해 토론한 후에 소디는 격정적인 편지를 썼다. '하지만 자연의 무한하고 무진장한 에너지에 대한 인식(그리고 그것이 제공하는 지적인 희열)은 20세기의 전반적인 전망을 밝게 해주었다.'

그 원소는 그 자체의 질량의 뚜렷한 감소 없이 자연스럽게 라듐 방사를 만들어낸다. 또한 1899년에 앙드레-루이 드비에른(Debierne)은 라듐보다 방사능이 현저하게 적은 것으로 입증된 고도로 복합적인 역청 우라늄석인 악티늄을 발견했다. 이러한 연구들에서 퀴리부부와 베크렐 그리고 그들과 관련이 있던 사람들은 방사능이 방사성물질의 '원자적 특성'이라는 가설에 영향을 받았다. 이 가설은 1899년 그리고 1902년에 다시 퀴리부인을 통해 명확하게 확인되었다.

그 다음 해에 물리학자인 어니스트 러더퍼드와 화학자인 프레더릭 소디는 몬트리올의 맥길(McGill) 대학의 실험실에서 토륨의 방사능을 연구하던 중 토륨이 지속적으로 새로운 종류의 방사성물질(화학적 특성과 안정

피에르와 퀴리. 방사능을 탐지하는 데 사용된 실험 장치가 있는 실험실. 1903년 공동으로 노벨물리학상을 수상했다.

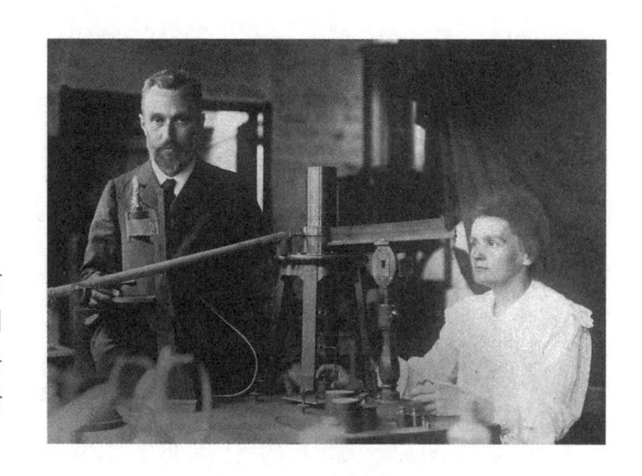

성 그리고 방사에너지가 다른)을 만들어낸다는 것을 알게 되었다.

그들은 이 문제에서 가장 뛰어난 연구자들이 모두 갖고 있는 방사능은 원자적 현상이라는 견해에 동의했다. 이것은 분자의 분해작용이 아니었다. 그들은 방사성물질들은 자연발생적인 변환을 수행해야만 한다고 밝혔다.

이 가설의 과감한 특징과 자연과학에 대변혁을 일으킬 가능성은 30년 전에 저명한 물리학자가 했던 말을 상기하는 것으로 절실하게 느낄 수 있다. '비록 시대가 흐르는 동안 대이변들이 발생해왔으며 여전히 하늘에서 일어날 수도 있겠지만, 비록 오래된 체계들이 해체되고 새로운 체계들이 그 폐허로부터 서서히 전개되겠지만, 분자들(원자들)로부터 구축된 이 체계들은 완전하고 새롭게 남아 있게 될 것이다.'

방사성물질의 목록

1903년에 러더퍼드와 소디는 일반적으로 '변환이론'으로 알려진 그들의 가설을 명확하게 설명했다. 즉, 방사성물질의 원자는 자연발생적인 붕괴를 겪으며, 그 과정은 온도의 커다란 변화(또는 실험자의 뜻대로 되는 그 어떤 종류의 물리적 또는 화학적 변화)에 영향 받지 않으며 원래의 원소와는 화학적(그리고 물리적) 특성이 다른 새로운 방사성물질을 발생시킨다는 것이었다.

방사능은 알파입자와 베타입자 또는 전자(음전기의 전하) 그리고 뢴트겐선과 빛의 성질이지만 훨씬 더 짧은 파장과 관통력이 대단히 큰 감마입자로 구성되어 있다.

방사능은 방사성물질의 원자 내의 고유한 에너지에 의해 방출되며, 감마선의 경우, 때로는 2피트의 납을 관통하기에 충분한 속도로 방출된다. 즉각적인 변환은 이러한 방사능을 통해 일어나는 것이다.

그후 10년 동안 이루어진 연구를 통해 러더퍼드는 이 가설은 모든 방사성 현상들에 대한 만족스러운 설명을 제공하며, 이런 가설 없이는 앞뒤가 맞지 않는 사실처럼 보이는 것에 일관성을 제시한다고 설명했다.

과거의 실험결과들에 대한 설명 외에도 이것은 새로운 연구방향을 제시하며 앞으로의 연구결과를 예측할 수 있게 해주기도 한다. 일부 사람들이 생각하듯이 이것은 에너지의 보존 원리와 실질적으로 모순되지도 않는다. 분명하게도 원자는 베타입자의 질량이 대략 수소원자의 700분의 1이므로 더 이상 물질의 가장 작은 단위로 생각될 수 없다. 더 나아가 이 새로운 가설은 원자이론의 수정인 것이지 부정은 아닌 것이다.

화학에서 잘 알려져 있는 분자의 변화와 같은 것은 아니지만 일련의 방사성물질은 원자의 붕괴로 인한 것이라는 가정이 1913년의 러더퍼드에게는 적어도 이 가설에 의해 연구순서를 지시했던 연구자의 결과에 따라 충분한 근거를 갖춘 것으로 보였다. 그는 각각의 방사성물질의 이름에 따라 방사능의 특성을 가리키는 이러한 결과를 표로 작성했다.

대강 훑어보아도 새로운 원소들의 긴 목록은 일련의 변환과 다른 것들 사이의 일정한 유사성을 드러낸다. 각각의 열(列)은 에마나치온 또는 가스를 포함하며, 그것은 알파입자의 상실을 통해 다음으로 이어지는 일련의 구성물로 변형된다. 위나 아래의 양쪽 방향으로 계속 비교를 해보면 즉시 또 다른 유사함을 발견할 수 있다.

납이 우라늄 열의 최종적인 산물이라고 생각할 어느 정도의 근거가 있다. 변환의 과정을 거꾸로 하고 기초 금속인 납으로부터 라듐을 만들어내는 것은 허풍 섞인 연금술사의 변형보다 훨씬 더 위대한 업적일 것이다. 비록 그것이 가능성의 범주를 넘어서는 것으로 보이지만 그러한 생각은 더 많은 과학자의 상상력을 불러일으키는 것이었다.

소디는 이렇게 썼다. "현자의 돌(보통의 금속을 금으로 만드는 힘이 있

▶ **방사성물질의 목록**

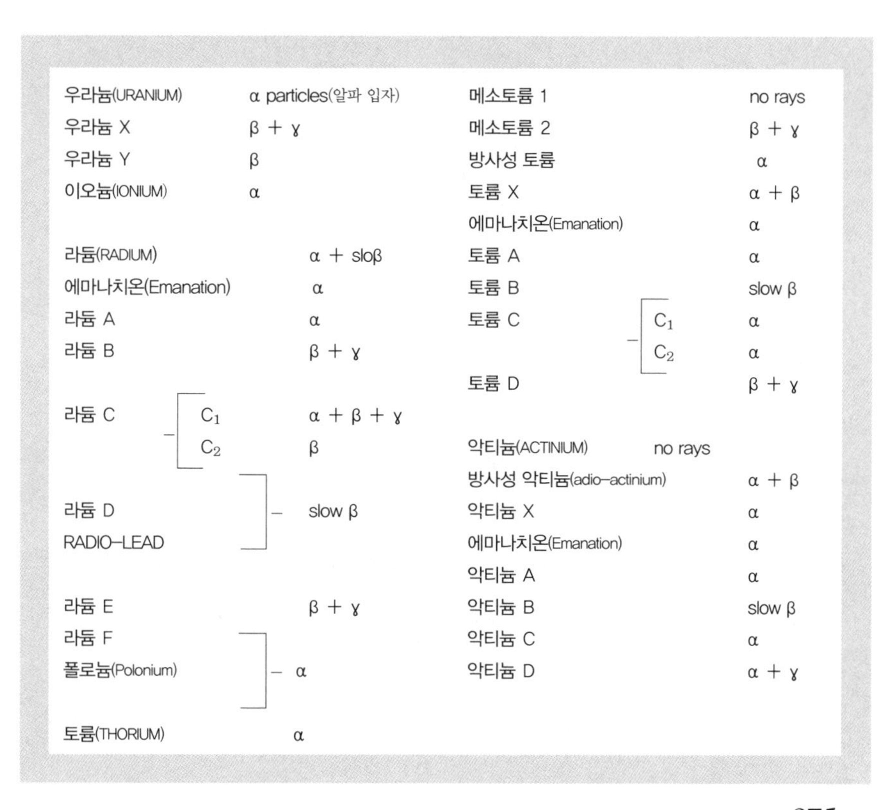

물질		방사선
우라늄(URANIUM)		α particles(알파 입자)
우라늄 X		β + γ
우라늄 Y		β
이오늄(IONIUM)		α
라듐(RADIUM)		α + sloβ
에마나치온(Emanation)		α
라듐 A		α
라듐 B		β + γ
라듐 C	C_1	α + β + γ
	C_2	β
라듐 D		slow β
RADIO-LEAD		
라듐 E		β + γ
라듐 F		α
폴로늄(Polonium)		
토륨(THORIUM)		α

물질		방사선
메소토륨 1		no rays
메소토륨 2		β + γ
방사성 토륨		α
토륨 X		α + β
에마나치온(Emanation)		α
토륨 A		α
토륨 B		slow β
토륨 C	C_1	α
	C_2	α
토륨 D		β + γ
악티늄(ACTINIUM)		no rays
방사성 악티늄(adio-actinium)		α + β
악티늄 X		α
에마나치온(Emanation)		α
악티늄 A		α
악티늄 B		slow β
악티늄 C		α
악티늄 D		α + γ

다고 믿어 옛날 연금술사가 애써 찾던 것)은 금속을 변형시키는 것뿐만이 아니라 '불로 장수약'으로서 작용하는 효력을 지닌 것으로도 인정을 받았다. 이제, 명확하게도 아무런 의미도 없는 이 혼란스러운 생각의 기원이 무엇이든 상관없이, 이것은 오늘날 우리가 갖고 있는 실질적인 현재의 견해를 참으로 완벽하면서도 대단히 약하게 비유적으로 표현한 것이다."

다시 한 번, 비스무트*(bismuth; 1400년경 연금술사가 발견한 금속)가 토륨 계열의 최종산물이라고 추측하고 있는 것이다.

원자붕괴의 결과(납과 헬륨과 같은)라는 존재는 퇴적되어 있는 곳에서 발견된 암석의 나이에 대한 실마리를 제공하는 것으로서 지질학을 비롯한 과학 분야에 관심을 불러 일으켰다.

러더퍼드와 퀴리부인을 비롯한 사람들이 특별히 방사성물질에 관심을 갖기 전에 원자가 뉴턴이 당연하다고 생각했던 무겁고 단단한 불가입성의 입자와는 전혀 다르다고 추측했던 톰슨(Joseph John Thomson 1856~1940) 경과 그의 학파는 다른 관점으로 원자의 구조를 연구했지만 어느 정도는 비슷한 결과를 얻어냈다. 이 위대한 물리학자는 음극선은 그동안 가정했던 것처럼 음극으로 대전(帶電)된 분자가 아니라 훨씬 더 작은 입자들 혹은 미립자(전자)들로 구성되었다는 것을 입증했다.

진공관 내에서 그렇듯이 이런 전자들이 어디에서 나타나든 양극으로 대전된 입자들이 있다는 것 역시 증명될 수 있다. 원자가 물질의 최종적인 단위라는 것 대신 양극과 음극으로 대전된 입자의 체계라는 것은 명확하다.

러더퍼드는 비록 원자 내의 미립자의 배열에 관해서는 톰슨 경과는 의견을 달리했지만 이 견해에 대해서는 전반적으로 동의했다. 여기에서 러더퍼드는 음극으로 전하된 입자들로 구성된 원자의 더욱 큰 질량은 양성의 원자핵 주변을 회전한다고 추측했다고 설명하는 것으로 충분하다. 주변의 전자들은 원자가 전기적으로 중성이 되도록 만든다.

이런 물질의 입자설(粒子說)은 화학적 결합의 법칙을 설명해 줄 수 있을 것이다. 데이비를 비롯한 여러 사람들이 그의 시대 이래로 전기적인 현상에 필수적인 것으로 여겼던 이런저런 원자가를 지닌 두 개의 원자 사이의 이른바 화학적 친화력은 이제 보다 더 확실한 해석을 허용하는 것으로 보인다.

각각의 원자는 전자를 더하거나 빼는 것에 따라 음극적으로나 양극적으로 대전된다. 원자들 사이에 발생하는 화학적 합성에서 그것의 전하들은 반대부호의 것이며 원자가는 전기의 단위전하의 수에 의존한다.

더 나아가, 물질의 전기이론은 소위 모든 원소들의 기초가 되는 근본적인 단일원소가 있다는 가설을 뒷받침한다. 원소들은 집단으로 분류되며 그것들의 화학적 성질은 원자의 무게에 따라 달라진다는 사실은 오래 전에 다른 모든 물질들의 기원이 되는 근본물질인 '원질(原質)'에 대한 가설을 제시했다. 변환이론만큼이나 입자설이라는 관점에서 헬륨원자와 음극미립자는 원소들의 기원에 대한 실마리를 제공하게 될 것이 가능하다고 보인다.

가설이 없다면 실험도 없다

방사성물질의 발견에 대한 이 개략적인 소개로부터 과학적 가설의 특성과 가치와 관련된 어떤 것을 배울 수 있을까? 한 가지를 꼽자면, 과학적 가설은 실험자에게 필요한 것이라는 점이다. 정신은 앞서 달려 나가며 실험을 이끈다. 다시 한 번, 가설은 연구의 새로운 방침을 제시하면서 실험의 결과를 예측할 수 있도록 하며 결과들에 의해 풍부하게 정당화될 것이다.

러더퍼드는 이렇게 썼다. '방사능 현상들에 대한 정확한 지식이 급속도로 성장했던 것은 대부분 붕괴이론의 영향에서 비롯된 것이었다.' 유효한 가설은 사실들을 설명하는데 기여하고, 발견으로 인도하며 비록 우리가 보아왔듯이 다른 가설들을 수정하기는 해도 알려진 사실이거나 검증된 일반론과 양립하지 않는다.

가설을 지지하는 사람들은 회의주의를 피하고 쉽사리 믿는 것을 피하면서 엄격한 입증이라는 시험을 거쳐야 한다. 우리가 알게 되었듯이, 잘못된 추정일지라도 세심하게 증거를 제시할 때 소중하다는 것을 증명할 수 있다.

입증되지 않은 가설에 대한 일반인의 불신은 대개는 건전한 것이다. 가설을 믿지 않거나 신뢰하지 않지만 찬성과 반대를 위한 증거를 공정하게 판단하는 것은 의무이다. 실질적인 문제들을 향한 정신적인 태도에서 추측이 중요한 역할을 한다는 사실은 과학적 가설들의 정당성을 두고 논쟁하는데 있어 신중해야만 한다는 것을 알려준다.

정보담당 장교가 암호문을 해독하거나 탐정이 범죄의 비밀을 밝혀내기 위해 잠정적으로 가정할 권리를 부정할 사람은 아무도 없다. 정보담당 장교는 그 문서가 일정한 언어로 작성되어 있으며 어쩌면 사용된 개별적인 부호들이 어떤 문자에 해당하는 의미를 갖고 있는 것이 당연하다고 생각하므로, 그의 가정은 그 암호문으로부터 이치에 맞으며 일관된 의미를 갖고 있다고 증명하기 위한 것이다.

탐정은 범죄를 저지르게 된 동기이거나 빠져나가기 위한 일정한 수단을 당연히 사용했을 것이라 생각한다. 비록 그의 가정이 그 비밀을 명확하게 밝혀내지 못한다 해도 새롭고도 보다 더 적절한 가정으로 이끌어가기에 유용한 것이다.

앙리 푸앵카레(Henri Poincaré)는 가장 위험한 형태의 가설은 무의식적인 가설이라고 지적했다. 가설은 명확한 설명에 도달하지 않기 때문에 증명되거나 반증하기 어렵다. 사실과 생각들을 있는 그대로 열렬히 주장하는 사람들은 최신 과학의 가설들을 반대하면서 종종 자신도 모르는 케케묵은 이론이거나 단순히 통속적인 추측을 고수한다.

러더퍼드. 엑스선이 입자로 이루어졌다는 사실을 발견했다.

예를 들어, 나폴레옹은 19세기 초에 영국의 무역자산을 파괴하려 시도하면서 무의식적으로 자신의 조처를 경제학의 낡아빠진 학설에 기반을 두었다.

그에게는 애덤 스미스와 튀르고의 가르침이 한가한 궤변이었던 것이다. 그는 자신의 재무장관에게 이렇게 말했다.

'나는 실용적으로 좋은 것을 찾으려는 것이지 이상적인 최선을 찾으려는 것이 아니다. 세상은 대단히 노련하며 우리는 세상의 경험에서 이익을 취해야만 한다. 오래된 경험들이 새로운 이론보다 더 쓸모 있다는 것을 가르쳐준다. 당신이 무역의 비밀을 알고 있는 유일한 사람이 아니다.'

여기에서 나폴레옹이 영국의 신용을 무너뜨리는데 가장 좋은 방법을 찾으려 했던 것인지 아닌 것인지의 문제에 관심을 갖는 것은 아니다. 그는 영국의 금을 고갈시키겠다는 의도로 수입은 허용하면서 유럽의 금을 얻기 위해 영국이 수출하는 것을 막으려 했던 것이다.

하지만 이러한 정책을 수행하면서 그는 아주 오래된 조치에 근거해 진행하는 것이라고 생각했지만 그는 단순히 로크의 17세기 식 신조를 무력화시켰던 애덤 스미스의 신조에 맞서 경쟁시켰던 것이다.

한 가지 과학적 가설에 따르자면, '종들은 자연선택이라는 수단이거나 생존투쟁에서 유리한 종족의 보존을 통해 시작되었다.' 1859년은 물론 그 이후로도 이 가설은 당연히 면밀한 검토를 받아야 했다.

수많은 가설들의 단명하는 특성과 검증되지 않은 가정을 인정하는 과정의 위험성은 확증적인 증거에 대한 요구를 정당화한다. 증거는 검증되고 있으며, 대립하는 가설을 주장하거나 지지하는 것은 우리의 특권이다.

그러므로 단순성과 심미적인 특성으로 추천되었던, 행성들은 원형궤도를 운행한다는 가설은 타원형궤도의 가설에 그 자리를 내주어야만 했다. 빛은 빛을 내는 모든 천체에 의해 방출되는 입자들에 기인한다는 뉴턴의 가설은 적어도 일정 기간 동안 모든 우주공간을 가득 채우고 있는 에테르 속의 가벼운 진동이라는 이론에 자리를 내주어야 했다.

과학 발달의 진로는 폐기된 가설들의 잔해들로 뒤덮여 있다. 파기된 많은 가설들은 단순히 보통 사람의 맹목적인 오류들이었으며 그것들은 사실뿐만이 아니라 사실에 의해 검증되고 새로운 발견으로 이끌어가는 새로운 가설들에 의해 폐기되었다.

밀(John Stuart Mill)에 따르면, '진정한 과학적 가설의 상태가 되려면 언제나 가설로 남아 있지 않아야만 하지만 검증이라 부르는 관찰된 사실들과의 비교에 의해 증명되거나 논박되어야 하는, 그런 특성을 가져야 하는 것으로 보인다.'

이 말은 '단순한' 가설에 대한 일반적인 불신을 확인하는데 중요하며, 검증되지 않거나 검증될 수 없는 추정과 검증을 통해 확립된 학설이 될 수도 있는 합리적인 가정 사이를 구별하는데 중요하다.

Chapter 19

과학적 상상력

인간의 정신을 연구하다

심리학 또는 행동에 나타나는 정신생활의 과학은 전반적으로 생리학자들과 의학연구자들로부터 커다란 도움을 받았다. 자연과학의 경향으로부터 정신의 연구에 접근했던 사람들의 이름을 분류하려는 시도는 자칫 만족스럽지 못한 결과로 나타나기 쉬우며, 간략한 목록은 분명 중요한 많은 이름을 생략하게 될 것이다.

하지만 로크(Locke), 체셀덴(Cheselden), 하틀리, 카바니스, 영(Young), 웨버(Weber), 갈(Gall), 뮐러(Müller), 뒤 보이스-레이몬드(Du Bois-Reymond), 벨(Bell), 마장디(Magendie), 헬름홀츠, 다윈, 로체(Lotze), 페리어(Ferrier), 골츠(Goltz), 뭉크(Munk), 모소(Angelo Mosso), 모슬리(Maudsley), 카펜터(Carpenter), 골턴(Francis Galton), 헤링(Ewald Hering), 클라우스턴(Clouston), 제임스(James), 자넷(Janet), 크레펠린(Emil Kraepelin), 플렉시그(Paul Emil Flechsig) 그리고 분트(Wilhelm Wundt)에 대한 언급은 우리에게 자연과학이 이른바 정신과학에 풍부하게 공헌했다는 것을 기억하도록 해준다.

실제로 생리학은 감각기관의 기능, 지각신경과 운동신경의 기능, 대뇌 피질의 연합구역과 함께 뇌의 기능에 대한 설명은 물론 감정의 표현 그리고 신경계의 발달과 수반되는 기능의 변화, 태아의 형성에서 육체적인 소멸까지 그리고 가장 단순한 종에서부터 가장 복잡한 기관을 지닌 종에 대한 설명 없이는 완벽하지 못할 것이다.

19세기 초에 프랑스의 의사인 카바니스(Pierre Cabanis; 1757~1808)는 인간의 성격과 물질적인 인상에 반응하는 단순한 신경기관을 동일시하고, 뇌를 정신을 만들어내는 기관으로 간주하려 했다. 하지만 곧 이러한 극단적인 입장을 취소하고 신체와 분리된 영원한 영혼의 존재에 대한 자신의 확신을 표명했다.

뇌에 대해 정신이 방출되는 기관이기보다 그것을 통해 정신 자체가 나타나는 도구라고 말할 수는 있을 것이다. 그렇다 할지라도, 영적인 대리자와 물리적인 도구 사이의 관계는 너무나도 밀접하여 생리학은 정신적인 현상들에 유념해야만 하며 심리학은 정신적인 과정의 물리적인 부수물을 무시해서는 안 된다는 것에는 동의해야만 할 것이다. 그로부터 자연과학의 새로운 분야인 생리학적 심리학 또는 웨버의 제자인 페히너(Fechner)(1860)가 명명했던 정신물리학이 생겨났다.

정신의 연구와 육체적인 기능들의 연구 사이의 협력을 통해 하등동물의 지능과 생존가*(生存價, 생체의 특질이 생존, 번식에 기여하는 유용성), 어린이의 정신적인 성장, 노년과 질병으로 인한 정신의 쇠퇴 그리고 특별한 계급이나 개인들의 정신적으로 타고난 재능이 연구의 주제가 되었다. 이제 인간심리학은 인류학 또는 인간에 대한 일반적인 연구의 다양한 분야에 공헌하고 있는 것으로 인정받는다.

이미 암시되었듯이, 정신에 대한 연구를 자연과학의 측면에서 접근했던 빌헬름 분트는 1875년에 정신현상들에 대한 실험적인 연구를 위해 최초의 정신물리학 연구소를 라이프치히 대학에 설립했다. 그가 내세운 목표는 의식의 내용을 그 요소별로 분석하고, 이러한 요소들을 질적이며 양적인 차이점들을 검토하고 그것들의 존재양식과 계승의 조건을 정확하게 결정하겠다는 것이었다. 그러므로 과학은 광범위한 외부현상들을 살펴본 후에, 인간이 모든 대상들을 인식하게 되는 주관적인 과정인 생각하는 정신의 내부에 대한 면밀한 조사로 관심을 돌리게 된다.

과학적 발견의 도구로서 인간의 정신에 대한 전문적인 연구의 필요성은 물리학자인 틴들이 1870년에 대영학술협회에서 〈상상력의 과학적인 활용〉이라는 논문을 발표했다는 사실에서 추론될 수 있다.

논문에서 그는 상상력을 물리이론의 건축가로서 언급하면서 뉴턴, 돌턴, 데이비 그리고 패러데이를 이러한 정신의 창의력을 올바르게 활용한 예로 열거했으며 과학적 발견의 정신적인 과정을 예술적인 작품과 동일시하면서 유명한 화학자 한 명을 언급했다.

심지어 틴들은 심리학자들의 현장을 추적하면서 우리가 정신력의 소유를 동료 인간에게 돌릴 수 있는 것은 상상력의 실행에 의해서만 가능하다고 주장했다. '여러분은 사회에서 여러분과 같은 이성적인 존재들에 둘러싸여 있다고 믿는다. … 이런 확신을 여러분에게 보증해주는 것은 무엇일까? 단순하고도 유일하게, 여러분의 동료인 인간들은 마치 자신들이 이성적인 것처럼 행동한다는 것이다.'

정신과학과 심리학

정신과학의 영역 속으로 훌륭하게 침입한 자연철학자의 발자취를 후대의 심리학자들은 따르면서도 머뭇거려야만 했다. 물리학의 역사에서 열은 운동의 한 가지라는 베이컨의 가설(1620)과 틴들 자신의 작품인 《운동의 형태로서의 열》(1863) 사이에 오랜 기간 동안의 많은 연구들이 개입되어 있는 것처럼, 과학적 발견의 적절한 심리학이 공식화되기 전에 많은 심리학적 연구들이 이루어져야만 했다.

틴들을 비롯한 과학자들이 과학적 '상상력'에 대해 언급했던 구절들은 이 용어가 만약 직관, 영감, 무의식적인 사고 또는 이성까지도 대체하는 것으로 읽혀진다면 궁극적으로 입증될 것이다.

언뜻 보기에는 실험적인 방법에 의해 지난 반세기 동안 추구되었던 의식, 운동신경, 촉각, 시각, 청각, 후각, 미각, 열, 내면의 지각요소들의 연구가 상상력의 성질에 대한 실마리를 제공할 수 있는 것처럼 보인다. 시각적인 형상 또는 정신적인 심상(心像)은 상상적인 과정의 특징으로서 널리 받아들여졌다.

실제로, 뛰어난 심리학자인 윌리엄 제임스*(William James; 《심리학의 원리》로 유명하다. 미국의 소설가 헨리 제임스의 형이다)는 상상력에 관한 흥미진진한 장 전체를 다양한 형태의 형상에 대한 논의에 쏟아 부었다. 하지만 의식의 지각요소들은 상상력 속에 있듯이 인식, 기억, 의지, 이유 그리고 감정에 포함되어 있다.

그것들은 아주 오랜 옛날부터 기초적인 것으로 인정되어 왔다. 과거에 감각 속에 없었던 것은 지력 속에 전혀 없다. 감각에서 벗어나 있는 것은 사고력의 중대한 지침이 부족한 것이었다.

개인과 단체의 심리는 형상의 종류와 생생함에 있어 깜짝 놀랄만한 차이점을 보여준다. 정신적인 삶이 거의 독점적으로 시각적, 청각적 또는 운동신경의 조건 속에 있는 많은 경우들이 기록되어 있다.

어떤 학생은 모든 단어와 문장을 필사하는 것으로 외국어를 배운다. 반면에 다른 학생은 말로 전해지는 외국어를 듣는 것에 전적으로 의존한다. 세 번째 학생은 거의 사진과도 같은 생생함으로 인쇄된 페이지를 기억해낼 수 있다.

문학과 예술의 역사는 시각화의 놀라운 힘을 보여주는 예들을 많이 제공한다. 블레이크*(영국의 시인, 화가)와 프로망탱*(프랑스의 화가)은 오랫동안 기억 속에 간직되어 있던 그림들을 재생해낼 수 있었다. 프로망탱은 자신의 그림이 자신이 보았던 것을 정확하게 재생해낸 것은 아니지만 그럼에도 불구하고 그의 정신이 기억된 이미지에 작용했던 선택적인 영향 때문에 전혀 예술적으로 뒤지지 않는다고 인식했다.

워즈워스*(18세기 영국의 시인)는 때때로 자신의 시적 감흥을 자극하는 풍경의 외형을 흐릿하게 만들면서 개인적인 요소를 더 부각시키려는 분명한 의도로 묘사를 잠시 미루었다.

괴테는 꽃의 형태를 자유자재로 기억해내고 색을 다른 것으로 바꾸고 자신의 마음의 눈앞에서 펼쳐지도록 하는 능력이 있었다. 빌헬름 딜타이(Wilhelm Dilthey) 교수는 문학 작가들의 시각적인 형상의 환각적인 명료함에 대한 다른 많은 기억들을 수집했다.

반면에 프랜시스 골턴은 정신적인 형상에 대한 자신의 고전적인 연구(1883) 이후에 하나의 계급으로서 과학자들은 시각적인 표현능력이 약하다고 주장했다. 그는 유명한 과학자들에게 시각적 회상의 증거를 요청했다. 그들이 다른 사람들보다 내적인 성찰의 결과들을 훨씬 더 정확하게 설명할 수 있을 것이라고 생각했기 때문이었다. 그는 영국뿐만이 아니라 프랑스 학회의 회원들을 포함한 외국의 과학자들에게도 요청했다.

그는 이렇게 썼다. "매우 놀랍게도 내가 처음에 의뢰했던 대다수의 과학자들은 정신적인 형상을 모른다고 단언했으며 '정신적인 형상'이라는 말이 실제로 내가 모든 사람들이 그렇게 생각한다고 믿는 것을 표현한다고 생각하는 것에 대해 나를 공상적이며 터무니없는 사람이라고 간주했다. 그들은 그것의 진정한 특성에 대해 색깔의 진정한 특성을 모르면서 자신의 결함을 인식하지 못하는 색맹인 사람보다 더 나은 생각을 갖고 있지 못했다."

어느 과학자는 그것은 단지 어떤 장면에 대한 회상을 마음의 눈으로 인식하는 정신적인 이미지로서 표현할 수 있는 수사법이었을 뿐이라고 고백했다.

골턴이 일반 사회에서 만났던 사람들에게 질문했을 때, '전혀 다른 경향이 지배적이었으며, 많은 남성들과 좀더 많은 여성들 그리고 많은 소년과 소년들이 습관적으로 정신적인 형상을 보았다고 주장했으며, 그것은 전적으로 명확하며 색감이 풍부한 것이었다.'는 것을 발견했다.

평균적인 유명 과학자와 평균적인 일반 사회인들의 심리에서 나타난 이러한 차이점의 증거는 반대심문에서 더욱 크게 강화되었다.

골턴은 그 차이를 과학자들의 '특히 추론 과정이 언어에 의해 상징으로서 수행될 때 매우 일반화하는 추상적인 사고의 습관'에서 기인하는 것이라고 생각했다.

언어를 상징으로 사용할 때만 과학적인 사고가 가능하다. 인간의 의지를 창작에 부과하는 것은 작업에서 협동을 통해서이며, 협동은 의사소통의 수단으로서 언어의 발달 없이는 제대로 수행될 수 없다. 언어의 도움이 없었다면 하등동물처럼 우리는 빨리 지나가는 사물들의 이미지에 의존해야만 한다.

우리는 감각의 세상에 구속되어야만 하며 생각의 세상에 영역을 차지하지 못할 것이다. 생각의 의미를 전달할 수 있으며 보다 더 큰 확장성 또는 강도를 취할 수 있다는 바로 그 이유로 언어는 생각을 위한 자유로운 매개인 것이다. 예를 들어, 우리는 사과가 무겁기 때문에 떨어진다고 말하거나, 떨어지는 사과를 보편적인 측면으로 보도록 도와주는 같은 뜻의 다른 표현으로 말할 수 있다.

정신은 언어를 통해 실질적인 세상에서 독립된 활동무대를 얻을 수 있다. 앞선 장에서 우리는 기하학이 측량의 기술로부터 점차 떨어져 나오면서 과학으로서 발달했다는 것을 확인했다. 삼각형과 사각형은 목초지나 포도원 또는 그러한 종류의 한정된 형상을 가리키기를 멈추었으며 그것들의 추상적인 관계에서 논의되었다.

과학과 예술의 차이와 공통점

과학은 단순히 감각적인 것보다는 개념적인 것을 요구했다. 눈에 보이지 않는 원자와 미립자의 실질세계는 그 기원을 이성 즉 언어에 두고 있다. 생각의 세상에서 새로운 진실을 공식화하는 것은 특별히 뛰어난 이성을 타고난 사람들의 특권이다.

확실히 언어 자체는 형상으로 여겨질 수 있다. 어떤 사람들은 말로 표현된 단어를 인쇄된 페이지에서 본 것처럼 마음속에 그리며, 또 다른 사람들은 발화기관의 운동 이미지이거나 막 시작된 말이 없으면 문학적인 구절을 생각해낼 수도 없다.

반면에 다른 사람들은 글을 쓰는 손의 운동이미지를 다시 경험한다. 많은 경우에, 모든 형태의 단어 인식에 있어 청각의 이미지가 우세하다. 형상과 동반한다는 의미에서 모든 사고작용은 상상적인 것이다. 하지만 우리에게 보다 더 원시적인 형태의 이해력으로부터 가장 완벽하게 벗어나도록 해주는 것은 언어의 활용이다.

인쇄된 단어는 그 의미를 훈련된 정신에 너무나도 직접적으로 전달하므로 그것을 하나의 기호라기보다 흰색 위의 검은색으로 여기는 것은 드물며 오히려 정신적인 경험을 망쳐버린다.

단어들은 상징화된 사물의 이미지를 제시하는 힘이 서로서로 다르다.

'존재'라는 단어는 '꽃'이라는 단어보다 이미지를 적게 만들어내며, '꽃'은 '붉은 장미'보다 이미지를 적게 만들어낸다. 구체적이며 생생한 표현보다 추상적이거나 일반적인 표현으로 대체하는 것은 과학의 언어가 지닌 특징이다.

그러므로 상상력이 위대한 모든 과학적 발견들의 바탕에 있다는 말을 듣게 되었을 때 법칙의 발견은 창조적인 상상력의 특별한 기능이며, 위대한 모든 과학자들은 일정한 의미에서 위대한 예술가들이라는 역설(패러독스)과 마주치게 된다. 생각의 어떤 부문이 과학에서 보다 더 엄격하게 종속되는 상상력일까?

유전심리학은 적응의 수단으로서 정신의 발달에 대한 추적을 시도한다. 이것은 다양한 곤충 종들의 생존에 너무나도 훌륭하게 역할을 하는 본능을 연구한다. 이것은 보다 쉽게 변형된 새들의 본능을 연구하며 경험의 기반 위에 영리한 선택을 하는 능력을 주목한다.

인식하는 새의 능력은 기억 또는 형상의 보존을 의미하는 것일까? 향상된 지능은 다른 종들을 새롭고 예상치 못한 조건들 속에서 영속하는 것을 보장한다. 기억이 강할수록 이미지의 공급은 더욱 풍부해지며, 적응과 생존의 능력이 더욱 커진다. 우리는 설치류와 말들의 운동기억(근육기억)과 그것의 생물학적 가치와 관련된 것을 알고 있다.

어린이는 명확하게 조직화된 본능은 적게 물려받았지만 하등동물들보다 더욱 큰 적응성을 물려받았다. 어린이의 정신적인 삶은 이미지의 카오스다.

감각들을 기르는 것만큼이나 훈련시키고, 색깔만큼이나 형태를 가르치고, 숫자 감각과 무게 그리고 단위를 명확하게 전달하고, 꿈과 현실 사이를 구분하도록 도와주고, 전통적인 지혜의 보물섬인 언어를 가르치고, 언어의 올바른 사용과 너무나도 밀접하게 관련된 논리를 가르치는 것은 교육의 역할이다.

동물이나 어린이의 심리만큼이나 불규칙한 사실들은 이성과 이해력에 상상력과 환상을 종속시키는 것이 지적인 발달에 있어 필수적인 요소라는 것이 입증되었다.

물론 과학 발견자의 정신적인 활동이 다른 부류의 인간과 전혀 다르다고 주장하는 사람은 아무도 없을 것이다. 그러나 과학적 일반화와 예술 작품을 전혀 다른 과정으로 확인하려는 것은 그저 혼란스럽게 만들 뿐이다. 예술가의 목적은 어떤 분위기의 전달이다.

맥베스의 저자*(셰익스피어)는 청중들에게 살인죄의 느낌을 전달하기 위한 모든 장치들을 사용했다. 즉, 그러한 감정을 한껏 고양시키는데 도움이 되는 모든 소름 끼치는 장면과 음울한 문구들을 사용했다.

알브레히트 뒤러*(Dürer; 15세기 르네상스 시대 독일의 화가)가 그린 그림들과 브라우닝의 시들은 불굴의 결의를 드러내는 감정을 세세하게 전달한다. 어떤 풍경에 대한 자신의 만족감이 펼쳐져 있는 푸른 물과 황색 바닷가 그리고 무성한 적황색 나뭇잎에 근거하는 것임을 알게 된 풍경화가는 자신이 생기 있게 만들고 영속하기를 원하는 분위기를 위하여 자연을 다시 정리하는 작업을 진행한다.

개인적인 분위기를 타인들에게 전하기 위해 느낌을 솜씨 있게 처리하는 이러한 예술가들의 태도와 모든 지식인들에게 유효한 법칙을 명확하게 만들어내는 과학 발견자들의 태도는 분명 전혀 다른 것이다.

상상력과 연상작용

오늘날의 심리학에는 아리스토텔레스의 생물학적 심리학을 생각나게 하는 것들이 많이 있다. 성장과 생식의 지극히 중요한 기능들과 관계가 있는 본원적인 또는 영양이 되는 영혼으로부터 운동과 지각과 관련된 지각력이 있는 영혼으로 발달했다. 최종적으로 지적이며 이성이 있는 영혼이 나타났다. 이러한 세 가지 부분들은 서로 배타적인 것은 아니지만 낮은 단계는 높은 단계의 전조가 되었으며 그것에 포함되어 있다.

하지만 아리스토텔레스는 높은 단계로 낮은 단계를 설명했으며 그 반대의 경우는 아니었다. 과학 발견자에게 그의 고결한 지적인 성취가 소설과 아주 흡사하다거나, 사실에 대한 단순한 숙고의 결과라거나, 감정적인 흥분을 수반한다거나. 맹목적인 본능의 작용이라고 말하는 것은 전혀 찬사가 될 수 없다.

과학 발견이 탁월한 지적 과정이지만 서로 다른 과학 현상들의 성질과 발견자들의 개인적인 정신적 차이점과 함께 변화한다는 것이 밝혀질 것이다. 처음에 이야기했듯이 과학 발견의 심리학은 오래 이어지는 연구의 주제여야 하지만 일정한 데이터는 이미 활용할 수 있다. 위대한 수학자인 푸앵카레는 자신의 발견들을 직관에 의한 것이라 했다.

가장 중요한 생각은 영감에서 비롯된다. 이것은 갑작스러움과 간결함 그리고 즉각적인 확실성이라는 특성을 나타낸다. 그가 길을 건너가고 있거나, 해안의 낭떠러지를 걷고 있거나 마차에 올라탈 때 예고 없이 떠오를 수 있다.

그 발견에 포함된 특별한 문제에 대한 의식적인 노력과는 상관없는 상당한 기간이 개입되어 있었을 것이다. 푸앵카레는 이러한 이론적인 난해함의 갑작스러운 해법을 그 이전에 있었던 오랜 기간 동안의 무의식적인 작업을 가정하는 것으로 설명하려 했다.

비범한 재능을 지닌 사람들이 남긴 그러한 기록들이 많이 있다. 발명가가 자신의 문제에 대한 해법을 얻는 순간에 그의 정신은 거의 그 문제에 매달리지 않고 있었던 것으로 보일 수도 있다. 오랫동안 매달렸던 생각이 계획적으로 얻었다기보다 자유롭게 전달된 영감인 것처럼 나타난다.

그 어떤 정신적인 과정도 존경을 받을 만한 가치는 없지만 설명될 가능성이 없는 것은 아니다. 도덕적인 통찰력 또는 영적인 깨달음처럼 과학적인 착상은 그것을 찾기 위해 노력해왔던 사람들에게 다가온다.

문은 우리가 두드리기를 멈춘 후에 열릴 수도 있으며 또는 우리가 전령을 보냈다는 것을 잊고 있을 때 답신이 올 수도 있다. 하지만 발견은 오직 의식적인 작업 이후에만 찾아온다. 과학의 역사 전체는 영감이 작업자에게 찾아오며 새로운 착상은 오래된 생각에서부터 발전한다는 것을 보여준다.

번득이는 아이디어가 의식적인 작업의 와중에 떠올랐다는 것, 또한 거기에다 정신적 노력의 정당한 성과이기보다 갑작스러운 선물로 등장하는 것이라고 덧붙이는 것은 발견 과정의 신비함을 한층 손상시키는 것일 수도 있다.

재치의 자연스러움은 과학 발견에 또 다른 실마리를 제공할 수 있다. 재치 있는 말을 하는 사람은 빈번히 그 말을 듣는 사람들만큼이나 스스로 놀라게 된다. 어쩌면 언어적 형상으로 전해진 그 생각의 중요성은 오직 실질적으로 발언되었을 때만 완전하게 이해되기 때문일 것이다.

연구 중인 문제에 대한 해법이 그것을 추구하지 않고 있던 순간에 과학 발견자에게 나타났다는 사실은 어떤 이름을 기억해내려는 노력이 자연스러운 연상작용을 방해하는 일반적인 경험과 유사한 것이다.

과학적 상상력의 역할이 과도하게 강조되는 경향은 상상력이 정신적인 삶의 즐거움들 중의 한 가지로서 최고라고 생각하는 사람들이 억제해서는 안 되는 심리적 능력이라는 그릇된 생각에서 비롯된 것일 수 있다.

이런 견해는 심미적인 상상력과 관련되어 좀처럼 사라지지 않고 있다. 심리학자 윌리엄 제임스는 심미적인 능력의 생물학적 기능을 이해할 수 없었다. 최근에 벨푸어*(Arthur Balfour; 영국의 정치인. 인간의 삶과 자연과학은 신앙의 권위에 의존해야 한다는 유신론적 견해를 주장했다)는 인간 정신의 이러한 면모는 무익한 것이라 주장하면서 영혼의 불멸성에 대한 논쟁에 근거를 두었다. 그의 이런 견해는 과학적 이론들을 만들어내는 정신 과정과 심미적 능력을 동일시하려는 경향과 현저하게 모순되는 것이다.

Chapter 20

과학과 민주주의 문화

루소와 플라톤의 교육론

교육은 일정한 도덕적, 사회적 목적들을 목표로 하여 미완성인 사람들의 발달을 관리하고 지도하는 것이다. 그러므로 교육학은 부분적으로 심리학에 근거하고 있다. 앞선 장에서 확인했듯이 교육학은 생물학과 밀접하게 관련되어 있으며 부분적으로는 윤리학 또는 도덕의 연구와 관련이 있으며 사회학과도 밀접하게 관련되어 있다.

이러한 심리학적이며 사회학적인 교육의 두 가지 측면은 루소(Jean-Jacques Rousseau 1712~1778)의 《에밀》과 플라톤의 《국가론》에서 각각 다루어졌다. 《에밀》은 독자들에게 《국가론》은 교육의 사회적 측면을 다룬 것이라 명확하게 언급하면서 최대한 개별적인 어린이의 육체적 그리고 정신적 발달에만 집중한다.

루소는 의도적으로 국가 또는 시민권의 문제를 다루지 않는다. 세계주의자인 그는 프랑스인 또는 스위스인을 위한 교육 계획이라는 생각을 명확하게 거부한다.

18세기 프랑스의 계몽주의 철학자, 장자크 루소. 그의 저서 《에밀》은 지금까지 교육학의 명저로 손꼽힌다. '에밀'이라는 가상의 어린 학생을 통해 인간 교육의 진정한 의미를 묻고 있다.

또한 그는 자유롭고 제멋대로인 야만인의 교육을 설명하려 하지도 않는다. 오히려 그는 사회의 신분 내에서 자연인의 발달을 묘사하기를 원했지만 플라톤의 《국가론》을 사회교육학의 위대한 고전으로서 찬미하면서 자연적으로 물려받은 재능을 강조했다. 개별적인 어린이의 이름에서 따오고, 통치의 형태에서 따온 이 두 작품의 제목은 각각의 작품이 지닌 목표와 한계를 생각하도록 이끈다.

플라톤의 사상은 아테네 도시국가의 교육적 그리고 도덕적 필요성에 집중되어 있다. 그는 도시가 아테네 청년들의 무질서와 원칙의 부족함을 통해 점점 타락하고 있다는 것을 우려했다. 그는 과거의 아테네에서 신들의 존재에 대한 믿음에 근거한 사회적 의무와 책임에 대한 의식에 대한 이성적인 기반을 재건하기 위해 노력했다.

보수주의자로서 그는 고대 아테네의 의무와 도덕적 가치를 위한 의식의 복구를 원했으며, 경쟁 도시국가인 스파르타에서 시민이 국가에 따르도록 하는 교육적 관습을 부러워하기도 했다.

플라톤의 교육학이 보여주는 참신한 특징은 자신만의 철학적, 교육적 이해로 훈련된 지도계급을 교육시키려는 계획이었다. 사실 그는 지적인 귀족이었으며 다음과 같은 구절들이 보여주듯이 대단히 반어적인 표현으로 민주주의를 이야기했다.

"… 그렇게 해서 민주주의는 가난한 자들이 그들의 적들을 정복한 이후에 나타나게 된다네… 이제, 그들의 삶에 대한 태도는 무엇일까? 그리고 그들은 어떤 종류의 정부를 갖고 있는 것일까? 정부가 그렇듯이, 사람도 그럴 것이기 때문인데… 첫 번째로, 그들은 자유롭지 않은가? 그리고 도시는 자유와 솔직함으로 가득하며, 사람들이 자신이 하고 싶은 대로 행동하는지… 그리고 자유가 있는 곳에서 개인은 명확하게 자신이 원하는 삶을 위해 살 수 있는가?

그렇다면 이러한 종류의 국가에서 인간적인 특징이 최대한 다양하게 나타날 것인가? 그렇다면 이것이 가장 훌륭한 국가일 것이며, 온갖 종류의 빛나는 꽃으로 장식된 예복처럼 인간의 태도와 품격으로 빛을 발하는 가장 훌륭한 국가가 될 것이네.

그리고 여자들과 어린이들이 가지각색의 것들을 매력적이라 생각하듯이, 이것이 가장 훌륭한 국가일 것이라고 생각하게 될 사람들이 많이 있다네… 그리고 사형수의 체념은 종종 매력적이지 않던가?

그러한 정부 하에서는 사형이나 추방형이 내려졌을 때 자신이 있는 그 곳에 머물며 세상을 돌아다니는 사람들이 있지. 그 사람은(죄수) 비록 아무도 지켜보거나 신경 쓰지 않더라도 마치 영웅처럼 활보한다네…

이것도 생각해보게… 민주주의의 관대한 정신과 사소한 일들에 '신경 쓰지 않는' 것 그리고 우리가 엄숙하게 지지했던 훌륭한 모든 원칙들을 무시하는 것은… 국가가 얼마나 호기롭게 우리들의 말을 짓밟으며, 정치인을 만드는 일을 위해서는 아무런 생각도 하지 않으며 인민의 친구가 되겠다고 공언하는 누구라도 명예롭게 만들어주는…

이러한 것들과 그밖의 유사한 특징들은 민주주의에 적합한 것이며, 그것은 정부의 매력적인 형태로, 다양성과 무질서로 가득하며, 평등한 사람과 불평등한 사람에게 똑같이 평등을 나누어주고…

이제 이렇게 생각해보게… 개인은 어떤 태도를 지닌 사람인가… 그는 온종일 그 순간의 욕구에 빠져 살며, 때로는 술을 마시고 피리 소리에 빠져 있네. 그리고 그는 완전한 금욕을 하고 살을 빼려 노력하지. 그리고 다시 그는 체육관에 있다네.

때로는 게으름을 피우고 모든 일을 무시하고, 그후엔 다시 한 번 더 철학자의 삶을 살고, 종종 정치에 관여하고, 걸음을 옮기기 시작하고 자신의 머릿속에 떠오르는 말을 하고 행동을 하지.

그리고 만약 그가 전사인 누군가에게 지지 않으려 애를 쓴다면 그는 그 방향으로 나아가거나 다시 한 번 사업가가 되려 할 것일세.

그의 인생에는 질서도 법칙도 없네. 그러므로 그는 줄곧 그렇게 살아가면서 그것을 기쁨과 자유 그리고 행복이라고 부른다네. 그렇다네. 그의 인생은 온통 자유롭고 평등하지. 그리고 여러 가지 모양을 하고 있으며 가장 다양한 특성들을 갖추고 있다네.

그는 우리가 훌륭하고 빛이 난다고 표현하는 국가에 부합하는 것이지. 그런 다음에 그를 민주주의에 저항하도록 하게. 그는 진정 민주적인 사람이라고 불리게 될 것이네."

이 문구의 풍자적인 어조에도 불구하고 대부분의 내용은 적대적인 비평가의 마지못한 찬사처럼 인정될 것이다. 민주주의는 과두정치 지도자에 대한 대중의 승리다. 민주주의는 정의의 통치에 자비롭다.

민주주의는 관대한 정신을 보여주며 사소한 일들의 중요성을 부풀리지 않는다. 민주주의는 전제군주의 통치보다 동료들의 통치를 더 좋아한다. 민주적인 통치 하에서 인민은 스스로가 행복과 자유 그리고 평등의 축복을 받는다고 느낀다. 민주적인 사람의 문화는 무엇보다 융통성에 의해 특징지워진다.

과학과 민주주의

문화의 사도인 매튜 아놀드(Matthew Arnold)는 19세기에 수백만 명으로 이루어진 민주국가의 문명에 대해 논의하면서, 흥미로운 차이점들을 보이면서도 무의식적으로 플라톤의 견해를 일정한 측면에서 인정했다. 그는 제도와 확고한 사회 환경, 자유와 평등, 시민의 능력과 활력 그리고 부에 대한 존경을 표현했다.

주택 건축의 우아함 그리고 자유롭고 행복한 여성들의 자연스러운 태도에서 그는 진정한 문명의 분위기를 확인했다. 비록 모든 민주국가들이 마주하고 있는 진정한 위험들에 주목했지만 그는 자신의 조국이 미국으로부터 배워야 할 것이 아주 많다고 생각했다.

아놀드는 미국의 문명에 대한 분석에서 민주국가에서 발견되는 특징인 다양성과 관련된 플라톤의 판단은 물론 민주주의가 보여주는 도덕적 원칙들의 경시에 대한 이 그리스 철학자의 혹평을 확인하는데 실패했다.

사실, 아놀드는 미국의 시민들이 대단히 동질적이며 계급의 차별로부터 자유롭다고 생각했다. '우리는(영국인) 너무나 동질성이 떨어지며, 매우 강력한 계급체계 하에 살고 있어서 시민들의 모든 행위는 그로 인해 방해받고 왜곡되어 있다. 그로 인해 우리는 투명성이 부족하며, 명확하게 보거나 정확하게 생각하지 못하며 미국인들은 이런 점에서 우리들보다 더 낫다.'

아놀드와 플라톤 사이의 두 번째 차이점에 관해 이 영국 평론가는 미국인들이 합리적인 사고와 도덕적 원칙들에 대한 존중이 특별히 발달된 사회의 커다란 계급에 속해 있다고 인식했다.

미국의 민주주의에 대한 과거의 거의 모든 비난은, 차분하고 합리적인 자기비판의 부족이라는 일반적인 비난 한 가지로 요약될 수 있으며, 이 일반적인 결함은 신속하게 개선되었다. 부분적으로는 박애와 선의 때문이며, 평범한 사람들 또는 열등한 사람들에 대한 관용, 차별을 인정하지 않으며 존중 받을 가치가 있는 일들에 경의를 표하고, 보통사람과 활동가에 대한 칭송과 특별한 재능을 타고난 어린이를 위한 특별한 교육 기회의 부족을 포함하고 있다.

예술로서의 비평이 여전히 미국에서는 어느 정도 뒤떨어진다는 것은 프랑스와 미국의 문학비평을 비교하는 것으로 확인되는 것으로 보인다. 프랑스에서 비평은 전문가 집단이 종사하는 직업이지만 미국에서는 단지 소수의 잡지들이 비평 원칙에 근거해 시나 산문작품에 대한 평론을 제공하는 것에 의존할 수 있을 뿐이었다. (어떤 미국 평론가는 하루에 20편의 소설에 대한 비평을 작성했으며, 그것에 대한 원고료로 한 권에 75센트를 받았다고 고백했다.)

하지만 미국의 개인들이 자기비판적인 정신이 부족하다는 증거는 전혀 없다. 그리고 문화의 표어로 그가 내세운 것이 '너 자신을 알라'라는 것으로 보아 아놀드에게는 이것이 중요했다. 이것은 외국어를 수박 겉핥기식으로 아는 것으로 사회적인 이익을 얻는 문제가 아니었다. 이것은 지적인 호기심 이상의 것이다.

'문화는 완벽에 대한 사랑에 그 기원을 갖는 것으로 보다 더 적절하게 설명된다. 이것은 단순하게 또는 우선적으로 순수한 지식을 위한 과학적 열정의 힘에 의해 움직일 뿐만 아니라 선한 일을 실천하기 위한 열정으로 움직이기도 한다.'

문화의 핵심인 인간의 완벽함은 내면적인 조건이지만 선한 일을 하겠다는 것은 어떤 것이 실천하기에 좋은 지식인가에 의해 안내되어야만 한다. '우리가 어떻게 그리고 무엇을 행하고 제도를 만들어야만 하는가를 알지 못한다면 행동하고 제도를 만드는 것은 아무런 쓸모도 없다.'

더 나아가, "인간은 모두 위대한 전체의 구성원들이기 때문에, 그리고 인간의 본성이 한 명의 구성원도 나머지 구성원들에게 무관심하게 되는 것을 허용하지 않을 것이므로 문화가 형성하는 완벽이라는 생각에 적합한 우리들 인간애의 확장은 '보편적인' 확장이 되어야만 한다."

니체가 생각하는 과학자

아놀드와 동시대의 사람으로 독일 귀족계급의 대표적인 인물인 니체(Nietzsche)에게 교육의 '확대'는 교육의 감소를 수반하는 것이었다. 그에게는 고대 그리스가 유일한 문화의 고향이었으며, 그런 문화는 원하는 사람 모두를 위한 것이 아니었다.

천재의 권리는 민주화되는 것이 아니었다. 대중의 교육이 아니라 선택된 소수의 교육이 목적이어야만 했다. 교육이 가장 열정적으로 성취하기 위해 노력해야만 하는 한 가지 목적은 독립적인 판단을 위해 어리석은 모든 주장들을 억압하는 것이며, 젊은이들에게 천재의 권위에 복종하도록 반복하여 가르치는 것이었다. 비록 때로는 동일한 개인에게 나타나지만 과학적인 사람과 문화적인 사람은 절대로 완전하게 조화를 이루지 못하는 두 개의 다른 영역에 속한다.

민주적인 관점에서 니체의 문화관이 지닌 지극히 완고한 태도를 이해하려면 그의 후원자들의 중의 한 명이 설명했던 그의 정치적 이상을 잠시 살펴볼 필요가 있다.

니체는 주인의 도덕을 지지하며 도덕성의 통상적인 관념을 노예의 도덕이라 부르며 받아들이지 않았다. 그에 따르자면 노예의 도덕은 인간성의 타락을 부추기며, 주인의 도덕은 발전을 촉진한다. 그는 초인의 종족을 만들어내는 최선의 수단으로서 진정한 귀족을 선호했다.

"현재 강하게 주장되고 있는 '삶과 자유 그리고 행복의 추구에 동등하고 양도할 수 없는 권리를 주장하는 대신' 니체는 개인과 가족을 그들의 '장점'에 따라, 그들의 사회적 가치에 따라 대우하는 단순한 '정의正義'를 주장했다.

그러므로 평등한 권리가 아닌 불평등한 권리 그리고 일반적이며 대략적으로 공과에 따라 균형 잡힌 불평등을 주장했다. 그러므로 그 결과로서 사회적 척도의 한쪽 끝에 진정으로 우월한 통치계급과 노예를 기초로 한 실질적으로 열등한 피지배계급이 상반되는 사회적 극단에 있는 단순한 '정의'를 주장했다."

과학이 민주주의의 협력자라는 것(과학의 역사를 다룬 이 책 전체에서 밝히려 했던 견해)이 이 귀족 철학자의 견해였기 때문에 과학자의 특성에 대한 그의 의견을 비평하는 것은 흥미로운 일이다.

니체에게 있어 과학자는 영웅적인 초인이 아니며, 평범한 미덕을 갖춘 평범한 유형의 인간이다. 과학자는 지배력과 권위 그리고 자부심이 부족하다. 오히려 그는 타인들의 인정이 필요하며 모든 의존적인 인간과 군생하는 동물들이 타고난 자기불신으로 특징지어진다.

그는 근면하고, 끈기 있게 일반 시민에게 적응할 수 있으며, 능력과 자격에서 한결같으며 온건하다. 그는 그 자신과 같은 사람들과 그들이 요구하는 것에 대한 자연스러운 동질감을 갖고 있다. 즉, 공정한 능력과 푸른 목초지가 없이는 노동에서 벗어날 수 없다는 것이다.

과학자는 의기양양한 견해를 위한 기쁨을 보이지 않는다. 사실, 평범함을 위한 본능으로 그는 특별한 인간의 절멸을 위해 시기하고 노력한다.

독일의 철학자 니체. 종교의 도덕적 노예 상태에 굴종하지 않는, 정신적으로 강력한 의지를 지닌 사람으로서의 '초인' 개념을 주장했다.
'신은 죽었다'라는 선언으로 19세기 유럽 문명의 몰락을 예언했다.

자연과학에서의 훈련은 객관적인 사람을 만들게 된다. 하지만 니체의 의견에서 객관적인 사람은 그 자신의 개성을 믿지 않으며, 부수적인 것으로 차분한 판단을 해치는 것으로서 무시해야 하는 것으로 여긴다. 이 감정적인 철학자는 과학자를 차분하지만 그의 차분함이 고민의 결핍에서 비롯된 것이 아니며, 그 자신의 개인적인 슬픔을 파악하고 처리하는데 무능하기 때문이라고 생각한다.

니체에 따르자면, 과학자는 단순히 이해관계가 없는 지식을 갖고 있을 뿐이다. 과학자는 감정이 메마른 사람이다. 그의 사랑은 부자연스러우며 그의 증오는 인위적인 것이어서, 그는 전사보다도 더 여성들에게 관심이 없다.

'그를 반영하며 외면적으로 스스로 다듬은 영혼은 더 이상 단언하는 법을 모르며, 부정하는 법도 모른다. 그는 강요하지 않으며, 파괴하지도 않는다.'

라이프니츠의 경우에서 보았듯이, 과학자는 거의 아무것도 경멸하지 않는다.('나는 거의 멸시하지 않는다.') 과학자는 도구이지만 목표는 아니다. 그는 노예와 같은 무엇이며, 자신 안에는 아무것도 없다 — 거의 아무것도! 과학자에게는 주인이 되기를 원하는 뻔뻔하고, 강력하며 자기중심적인 것이 전혀 없다. 그는 대부분이 만족하지 않으며 한정된 외형이 없는 헌신적인 사람이다.

과학은 계급과 특권을 부정한다

현대 귀족사회를 구축한 사람들이 거부했으며 그들의 관습에 따라 표현한 이 교육적 산물을 우리는 모든 사람들의 동맹으로 받아들이며, 그것을 민주적 문화라고 명명했다.

동시에 객관적인 사람은 니체의 격렬한 기록에서 민주주의의 친구들이 무시해야만 하는 경고와 비판을 찾아낼 수도 있다. 그의 주의가 확실히 그렇듯이 거의 비상식적인 극단은 다른 극단적인 견해들을 위한 교정하는 영향력이나 수단으로서 가치가 있을 것이다.

이것은 우리에게 민주주의는 그들 스스로가 고귀하다는 감정에 의해 그리고 최선의 것을 놓치고 좋은 것처럼 보이는 것을 붙잡는 것에 의해 잘못 안내될 수도 있다.

예를 들어, 미국 내에는 정신적으로 결함이 있거나 저능한 약 30만 명의 사람들이 있으며, 정신적으로 특별한 재능이 있는 사람들은 그보다 더 적다. 과학과 자선행위의 자원을 후자들을 위한 특별한 공급 없이 전자들을 돌보는데 소진하는 것은 사회봉사의 열악한 형태이다.

천재들은 낭비되거나 오용되기에는 너무나도 소중한 자산이다. 만약 뉴턴이 그의 어린 시절에 행정적인 업무를 강요받았다면, 또는 다윈이 그의 삶을 페루 광부들의 열악한 생활환경을 개선하는데 바쳤다면, 또는 만약 파스퇴르가 실험실과 순수과학에서 벗어나 시골의 의사로 살았다면 모든 문화는 고통을 겪었을 것이다.

또한 문학과 미술 그리고 철학에서 중요한 것을 무시하거나, 마치 문화가 어제 시작된 것처럼 역사 그리고 과거의 언어와 문명을 등한히 했다면 민주주의는 문화를 대체할 그 어떤 것으로도 만족스럽게 자리잡지 못했을 것이다.

이번 장에서 우리는 민주주의와 민주적 문화를 교육에 관한 글을 남긴 세 명의 저술가인 그리스의 귀족 정치론자, 대중에 대한 계급들의 지배를 주장했던 독일인 그리고 옥스퍼드 교수의 관점에서 살펴보았다.

그들은 모두 훈련과 기질에 있어 어느 정도는 적대적인 비평가들이었다. 지적이며 사회적인 동질성의 기반을 제공하기 위한 과학의 요구를 정립시키기 위해 보다 더 직접적인 절차가 적용되었을 것이다.

현재의 훌륭한 학자는 문학의 첫 번째 등급에 있는 자리는 학리적으로 이설(異說)을 갖춘 사람을 위해 예약되어 있다고 생각한다. 그는 이 유럽의 위대한 저술가들은 아무도 전통적인 믿음의 지지자가 아니었다고 주장한다. (그는 예외적으로 장 라신Jean Racine을 지지했다. 하지만 이것은 쓸데없는 양보다. 라신은 그의 초기 교육을 포르 루아얄파*(Port Royalists; 파리 교외의 포르 루아얄 수도원을 중심으로 전개된 얀세니즘 철학파)에게 받았으며, 그들로부터 떨어져 나와 세속적인 명예의 도덕적 자부심이 충분한 생각이라는 영감 하에서 글을 작성하게 되었다. 그리고 나서 그 자신만의 규약을 가진 그의 믿음을 흔들었던 한 가지 경험을 한 후에, 그는 자신의 인생에서 초기의 종교적인 영향력으로 돌아갔으며 그의 에스테르(Esther)와 아탈리(Athalie)를 작성했던 것이다.)

하지만 문학과는 달리 과학의 연구는 배타적이지 않다. 과학의 맨 앞자리에는 독실한 로마 가톨릭 교인인 파스퇴르, 영국 국교도인 다윈, 유니테리언 교도인 프리스틀리, 캘빈주의자인 패러데이, 퀘이커 교도인 돌턴과 영 그리고 리스터, 불가지론자인 헉슬리 그리고 이교도인 아리스토텔레스가 차지하고 있다. 과학에는 심사령*(영국의 찰스 2세가 규정한 법으로, 국가의 공직에 있는 사람은 모두 국교도여야 한다고 규정하여, 가톨릭과 비국교도를 배제시켰다. 1673~1828)이 없다.

과학의 수련은 귀족적이지 않고 민주적이며, 가혹하지 않고 동정적이며, 배타적이기보다 총괄적인 문화의 유형을 장려한다는 것은 반대자는 물론 상인과 직공이 그들의 발달에 커다란 역할을 한다는 사실에 의해 더욱 더 입증된다.

우리는 파스퇴르가 제혁업자의 아들이었으며, 프레스틀리는 의복제조업자, 돌턴은 직공의 아들, 램버트는 재단사의 아들, 칸트는 마구제작자의 아들, 와트는 배 만드는 사람의 아들, 스미스는 농부의 아들, 패러데이처럼 대장장이의 아들, 줄은 양조업자의 아들, 데이비, 칼 셸레, 뒤마, 발라르, 리비히, 뵐러와 그 밖의 뛰어난 화학자들이 약제사의 도제였다는 것을 알고 있다.

프랭클린은 인쇄업자였다. 동시에 사회의 다른 위치는 과학의 역사에서 보일과 캐번디시, 라부아지에에 의해 대표된다. 의사와 의사의 아들들은 정신과학과 물리과학의 발달에 특별히 훌륭한 역할을 했다.

니체가 노래했던 권력을 향한 본능적인 열망과 지배하려는 의지는 이 사람들 속에서는 인내와 근면 그리고 박애에 의해 억제되었다. 일반대중들의 건강과 보편적인 행복에 끼친 그들의 활동의 유익한 효과는 문화의 건전함과 소중함에서 입증되었으며, 이러한 행위들을 유발시켰다.

이번 장의 도입부에서 언급했듯이 교육은 일정한 도덕적, 사회적 목적에 대한 미숙한 견해의 발달을 감독하고 지도하는 것이다. 교육의 내용, 교육의 방법 그리고 교육제도의 유형은 물려받은 재능과 나이 그리고 그

플라톤의 《국가론》에서 인용된 동굴 속의 인간. 플라톤은 동굴 속에 갇힌 인간들은 바깥 세계의 그림자만 볼 수 있을 뿐이다. 따라서 바깥 세계의 진정한 실재인 이데아를 직관할 수 있어야 한다고 설파했다.

어린이의 예상되는 사회적 운명에 따라 달라진다.

민주국가에서는 갈수록 더 민주적인 방향으로 나아가려는 경향이 있다. 국민의 행복과 문명의 발달과 결정적으로 연결되어 있는 주제들이 자연스럽게 가르쳐진다. 동시에 교육 방법은 독단적인 면은 줄어들고 개인적인 판단에 대한 어린이의 능력을 보다 더 향상시키려는 경향이 있다. 독단적인 훈련은 점차로 자기교육으로 대체되어야만 한다.

여기에서 바람직한 것으로 지적되는 변화들은 이미 훌륭하게 진행되고 있다. 교육기관의 형태에 관해서는 18세기 중반의 미국에서는 전통적인 라틴 문법학교 대신 과학교육과정과 더불어 밀턴식*(Miltonic; 숭고하고 위엄 있는 밀턴의 문학적 스타일)의 교육을 수행하는 비국교도 학교가 도입되었다는 것이 중요하다.

그런 형태의 고등학교와 교육기관들에서 이제는 백만 명 이상의 학생들이 다니고 있으며 스스로 학습하는 실험방식에 따라 과학을 가르치며,

중등학교의 대중적인 형식으로 자리 잡았다. 마찬가지로, 19세기 중반의 민중봉기 이후에 프로이센*(Prussia; 1871년 통일 독일 제국 이전의 왕국)에서 억압되었던 유치원이 민주적인 국가에서 보다 더 적합한 보금자리가 되었다는 것은 사회적인 중요성이 있다는 것이다.

사회적 적응이 필요하다는 시각을 잃지 않고 자주적 활동을 발달시킨다는 교육적 이상은 일상적인 생활과 역사적, 문화적 선례들과의 관계에서 과학의 체계적인 교육이라는 당연한 결과를 찾게 된다.

【부록】

특별한 역사들에 대한 베이컨의 목록 ; 제목순(1620)

001. 천체의 역사, 또는 천문학의 역사
002. 천체의 배치 그리고 지구를 향하고 있는 부분들 그리고 그 부분들의 역사, 또는 우주구조론
003. 혜성의 역사
004. 불타는 유성의 역사
005. 번개, 천둥벼락, 천둥 그리고 섬광의 역사
006. 바람과 갑작스러운 돌풍 그리고 공기 파동의 역사
007. 무지개의 역사
008. 하늘 위에 보이는 구름의 역사
009. 박명(薄明), 환일(幻日), 환월(幻月), 달무리, 태양의 다양한 색깔 그리고 매개물에 의해 일어나는 하늘의 모습에서 보이는 모든 다양한 것들의 역사
010. 소나기, 비 그리고 폭우의 역사; 또한 바다 회오리와 같은 것들의 역사
011. 우박, 눈, 서리, 흰서리, 안개, 이슬과 같은 것들의 역사
012. 하늘에서 떨어지거나 내려오는 다른 모든 것들과 높은 영역에서 발생하는 것들의 역사
013. 천둥을 제외한 높은 영역에서 발생하는 소리의 역사(만약 무엇인가 있다면)
014. 전체적인 대기 또는 이 세상의 형태의 역사
015. 일년의 시간과 일정 기간 동안의 사건들은 물론 다양한 지역에 따른 한 해의 계절 또는 기온의 역사, 또는 홍수, 더위, 가뭄과 같은 것들의 역사
016. 육지와 바다의 역사. 그 형태와 범위 그리고 서로 비교한 형태; 확장되거나 좁아지는 역사; 섬과 바다; 바다의 만과 내륙의 소금 호수; 지협과 곶
017. 지구와 바다의 움직임의 역사, 그리고 그런 움직임을 수집해 실시한 실험의 역사
018. 지구와 바다의 거대한 움직임과 혼란의 역사. 지구의 지진, 진동 그리고 균열, 새롭게 등장한 섬; 떠오르는 섬; 바다가 밀려오는 것으로 떨어져 나간 대륙; 화산의 폭발; 갑작스러운 물의 분출과 같은 것들의 역사
019. 지리학의 자연사; 산맥, 계곡, 숲, 평원, 사막, 습지, 호수, 강, 급류, 샘 그리고 그것들의 다양한 경로와 같은 것; 국가, 지역, 도시와 같은

사회생활과는 관계없는 것들.

020. 썰물과 밀물의 역사; 해류, 파동 등 바다의 움직임.

021. 그 외의 바다에서 벌어지는 일들의 역사; 소금기, 다양한 색깔, 깊이; 또한 바다 아래의 암석, 산맥과 계곡들과 같은 것

중요한 집단의 역사

022. 불꽃과 불이 붙는 것의 역사

023. 이 세상의 형태가 아닌 물질로서 대기의 역사

024. 이 세상의 형태가 아닌 물질로서 물의 역사

025. 이 세상의 형태가 아닌 물질로서 지구와 그것의 다양성의 역사

종의 역사

026. 완전한 금속, 금, 은의 역사; 광산, 광맥, 백철광; 또한 광산 작업

027. 수은의 역사

028. 화석의 역사; 황산, 황 등

029. 보석의 역사; 다이아몬드, 루비 등

030. 암석의 역사 ; 대리석, 시금석, 부싯돌 등

031. 자석의 역사

032. 소금, 호박, 용연향 등, 전적으로 화석이거나 식물이 아닌 잡다한 물체의 역사

033. 금속과 광석의 화학적 역사

034. 농작물, 나무, 관목, 허브의 역사; 그것들의 뿌리, 줄기, 몸통, 잎사귀, 꽃, 열매, 씨앗, 수액 등

035. 채소의 화학직 역사

036. 물고기의 역사, 그리고 물고기의 기관과 생식

037. 새의 역사, 그리고 새의 기관과 생식

038. 네발짐승의 역사, 그것들의 신체 부위와 생식

039. 뱀, 벌레, 파리를 비롯한 곤충의 역사; 그것들의 신체 부위와 생식

040. 동물에게 먹히는 것들의 화학적 역사

인간의 역사

041. 인간의 형태와 외부적인 수족의 역사, 크기, 골격, 생김새와 용모; 인종과 기후 또는 그 밖의 사소한 차이점들에 따른 다양성

042. 그것들의 관상학적인 역사

043. 인간의 해부학적 역사 또는 신체 내부의 역사; 단순히 자연의 경로에서 벗어난 질병과 사고로서가 아닌 자연적인 골격과 구조의 다양성

044. 동일한 구조를 갖춘 신체의 역사; 살, 뼈, 세포막 등
045. 인간의 체액의 역사 ; 혈액, 담즙, 정액 등
046. 배설물의 역사; 침, 오줌, 땀, 변기, 머리카락, 신체의 털, 생인손, 손톱 등
047. 기능의 역사; 매력, 동화력, 기억력, 배제, 혈액생성, 자양물의 흡수, 혈액의 전환과 정신에 공급되는 혈액의 정수 등
048. 자연적이며 무의식적인 움직임의 역사; 심장의 운동, 맥박, 재채기, 폐, 직립 등
049. 부분적으로는 자연스럽고 부분적으로는 격렬한 운동의 역사; 호흡, 기침, 소변, 대변 등
050. 자발적인 운동의 역사; 발성 기관, 눈의 운동, 혀, 턱, 손, 손가락; 삼키기 등
051. 잠과 꿈의 역사
052. 신체의 다양한 습성의 역사; 살찌고 깡마른; 피부색 등
053. 인간의 생식의 역사
054. 자궁내의 임신, 생명화, 임신기간, 출산 등
055. 인간의 음식의 역사; 먹고 마실 수 있는 모든 것; 모든 음식 조리; 국가와 사소한 차이들에 따른 다양성
056. 신체의 성장과 증식의 역사, 전체적이며 각 부위별
057. 인생 경로의 역사; 유아, 아동, 청년, 노년; 국가와 사소한 차이들에 따른 수명의 길고 짧음 등
058. 삶과 죽음의 역사
059. 질병 치료의 역사, 그리고 질병의 증상과 징후들
060. 질병의 처방과 치료약 그리고 치료법의 역사
061. 신체와 건강을 보존하는 의약적인 것들의 역사
062. 신체의 형태와 단정함과 관련된 것들의 의약적인 역사
063. 신체를 변형시키고 체질을 개선시키는 양생법의 의약적인 역사
064. 약물의 역사
065. 외과 수술의 역사
066. 의약품의 화학적인 역사
067. 시각과 보이는 것들의 역사
068. 회화, 조각, 모형 제작 등의 역사
069. 청각과 소리의 역사
070. 음악의 역사
071. 후각과 향기의 역사
072. 미각과 풍취의 역사
073. 감촉과 감촉 대상의 역사
074. 감촉의 종류로서 성애의 역사
075. 감촉의 종류로서 신체적 고통의 역사

076. 일반적인 쾌락과 고통의 역사
077. 애착의 역사; 분노, 사랑, 부끄러움 등.
078. 지적 기능의 역사; 반성, 상상, 이야기, 기억 등
079. 자연 예측의 역사
080. 진단의 역사 또는 비밀스러운 자연적 판정
081. 요리법의 역사 그리고 요리법에 속하는 기술들과 푸주한과 새고기 장수 등
082. 굽기와 제빵의 역사, 그리고 그곳에 속하는 제분업자 등
083. 포도주의 역사
084. 포도주 저장의 역사와 다양한 종류의 마실 것
085. 사탕과자와 설탕절임 과일의 역사
086. 벌꿀의 역사
087. 설탕의 역사
088. 낙농업의 역사
089. 목욕과 연고(軟膏)의 역사
090. 신체를 돌보는 것과 관련된 다양한 것들의 역사, 이발사와 향수 제조인 등
091. 금을 이용한 노동과 그것에 속한 기술들의 역사
092. 모직물 제작의 역사와 그것에 속하는 기술들
093. 비단 제작의 역사와 그것에 속하는 기술들
094. 리넨, 삼, 목화, 모직물과 그 밖의 실 종류의 역사와 그것에 속하는 기술들
095. 깃털 장식 제작자의 역사
096. 직물의 역사와 직물의 기술
097. 염색의 역사
098. 가죽 제작, 무두질의 역사
099. 이불잇과 깃장식의 역사
100. 다리미 작업의 역사
101. 석재 가공의 역사
102. 벽돌과 기와 제작의 역사
103. 도자기의 역사
104. 접합제의 역사
105. 목재를 활용한 노동의 역사
106. 납을 이용한 노동의 역사
107. 유리와 유리로 된 재료의 역사와 유리제작의 역사
108. 건축술 전반의 역사
109. 사륜차, 전차, 들것 등의 역사
110. 인쇄, 책, 저술, 인장의 역사; 잉크, 펜, 종이, 양피지 등
111. 밀랍의 역사
112. 바구니 제작의 역사
113. 매트 제작과 밀집, 골풀과 같은 것들의 역사
114. 세탁과 세모(洗毛) 등의 역사
115. 농업, 목축업, 숲의 문화 등에 관한 역사

116. 원예의 역사
117. 낚시의 역사
118. 사냥과 들새사냥의 역사
119. 병법의 역사 그리고 그것에 속하는 병기고, 활과 화살 제작, 소총, 대포, 격발식 화살, 기계장치 등
120. 항해술, 그리고 그것에 속하는 직업과 기술의 역사
121. 운동경기와 모든 종류의 인간의 운동의 역사
122. 말 키우는 사람의 역사
123. 모든 종류의 놀이의 역사
124. 곡예사와 돌팔이 약장수의 역사
125. 다양한 인공 물질의 역사; 에나멜, 자기제품, 다양한 접착제 등
126. 소금의 역사
127. 다양한 기계장치와 운전의 역사
128. 기술로 발달하지 못한 보편적인 실험의 다양한 역사

비록 실험이기보다 관찰일지라도 역사는 순수 수학으로도 작성되어야 한다

129. 숫자의 특성과 힘에 대한 역사
130. 그림의 특성과 힘에 대한 역사